BANCE AÎNÉ, ÉDITEUR ET MARCHAND D'ESTAMPES.

ÉTUDES

RELATIVES A L'ART DES CONSTRUCTIONS,

RECUEILLIES

PAR L. BRUYÈRE,

INSPECTEUR GÉNÉRAL DES PONTS ET CHAUSSÉES,

ANCIEN DIRECTEUR DES TRAVAUX DE PARIS, etc., etc.

Il est des ouvrages qui se recommandent à la fois, et par l'importance des matières qui en sont l'objet, et par le mérite et le talent reconnu de l'auteur ; sous l'un comme sous l'autre rapport, nous pouvons présenter avec confiance ce recueil au public. M. BRUYÈRE a déposé dans cet ouvrage les observations et les recherches qu'une longue expérience et les diverses fonctions qu'il a remplies avec tant de distinction l'ont mis à portée de faire.

Quant à l'importance des matières, il suffit de jeter les yeux sur leur nomenclature pour reconnaître aussitôt que cet ouvrage est un manuel précieux pour les architectes, ingénieurs et entrepreneurs de travaux dans tous les genres, et même par les propriétaires, qui, par goût ou pour spéculation, sont dans le cas d'entreprendre des constructions soit à la ville, soit à la campagne.

Nous regarderions comme superflu de nous livrer à des réflexions plus étendues, pour faire apprécier le mérite de cette collection intéressante, qui se trouve maintenant terminée et qui comprend douze recueils, savoir :

Iᵉʳ Recueil. Ponts en pierre.
II. —— Greniers publics et halles aux grains.
III. —— Ponts en fer.
IV. —— Foires et marchés.

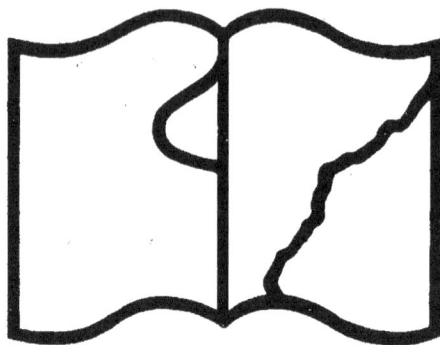

Texte détérioré — reliure défectueuse
NF Z 43-120-11

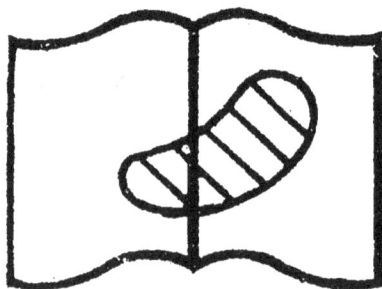

Illisibilité partielle

Le nombre des planches comprises dans les deux ____ ____ __ ____ de cet ouvrage, qui ne devait être que de 155, d'____ __ ____ ___ ___ nonce, a été porté à 184, et sans augmentation de prix.

Le XII° et dernier recueil venant de paraître, l'éditeur ____ ____ les souscripteurs à faire retirer, avant le premier ____ ____ des recueils qui peuvent leur manquer, attendu que passé cette ____ il ne sera plus délivré de recueil séparé au même prix.

Le prix de l'ouvrage entier, en 2 volumes cartonnés ____ __ ____ __.
Et chaque recueil séparé. . . . . __ __

S'adresser chez M. Bance aîné, éditeur et marchand ____ ____ rue Saint-Denis n°. 214, chez qui l'on trouve également un ____ assortiment d'ouvrages d'architecture dans tous les genres, ____ ____ ____ et sous presse, formant suite, collection, ou recueil à l'usage des amateurs, des artistes, ainsi que des élèves des divers ateliers et ____ ____.

On distribue gratis le catalogue du fonds de cette maison.

Paris, ce   février 1829.

Extrait du Catalogue général de Bance aîné,

Éditeur et Marchand d'Estampes, rue Saint-Denis, N°. 214.

Indépendamment des articles ci-dessus, la maison Bance aîné tient ou se charge de fournir généralement tous les grands ouvrages connus sous la dénomination de livres à figures, soit complets ou par souscription, comprenant: les Galeries de Florence et du Palais-Royal, les différens Musées, les Voyages pittoresques d'Égypte, d'Italie, d'Espagne, de France, et autres dans le même genre. Assortiment complet d'études pour le dessin, pour la figure, par Reverdin, et autres pour les paysages, fleurs, principes d'écritures, etc., etc.

ÉTUDES

20 6

RELATIVES

A L'ART DES CONSTRUCTIONS,

RECUEILLIES

Par L. BRUYÈRE,

OFFICIER DE LA LÉGION D'HONNEUR, INSPECTEUR GÉNÉRAL DES PONTS ET CHAUSSÉES, MAÎTRE DES REQUÊTES, ET ANCIEN DIRECTEUR DES TRAVAUX DE PARIS.

L'Ouvrage sera divisé en douze Recueils , ainsi qu'il suit , SAVOIR :

1ᵉʳᵐᵉ RECUEIL.

Chacun de ces Recueils, qui équivaudra à deux livraisons ordinaires , sera composé de douze à quinze planches, y compris le frontispice, et d'un texte explicatif.
Le premier Recueil a paru le 1.ᵉʳ décembre 1822, et les suivans de deux en deux mois.

A PARIS,

Chez BANCE aîné, Éditeur, rue Saint-Denis , n.° 214.

1823.

ÉTUDES

RELATIVES

A L'ART DES CONSTRUCTIONS.

ÉTUDES

RELATIVES

A L'ART DES CONSTRUCTIONS,

RECUEILLIES

Par L. BRUYÈRE,

OFFICIER DE LA LÉGION D'HONNEUR, INSPECTEUR GÉNÉRAL DES PONTS ET CHAUSSÉES,
MAÎTRE DES REQUÊTES, ET ANCIEN DIRECTEUR DES TRAVAUX DE PARIS.

Nisi utile est quod facimus, stulta est gloria.
PHÈDRE, *fab. 17, liv. III.*

TOME PREMIER.

PARIS,

Chez BANCE AÎNÉ, Éditeur, Marchand d'Estampes,
rue Saint-Denis, n.° 214.

1823.

ÉTUDES
RELATIVES
A L'ART
DES CONSTRUCTIONS.

*Rappeler le passé à son souvenir,
c'est, pour ainsi dire recommencer la vie.*
Franklin.

FRAGONARD DEL. ET SC.

OBSERVATIONS PRÉLIMINAIRES.

Dans l'origine des sociétés, les premières constructions ne consistèrent d'abord qu'en de simples abris; mais les besoins ayant augmenté avec les progrès de la civilisation, elles acquirent successivement une plus grande importance. On fut alors obligé de recourir, pour leur exécution, à des hommes éclairés, qui reconnurent bientôt eux-mêmes la nécessité de se partager un domaine trop étendu, et d'établir les divisions connues sous le nom de constructions civiles, militaires, navales, hydrauliques, &c. Ces différentes divisions, rattachées par beaucoup de points de contact, ne sont que des parties d'une même science, et pourraient sans doute être réunies dans un corps de doctrine; mais, malgré l'état d'avancement des connaissances, un traité complet de l'art des constructions, dans lequel toutes les parties de cet art seraient approfondies, me paraît encore au-dessus des forces d'un seul homme. Pour être véritablement utile, un pareil travail doit être le résultat d'expériences bien constatées, et des efforts successifs de constructeurs habiles qui auront rendu un compte exact des travaux qu'ils auront dirigés, de leurs tentatives pour perfectionner les moyens d'exécution, et qui, en même temps, auront été assez courageux pour parler de leurs propres fautes. C'est en réunissant et coordonnant ces divers matériaux, lorsqu'ils seront assez nombreux, qu'un homme, s'il est profondément instruit, pourra élever avec succès l'édifice d'une science maintenant si étendue. En attendant, les constructeurs, à quelque classe qu'ils appartiennent, doivent concourir à ce grand œuvre. Il en est peu sans doute qui, dans le cours d'une vie occupée, n'aient eu occasion de faire quelques observations utiles. Chacun d'eux, suivant l'exemple déjà donné par des ingénieurs et des architectes célèbres, doit se regarder comme obligé de fournir son contingent, quelque faible qu'il puisse lui paraître.

Pour remplir cette obligation, je formai, à une époque déjà bien reculée, le projet de la collection que je publie; mais des devoirs multipliés m'empêchèrent long-temps de m'en occuper; et plus tard, de graves infirmités me le firent abandonner. Cependant, après de nouvelles réflexions, et me rappelant cette phrase consolante d'un auteur aussi distingué par son rang que par ses talens (1), « Si le sort ne nous donne pas le talent qui rend célèbre, il dépend « presque toujours de nous de faire un travail qui nous rende utiles, » j'ai repris le mien en renonçant à mon premier plan, qui était au-dessus de mes forces, et en me bornant à rassembler quelques études détachées. Au nombre de ces études, il s'en trouve qui ne m'appartiennent pas et qui pourront me faire obtenir un peu d'indulgence pour un ouvrage qui ne se compose que de quelques souvenirs des travaux, projets ou rapports auxquels j'ai pris part. Ces souvenirs sont classés sous différens titres; mais je n'ai jamais eu la moindre prétention de traiter *ex professo* aucune partie de l'art des constructions que ces titres indiquent. Si je me suis permis de proposer quelques combinaisons nouvelles, on ne doit les considérer que comme des essais destinés principalement à appeler l'attention sur des questions intéressantes: trop heureux si l'on peut y trouver l'indice d'un procédé utile. Entraîné quelquefois à hasarder certaines idées, je n'ai point entendu que l'application pût en être générale; j'ai cherché, au contraire, à éviter une erreur dans laquelle tombent souvent ceux qui proposent

(1) M. de Ségur.

3

de nouveaux procédés : c'est de vouloir trop généraliser leur emploi, au lieu de le renfermer dans des limites convenables. Il résulte de cette erreur trop commune, une prévention défavorable et souvent injuste contre les innovations. Sans doute on ne doit adopter les idées nouvelles qu'avec prudence ; mais, d'un autre côté, il est important, pour le progrès des arts, auquel l'esprit de routine est si contraire, d'encourager ceux qui consacrent leurs veilles et souvent leur fortune à la recherche des moyens de perfectionnement. Tel procédé contre lequel s'élèvent dans le premier moment les plus fortes objections, peut devenir utile dans certaines circonstances. Il n'y a pas de procédés exclusifs et universels; le mérite principal de l'artiste est de bien choisir. Ce principe, si fécond en conséquences, trouve également son application dans les arts d'imitation et dans ceux de l'industrie.

L'architecture occupe une assez grande place dans mes souvenirs; j'ai toujours beaucoup aimé cette partie importante de l'art des constructions, que des devoirs impérieux m'ont empêché d'étudier autant que je l'aurais desiré. Cependant les circonstances dans lesquelles je me suis trouvé, et la place de Directeur des travaux de Paris que j'ai occupée pendant près de dix ans, m'ont permis de faire sur la pratique de cet art et sur son enseignement plusieurs remarques auxquelles je consacrerai quelques lignes.

Un de nos écrivains les plus distingués (1) disait, en parlant de l'architecture civile : « La « cabane fut son premier essai, et la grange son premier palais. La reconnaissance fit élever des « temples dont les arbres des forêts furent les premiers supports. » J'ajouterai que l'architecture, quel que soit le rang où elle puisse être élevée, est fille du besoin; qu'elle a pour but principal l'utilité publique ou particulière, et qu'elle doit toujours conserver l'empreinte de son origine. Elle peut sans doute chercher à plaire aux yeux; mais les embellissemens dont elle est susceptible doivent être comparés aux draperies des figures antiques qui accusent le nu. Le dessin la rapproche de la peinture et de la sculpture ; cependant elle ne sera point assimilée à ces arts d'imitation, dont le but est très-différent et qui seulement peuvent devenir quelquefois ses auxiliaires. Quoique comprise parmi les beaux-arts, elle appartient sous des rapports très-étendus au domaine des sciences. C'était sans doute l'opinion de Vitruve, lorsqu'il faisait l'énumération des nombreuses connaissances que l'architecte doit posséder. J'ajouterai qu'il est destiné, dans l'ordre social, à exercer une sorte de magistrature créée par la confiance, et devant laquelle se discutent, en première instance, des intérêts nombreux qui peuvent avoir une grande influence sur le sort des familles et même sur la fortune publique.

Pour remplir des fonctions aussi importantes, il ne suffit pas que l'architecte dessine avec goût, qu'il ait eu quelques succès dans les écoles actuelles; il doit joindre à ces premiers avantages une éducation complète, sans laquelle il ne pourrait se placer dans le rang qui lui appartient. Le grand nombre de connaissances qu'il est obligé d'acquérir ne l'effraiera pas, s'il considère qu'il n'est pas tenu d'être versé dans les sciences exactes comme un savant de profession, de dessiner comme un peintre, et d'écrire comme un homme de lettres. Les facultés de l'homme étant bornées et la vie très-courte, il évitera au contraire de se livrer trop exclusivement à l'une de ces connaissances : en cela, comme en beaucoup d'autres choses, il est une limite qu'il ne faut pas dépasser.

C'est à l'administration supérieure qu'il appartient d'établir des règles à cet égard, et d'organiser l'enseignement public de telle manière que les sujets, après avoir subi avec succès les épreuves jugées nécessaires, puissent offrir au Gouvernement et aux particuliers une garantie suffisante.

(1) M. Kératry.

S'il m'était permis de hasarder mon opinion, je dirais qu'en conservant l'école actuelle d'architecture, il me paraîtrait convenable de la considérer comme une école d'application, dans laquelle on ne pourrait être admis qu'en remplissant plusieurs conditions, ainsi qu'on l'exige pour l'admission à l'école polytechnique, à la plupart des autres écoles, et pour l'exercice d'un grand nombre de professions.

Ces conditions seraient d'écrire purement, de posséder parfaitement l'arithmétique, les géométries élémentaire et descriptive, la trigonométrie, la statique; d'avoir quelques connaissances élémentaires de chimie et de physique, et de dessiner la figure et l'ornement. Les élèves admis recevraient à l'école spéciale des leçons de construction et d'architecture proprement dite. N'ayant plus à s'occuper que de ces deux objets, ils pourraient s'y livrer exclusivement. Des concours à-peu-près semblables à ceux qui ont lieu actuellement, mais sur des programmes positifs et strictement conformes aux conditions particulières à chaque espèce d'édifice, serviraient à entretenir l'émulation parmi les élèves et à donner la mesure de leurs talens. Enfin, un examen terminerait les études et achèverait de constater leur instruction. Ceux qui auraient satisfait à cette double épreuve, obtiendraient un diplôme qui leur donnerait des droits aux places d'inspecteurs ou d'architectes du Gouvernement et des départemens. Ce diplome servirait en même temps à établir dans le public une opinion en leur faveur, qui les distinguerait de ceux qui prennent le titre d'architecte sans offrir aucune garantie.

Il est facile de concevoir que si les élèves n'avaient pas acquis, avant leur admission, les connaissances préliminaires énumérées ci-dessus, ils ne pourraient suivre avec fruit le cours de construction; et d'ailleurs, il leur serait bien difficile de se livrer à des études aussi variées, concurremment avec la composition et les applications du dessin. Le charme de ces dernières occupations les entraînerait, et ils s'accoutumeraient à se contenter d'un langage de convention, qui, ne se rattachant à aucun principe, ne servirait qu'à couvrir le vide des idées. On peut dire, malheureusement, qu'on a long-temps écrit sur l'architecture sans avoir fixé les principes de cet art et cherché à les faire reposer sur des bases invariables. Les auteurs qu'on invoque comme faisant autorité se contredisent souvent; ceux d'entre eux qui ont essayé de définir le beau en architecture, se sont égarés, pour la plupart, dans les sentiers obscurs de la métaphysique. L'inutilité de leurs efforts fait présumer que, s'il est possible de s'entendre sur le beau dans la poésie, la peinture, la sculpture, cela deviens au moins très-difficile pour l'architecture, qui n'imite point les productions de la nature, et qui varie chez les différens peuples avec les lois, les coutumes et sur-tout le climat.

Il en est résulté des beautés de convention, et les plus séduisantes appartiennent à l'architecture antique, que plusieurs peuples ont adoptée dans leurs édifices avec plus ou moins de bonheur.

En considérant que l'homme, privé de certains avantages accordés aux animaux, a été doué d'une intelligence supérieure qui lui permet d'ajouter aux bienfaits de la création, j'oserai dire que, si le poëte, le peintre et le sculpteur parviennent à imiter les formes des êtres créés, et à reproduire les passions et les modifications dont ils sont susceptibles, l'architecte, en s'élevant plus haut, peut devenir créateur; mais il doit se proposer la noble tâche d'imiter la puissance créatrice elle-même, et, comme elle, ne rien produire en vain et qui ne soit motivé par des raisons de convenance et d'utilité. Il résulte de cette considération que toutes les parties d'un projet auront un but utile et bien déterminé; autrement l'architecture ne serait qu'un art idéal, et les projets, de vaines images qui, pour être séduisantes, n'en seraient pas moins de véritables déceptions.

La détermination de toutes les convenances d'un édifice, ou en d'autres termes la formation d'un bon programme, est déjà une œuvre difficile. Ce programme doit être le résultat de renseignemens les plus positifs, fournis par les personnes intéressées, et discutés en leur présence, et, lorsque cela est possible, d'observations bien faites sur les édifices du même genre exécutés avec plus ou moins de succès. L'architecte peut sans doute coopérer à sa rédaction; mais il doit oublier dans le premier moment qu'il est homme de l'art, et ne se livrer à aucune combinaison avant d'être suffisamment pénétré de son sujet.

Il arrive que, dans beaucoup de programmes, le grand nombre de données rend le problème indéterminé, et que l'on ne peut s'arrêter à une solution qu'après plusieurs tâtonnemens dans la vue de concilier des conditions qui paraissent opposées. On ne peut y parvenir qu'en connaissant d'avance le degré d'importance de chacune, afin de distinguer celles dont il serait possible de s'écarter un peu. Enfin la perfection est alors comme un point inaccessible dont on cherche à s'approcher; et les plus heureux résultats ne sont que des approximations.

On pourrait donc regarder comme des ouvrages utiles ceux dans lesquels on trouverait les programmes détaillés et les plans de quelques édifices exécutés avec succès. C'est ce que j'ai essayé de faire dans cette collection, où l'on trouvera les programmes et les plans de marchés publics, de halles et magasins de conservation pour les blés, d'abattoirs et boucheries, de maisons particulières, de lazarets (1) &c.

La plupart de ces projets ayant été exécutés, leurs programmes peuvent être considérés comme des résultats d'expériences. Si plusieurs de ces édifices de la même espèce ont entre eux beaucoup de ressemblance, on ne doit point s'en étonner. Les anciens, dont nous cherchons avec raison à prendre l'esprit et à imiter les ouvrages, avaient des formes consacrées pour leurs statues, et principalement pour leurs temples, leurs cirques, leurs théâtres et autres monumens qui, presque tous, chacun dans son espèce, présentaient le même caractère, la même disposition, et ne différaient essentiellement que par l'étendue et la richesse. On pourrait peut-être appliquer à l'architecture ce que dit La Harpe dans son Cours de littérature, « que pour chercher un mieux imaginaire, on s'écarte du bon pour courir après le nouveau, « et l'on se perd dans les erreurs, les bizarreries, les inconséquences de toute espèce, pour « attraper un faux air d'originalité et pour échapper à la ressemblance. »

Pour donner un plus grand poids aux observations précédentes, il serait sans doute utile de discuter quelques-uns des monumens qu'on regarde comme recommandables sous le rapport de l'art, et que l'oubli des convenances a rendus peu propres à leur destination. Mais il suffira d'un seul parmi les plus célèbres, pour démontrer combien cet oubli peut être funeste aux intérêts publics et même à ceux de l'art considéré dans son véritable point de vue. Je choisirai l'église de Sainte-Geneviève, à Paris.

Cette église a été l'objet de plusieurs discussions relatives à sa solidité, et de différentes critiques sous le rapport de la décoration. Je n'ai pas l'intention d'intervenir dans ces débats, et je me bornerai à la considérer sous le seul rapport des convenances. M. Durand l'a déjà fait dans le Précis de ses leçons d'architecture; mais cet artiste distingué, qui a eu le courage de chercher à ramener l'art à ses véritables principes, n'a pu cependant se défendre lui-même,

(1) Les grandes questions sur la contagion n'étant point encore résolues, il en résulte que tout programme de lazaret doit être regardé comme provisoire.

On trouve dans le numéro 6 du Mémorial de l'officier du génie, un mémoire très-intéressant sur les bâtimens militaires, par M. Belmas, officier du génie. Ce mémoire, dont j'ai extrait quelques pensées, contient un article étendu sur les convenances à observer dans les casernes d'infanterie, et sur les nombreuses conditions à remplir dans les édifices de ce genre. Il est accompagné de divers projets conçus par l'auteur, et peut servir de modèle aux programmes qu'il serait si avantageux de rédiger à l'avance pour tous les édifices d'utilité publique.

dans cette circonstance, contre certaines séductions. Il établit que le but qu'on se propose dans ces sortes d'édifices, quel que soit le culte qu'on y exerce, est non-seulement de rassembler la multitude, mais encore de frapper son imagination par l'organe des sens. Il est facile de remarquer que ces deux conditions n'appartiennent point généralement à tous les cultes, et ne sont qu'une partie de celles imposées par le culte catholique ; mais l'auteur voyait une occasion de développer les ressources de l'architecture et de produire un grand effet avec des moyens très-simples ; c'est ce que prouve son projet, dont le plan est un cercle et le couronnement une demi-sphère. Il le compare au plan très-compliqué de l'église Sainte-Geneviève, en faisant remarquer qu'avec la même superficie, le même nombre de colonnes, des murs moins étendus, une dépense moitié moindre, on aurait obtenu un effet plus imposant et satisfait bien plus parfaitement aux convenances. Cet artiste a complètement raison sur le premier point ; il n'en est pas de même sous le rapport des convenances particulières au culte catholique : car enfin c'est pour l'exercice de ce culte que l'église de Sainte-Geneviève a été construite.

La disposition d'une église de ce genre doit être telle, qu'on puisse y placer convenablement un autel principal qu'environne un chœur formé par des stalles, faisant partie de l'ordonnance générale, et auprès duquel se trouve une sacristie. Elle doit contenir des autels particuliers, des tableaux, des statues ; être bien éclairée, et de manière que la lumière frappe sur l'autel principal et sur tous les objets de la vénération publique. La réunion des fidèles exige une salle unique, afin que tous les regards se portent sur le point où l'on célèbre les saints mystères, et qu'il y ait une parfaite union dans les chants et les prières des prêtres et des assistans. Cette réunion dans une même nef est encore indispensable pour entendre le prédicateur, chargé de rappeler les vérités de la religion et de la morale. Enfin, indépendamment de ces convenances particulières, le grand principe de l'unité, qui s'applique à tous les beaux-arts, imposerait la condition d'une seule nef, qui doit contenir tous les fidèles réunis pour un même objet et qui sont tous égaux dans le lieu saint. C'est ce que sentirent les premiers chrétiens, lorsqu'il leur fut permis de construire des églises. Ils trouvèrent que les vastes basiliques des anciens, ornées de colonnes formant galerie sur trois côtés et terminées par un hémicycle, paraissaient satisfaire aux principales conditions. Tel fut long-temps et tel aurait dû être toujours le modèle des églises (1).

Je n'entrerai point dans le détail de tous les changemens que le temps et le goût des innovations ont apportés à ce type primitif auquel on recommence à revenir ; mais on reconnaîtra, par cet exposé, que la nouvelle église de Sainte-Geneviève, divisée en quatre nefs mal éclairées, qui n'offre aucun moyen de placer convenablement l'autel principal et ses accessoires ainsi que des autels particuliers, dans laquelle on ne trouve aucun emplacement propre à recevoir des tableaux, qui n'a point dans son intérieur, malgré la prodigalité des colonnes et des ornemens, cet aspect imposant des basiliques et même des églises gothiques, est bien loin de satisfaire aux principales convenances. Tels seront toujours les résultats de leur oubli, tandis que leur observation est la source de ce qu'il y a de bon et de beau en architecture.

L'énorme dépense à laquelle ce monument a donné lieu me conduit à parler de l'importance d'une sage économie, qui non-seulement peut se concilier avec les véritables beautés de l'art et les principes de la bonne construction, mais qui peut même être considérée comme leur résultat. C'est encore dans les monumens antiques qu'on trouvera des preuves de cette

(1) Voir dans le second volume du *Précis des leçons d'architecture* de M. Durand, 2.ᵉ section, l'article relatif aux *Temples* ; et les mots *Église* et *Basilique* du Dictionnaire d'architecture faisant partie de l'Encyclopédie méthodique.

opinion : ils ne présentent aucun exemple de ces constructions vicieuses, qu'on peut regarder comme des tours de force aussi contraires au bon goût qu'à la stabilité, et dont quelques modernes se glorifient si mal à propos.

Le mot *économie* ne veut pas toujours dire *épargne*, mais bien plus souvent *ordre*. C'est dans la disposition judicieuse du projet et dans l'exclusion de ce qui n'est pas essentiellement utile, que doit se trouver la première et la principale économie. La seconde, sur laquelle on ne s'entend pas toujours, appartient aux moyens de construction. Quelques constructeurs trop timides pensent que, dans les travaux publics, rien ne saurait être trop solide. D'après ce principe vague dont ils abusent, ils augmentent inutilement les résistances, prodiguent les matériaux d'une grande dimension, toujours très-chers (1), et se laissent entraîner vers un luxe inutile. D'autres, au contraire, hardis jusqu'à la témérité, s'approchent de trop près de certaines limites, et tombent dans un autre excès. C'est entre ces extrêmes que l'expérience éclairée par une saine théorie sait trouver le point où il faut s'arrêter. Enfin il est une troisième espèce d'économie sur laquelle il est plus facile d'être d'accord, et que l'administration supérieure ne saurait trop encourager ; c'est celle qui résulte des moyens mécaniques et autres plus ou moins parfaits à employer pour l'exécution des ouvrages, tels que les machines qui suppléent à la force des hommes, les procédés qui assurent la liaison des matériaux, ceux au moyen desquels on parvient dans les travaux hydrauliques à éviter des épuisemens dispendieux, les différens systèmes de cintres et échafaudages qui disparaissent après l'exécution ; enfin tous les procédés qui tendent à diminuer les frais en produisant les mêmes résultats.

C'est sur-tout dans les travaux dirigés par les ingénieurs des ponts et chaussées, que tous les genres d'économie trouvent l'application la plus étendue ; car elle seule peut permettre de multiplier les entreprises utiles et de faire participer tous les cantons de la France à la sollicitude du Gouvernement et aux bienfaits de l'industrie.

L'esprit d'association, qui commence à s'introduire en France, exige non-seulement qu'une grande utilité soit le but de toute entreprise, mais encore que les résultats soient toujours dans une juste proportion avec les dépenses. Il est donc de toute nécessité de bien connaître à l'avance ces résultats ; et, quoique cette première recherche paraisse étrangère à l'art, l'ingénieur ne peut cependant éviter de s'en occuper. Tout est lié dans les questions d'économie publique : tel ou tel mode de construction doit être adopté ou exclu, en raison du degré d'utilité d'une entreprise. En conséquence, il ne sera pas toujours possible d'employer le système le plus parfait ou le plus commode, mais celui dont la dépense pourra être couverte par les avantages, quelle que soit leur nature. Les soins et l'entretien suivi qu'on doit attendre de l'industrie particulière, peuvent, dans ce cas, suppléer à une plus grande perfection.

Pour prouver la nécessité de comparer à l'avance les produits avec les dépenses, je citerai l'exemple des canaux et rivières navigables, parce que les services qu'ils rendent sont bien connus. On n'en jouit cependant qu'en payant des droits qui représentent ou doivent représenter l'intérêt des sommes qu'il a fallu dépenser dans l'origine, et les frais d'entretien ; lorsque ces droits, ajoutés au prix effectif du transport par eau, s'élèvent à une somme qui s'approche du prix du transport par terre, alors le commerce accorde la préférence à ce dernier moyen, qui est toujours le plus expéditif, donne lieu à moins d'avaries, et permet de conduire directement

(1) L'expérience prouve que les grandes pierres ont l'inconvénient de pouvoir se rompre facilement par l'effet de la plus petite inégalité dans les tassemens et de la moindre imperfection dans les lits horizontaux. Le moment n'est pas éloigné où il sera démontré que les pierres d'une grande dimension, à raison des effets de la dilatation, ne peuvent former une parfaite liaison. Cette observation est conforme à l'opinion de Vitruve.

les marchandises du point de départ à celui d'arrivée. Il est donc une limite que les droits à payer ne peuvent dépasser et au-delà de laquelle la navigation est abandonnée.

Quels seraient d'ailleurs les motifs d'une communication par eau, si, en dernière analyse, le consommateur n'obtenait pas quelque diminution sur le prix des marchandises, et si cette diminution n'était pas assez notable pour en étendre la consommation ?

Le Gouvernement et même les départemens peuvent quelquefois, par des motifs de politique, de haute administration, ou seulement dans l'intention de favoriser l'industrie, faire exécuter des canaux et autres travaux dont les produits apparens seraient au-dessous de l'intérêt des dépenses ; mais ces exceptions ne détruisent pas le principe, car ces travaux peuvent avoir des avantages aussi réels que le produit d'un droit : tout consiste à les bien apprécier. On pourrait même, dans ces circonstances, trouver des associations qui se chargeraient de l'exécution à leurs périls et risques, moyennant une prime convenable.

Dans les cas ordinaires, on ne doit rien entreprendre qu'après s'être assuré, autant que cela est possible, du rapport entre le produit et les dépenses. Ce calcul, qui est la base de toutes les entreprises, ne peut manquer d'être fait soigneusement toutes les fois qu'elles ne seront pas abandonnées à des spéculateurs avides qui ne cherchent que de nouveaux moyens d'agiotage, mais confiées à une véritable industrie qu'il faut faire naître par des encouragemens.

On était accoutumé depuis long-temps à voir le Gouvernement fournir des fonds pour le plus grand nombre des travaux, ce qui dispensait quelquefois de ces calculs préliminaires ; mais dans l'état actuel des choses, on doit s'attendre que les projets de canaux, de perfectionnemens des rivières et d'autres ouvrages, notamment ceux d'une utilité locale, seront rarement exécutés autrement qu'aux frais des départemens ou par des associations.

On a beaucoup écrit sur le système des associations, et sur les avantages qu'il a procurés à la nation anglaise. Il reste cependant encore un grand nombre de questions à approfondir, telles que celles de la concurrence, de l'examen préalable des projets, de la jouissance pendant un temps déterminé, et du plus ou moins d'avantage de la propriété incommutable. Il serait peut-être contraire à l'intérêt public d'établir des règles invariables à l'égard de ces différentes questions et de plusieurs autres ; car, par exemple, s'il est souvent avantageux d'employer la concurrence, on pourrait cependant admettre des exceptions qui n'auraient aucun inconvénient lorsqu'elles seraient autorisées par des lois. La nécessité de pourvoir aux moyens d'assurer l'exécution des conditions d'une entreprise, et plusieurs autres motifs, font sentir le besoin de remplir la lacune que notre législation présente sur cette matière.

L'examen scrupuleux des projets, considérés sous le double rapport du produit et de la dépense, est l'acte le plus indispensable, parce qu'il importe beaucoup qu'une association de bonne foi trouve un honnête dédommagement dans toute entreprise. Un projet ne doit donc être approuvé que lorsqu'il a été bien médité dans toutes ses parties ; sans quoi son approbation ne serait qu'un piége tendu à la crédulité publique. Les chances que les compagnies exécutantes ont à courir sont si nombreuses et si variées, qu'on ne saurait prendre trop de précautions pour assurer leurs succès, et pour garantir les associés eux-mêmes contre les erreurs et les exagérations.

Le système des associations, qui permet d'entreprendre à-la-fois un grand nombre de travaux, offre encore l'avantage de donner des garanties sur l'utilité de ces travaux, et d'offrir la certitude de leur prompte exécution.

Il aura sans doute une grande influence sur la position des ingénieurs ; mais j'aime à penser que cette influence ne peut que leur être favorable. Préparés par l'éducation la plus forte, animés par un zèle ardent, ils y trouveront l'occasion, autrefois trop rare, de développer leurs talens et leurs qualités personnelles, et ils deviendront nécessairement le mobile principal des entreprises utiles. Leurs succès, dont je jouis d'avance, ajouteront à la satisfaction que j'éprouve lorsque je vois paraître les différens ouvrages qui attestent leur amour du travail, la variété et l'étendue de leurs connaissances.

Les observations que je viens de me permettre, auraient demandé à être développées avec plus d'étendue et sur-tout avec d'autres moyens; mais une vieillesse précoce et de longues infirmités ont affaibli tous mes organes. J'essaierai cependant, quoique d'une main débile, de retracer dans cette collection quelques souvenirs presque effacés, des conversations que j'avais avec les élèves, devenus depuis d'habiles ingénieurs, et des opinions que j'ai eu occasion d'émettre, comme rapporteur de différentes commissions. Je me reporte ainsi à l'époque, heureuse pour moi, à laquelle j'étais l'un des professeurs de l'école, et en même temps secrétaire du Conseil des ponts et chaussées; chaque mot que j'écris me rappelle l'estime et la confiance que m'ont accordées les administrateurs distingués par les plus éminentes qualités, placés successivement et par un heureux concours de circonstances à la tête du corps des ponts et chaussées. Ce souvenir remplit mon cœur de reconnaissance; mais il renouvelle la douleur que m'a fait éprouver la perte de M. le comte de Montalivet, enlevé prématurément à sa famille et à ses nombreux amis; j'avais ardemment desiré pouvoir justifier à ses yeux, par un ouvrage utile, la bienveillance particulière dont il m'avait honoré. Mais je ne puis maintenant que déposer sur sa tombe le résultat de quelques efforts impuissans. Il ne m'appartient pas de parler des services rendus par cet homme de bien comme administrateur, comme ministre et comme pair de France. Qu'il me soit permis seulement de joindre mes regrets à ceux de sa famille, des ingénieurs auxquels il a donné tant de preuves d'intérêt, et de tous ceux qui ont été assez heureux pour être témoins de la grâce qui donnait du prix à ses moindres actions, et des sentimens nobles et généreux dont il était animé.

ÉTUDES

RELATIVES

A L'ART DES CONSTRUCTIONS,

RECUEILLIES

PAR L. BRUYÈRE,

OFFICIER DE LA LÉGION D'HONNEUR, INSPECTEUR GÉNÉRAL DES PONTS ET CHAUSSÉES,
MAÎTRE DES REQUÊTES, ET ANCIEN DIRECTEUR DES TRAVAUX DE PARIS.

Nisi utile est quod facimus, stulta est gloria.
PHÈDRE, fab. 17, liv. III.

I.er RECUEIL.

PONTS EN PIERRE.

TABLE DES PLANCHES DE CE RECUEIL.

PONTS EN PIERRE.

Des ingénieurs célèbres, à la tête desquels se trouve M. Perronet, ont publié la description des grands ponts en pierre qu'ils ont fait exécuter et les observations que cette exécution leur a suggérées; mais il manquait un traité complet de la construction de ce genre de monumens. M. Gauthey, inspecteur général des ponts et chaussées, dont le zèle infatigable savait suffire à tout, a rempli cette tâche difficile. Ce traité a été publié, après sa mort, par M. l'ingénieur Navier, son neveu, qui s'est associé à sa gloire en ajoutant à cet ouvrage des notes fort intéressantes.

Le champ de l'expérience est si vaste, que j'avais formé le projet de rassembler, sur la construction des ponts en pierre, plusieurs détails qui n'étaient pas compris dans les ouvrages dont je viens de parler, et d'en former un supplément. Ce travail était au-dessus de mes forces, et je suis réduit à en présenter seulement quelques fragmens dans ce Recueil.

Pont de Pont-Sainte-Maxence (1). Planches 1, 2, 3 et 4.

Ce beau pont, projeté par M. Perronet, a été commencé en 1774; et, après une interruption de quelques années, les voûtes ont été exécutées en 1784. Les premiers travaux avaient été dirigés par M. Dausse, et les derniers le furent par M. Demoustier.

On trouve dans l'ouvrage de M. Perronet une notice succincte, le plan, l'élévation, la coupe et une vue perspective de ce pont. Mais comme ces dessins étaient probablement terminés et gravés avant la fin des travaux, ils ne sont pas conformes à l'exécution en ce qui concerne les cintres et les culées. D'ailleurs, la petitesse de l'échelle n'a pas permis d'y indiquer les moyens de construction qu'on recherche avec empressement dans la description des autres ponts exécutés par ce célèbre ingénieur [A].

Ces motifs m'ont déterminé à publier quelques détails sur la construction des voûtes, leur tassement, et sur la méthode suivie pour les décintrer. J'ai recueilli ces divers renseignemens il y a environ quarante ans, lorsque je visitai les travaux de ce pont au moment du décintrement (2).

Extrait du Journal tenu pendant la Campagne de 1784.

Dans les campagnes précédentes, les voûtes des lunettes avaient été achevées et les quatre premières assises des coussinets posées. On avait terminé à l'aval seulement les murs d'épaulement et le chemin de halage. Il restait peu de chose à faire aux murs de rampe du même côté, et le pont de service destiné à l'approche des matériaux était à moitié construit.

Les cintres de charpente étaient taillés ainsi qu'une grande partie des voussoirs.

M. Demoustier, qui dirigeait les travaux, se proposa, pour cette campagne, de finir le pont de service, de lever les cintres, de construire et de fermer les voûtes, d'établir dessus, pour les travaux de l'année suivante, un nouveau pont de service avec les bois de l'ancien; enfin d'achever la maçonnerie des culées.

(1) Dans les anciens dictionnaires géographiques, Pont-Sainte-Maixance.

(2) Ces détails me furent communiqués par mon excellent camarade Lescot, qui conduisait les travaux. Cet ingénieur, doué des heureuses qualités, et auquel j'étais lié par la plus tendre amitié, est mort au Simplon, victime de son zèle, il y a environ vingt-deux ans. Ce nombre d'années n'a rien changé aux sentimens douloureux que sa perte m'a fait éprouver.

On a commencé le 21 mars avec seize tailleurs de pierre, quinze charpentiers et seize manœuvres, et le même nombre d'ouvriers a été conservé jusqu'à la pose des voussoirs.

A cette époque on a employé:
Six poseurs,
Dix-huit contre-poseurs,
Dix ficheurs,
Quatorze manœuvres (pour faire et transporter le mortier),
Douze bardeurs sur le tas,
Treize bardeurs dans les chantiers,
Dix charpentiers,
Un charron (chargé de l'entretien des brouettes),
Deux forgerons,
Un marinier,
Douze carriers,
Six tailleurs de pierre pour ragréer sur le tas,
Treize pour tailler les voussoirs,
Deux gardes-chantiers,
Un garde-magasin.
Le nombre des chevaux a été constamment de onze.

Le 26 avril, le levage du cintre était achevé dans l'arche du côté de la ville; la même opération a été différée pour celle du côté du faubourg, qui servait à la navigation: il a fallu attendre que l'arche du vieux pont correspondante à celle du milieu fût débarrassée des alluvions formées pendant l'hiver précédent, et des débris de matériaux.

Du 25 au 28 mai, on a fini le pont de service sous l'arche du faubourg; on a posé ensuite les jambes de force du cintre dont le levage a été achevé le 9 juin.

Le service de la navigation n'ayant pas permis de s'occuper de suite du cintre de l'arche du milieu, ce retard a obligé de mesurer plusieurs fois l'ouverture de celle-ci pendant qu'on élevait les cintres des arches latérales, afin de s'assurer si la poussée des arbalétriers ne produisait aucun effet sur les piles, et de pouvoir y porter remède à temps. Mais comme le système était soutenu sur des tréteaux, l'action ne pouvait être considérable, et l'on ne s'est aperçu d'aucun changement.

Du 9 au 22 juin, on a posé les moises horizontales aux cintres des arches latérales; on s'est disposé ensuite à lever celui de l'arche du milieu.

Pour n'interrompre la navigation que le moins de temps possible, on s'est borné d'abord à construire les parties du pont de service attenantes aux piles, et l'on se proposait de commencer des deux côtés le levage de chaque ferme avant de placer les arbalétriers supérieurs; mais le 24, on s'est aperçu que la poussée des pièces de la première ferme faisait reculer la tête des pieux du pont de service qui n'étaient pas contrebuttés. En conséquence, on a complété l'échafaud, et le levage, que cette circonstance avait fait interrompre, a été repris le 28 juin et achevé le 9 du mois de juillet.

Chaque cintre était soutenu sur le pont de service au moyen de cales et de tréteaux. Entre les deux premières moises pendantes, les cales étaient posées immédiatement sur le plancher de l'échafaud; le reste portait sur quatre rangs de tréteaux (3).

Le 15, les moises horizontales étant posées et les contrevents ajustés, les cintres ont été décalés.

Cette opération a été faite en même temps dans chacune des trois arches. Quatre charpentiers armés de masses de fer

(3) Les fermes, au nombre de sept, étaient espacées de 6 pieds de milieu en milieu. La grosseur des arbalétriers était de 14 à 15 pouces pour les fermes de tête, et de 13 à 14 pour les fermes intermédiaires.

enlevaient simultanément un rang de cales de chaque côté, en commençant par celui qui posait immédiatement sur le pont de service et finissant par le rang le plus élevé. Dans chaque rang, on décalait d'abord les fermes du milieu : on conçoit aisément qu'en baissant, elles ont dû amener en dedans les autres fermes, puisqu'elles étaient toutes liées par des moises horizontales, tandis qu'en suivant la marche inverse, les fermes de tête auraient pu se déverser en dehors, ce qui pouvait avoir quelques dangers. Les contrevens avaient été détendus, afin de laisser aux abouts des arbalétriers la liberté d'entrer jusqu'au fond des entailles des moises pendantes; ils ont été remis en place après l'opération.

L'abaissement des cintres par suite du décalement n'a été que de 6 lignes.

Le 17 juillet, l'échafaud placé sous le cintre du milieu a été démoli pour livrer passage à la navigation.

On a commencé le même jour à charger les cintres au milieu, et l'on s'est préparé à la pose des voussoirs. Les pierres étaient amenées sur le tas par deux chariots, l'un attelé de trois chevaux et l'autre de deux seulement (4).

Le 19 juillet, chacun des cintres se trouvait chargé de 574 pieds cubes de pierre, dont le poids total, à raison de 156 livres le pied cube, était de 89,544 livres. Cette charge a été portée jusqu'à 323,856 livres.

Le 21 la pose des voussoirs a été commencée; on a fait le même jour un nivellement pour constater la hauteur des cintres, et l'on a pris des repères pour servir à déterminer le tassement des voûtes. Ce tassement est indiqué dans une table placée à la suite de cet extrait.

Les précautions prises pour la pose consistaient à s'assurer,

1.º Si les lits de voussoirs de tête avaient l'inclinaison convenable, ce qu'on faisait à l'aide d'un panneau triangulaire sur lequel on avait tracé cette inclinaison ;

2.º S.ᵉ l'abscisse et l'ordonnée de l'extrémité de l'arc étaient égales à celles indiquées sur des tables construites à cet effet;

3.º Si les cales n'étaient pas trop près des arêtes.

Ces opérations, indiquées sur la *Planche 3,* ont été répétées pour chacun des voussoirs de tête qui servaient ensuite à diriger la pose de ceux intermédiaires.

Le quatrième rang étant posé, et les lunettes terminées, on a commencé à donner à chaque rang de voussoirs une légère concavité sur la longueur. Cette courbure a été augmentée progressivement jusqu'au rang de la clef, pour lequel la flèche était de 18 lignes (5).

On a remarqué, après la pose du 4.ᵉ cours, que les joints des coussinets s'étaient ouverts à l'extrados, et que ceux du 2.ᵉ cours s'étaient également ouverts d'une ligne après la pose du 11.ᵉ cours.

La table ci-après fait connaître les mouvemens des cintres pendant la construction des voûtes et indique les chargemens faits pour s'opposer à ces mouvemens autant que cela était possible. La charge sur le sommet a été augmentée progressivement jusqu'après le 10.ᵉ rang, et portée à 323,856 livres, ainsi qu'on l'a déjà dit (6).

Le 11 septembre, le 25.ᵉ rang étant posé, on a ôté un atelier de poseurs à chaque arche, parce qu'ils auraient été gênés.

Afin d'éviter les inégalités d'épaisseur dans les derniers rangs de voussoirs, on a pris la précaution de mesurer la distance entre les 26.ᵉˢ cours de voussoirs, et cette distance a été partagée en parties égales.

Pour la pose des clefs, on a établi sur le pont de service, en avant de chaque arche, un chevalet contre lequel on dressait les voussoirs sur leur douelle à la hauteur des couchis; puis on les conduisait de champ à leur place au moyen de trois petits rouleaux.

Le 2 octobre, on a commencé sur les voûtes un nouveau pont de service pour l'approche des matériaux pendant la campagne suivante, et le lendemain les voûtes ont été fermées.

Le 6, on a achevé le fichage des huit joints supérieurs de chaque arche; on ne l'avait pas fait avant la pose des clefs, dans la crainte de déranger les pierres qui étaient alors presque verticales.

Tous les joints ont été remplis avec du mortier composé de parties égales de chaux nouvellement éteinte et de ciment passé au crible de fer. Ce mortier était délayé sur le tas avec du lait de chaux. Les joints étaient d'abord nettoyés et lavés, puis fermés sur les côtés et inférieurement avec de la filasse. Ils étaient ensuite fichés avec la fiche à dent jusqu'à ce qu'ils fussent parfaitement remplis.

Les 5 premiers rangs de voussoirs, les 14.ᵉ et 15ᵉ, les 25.ᵉ et 26.ᵉ ont été entièrement crampones. Les autres rangs l'ont été aux voussoirs de tête, excepté les 28.ᵉˢ et les clefs. Les crampons avaient 15 lignes de grosseur et 24 à 26 pouces de longueur y compris les scellemens. Ils ont été goudronnés pour les garantir de la rouille (7).

Le 4 octobre, les charpentiers ont été occupés à démolir le pont de service et à reconstruire le nouveau avec les démolitions de l'ancien; ce travail a été terminé le 30.

Après la pose des voussoirs, on a conservé quatre tailleurs de pierre pour enlever les mortiers des joints sur 18 lignes de profondeur. Depuis le coussinet jusqu'au 16.ᵉ rang, ceux qui n'avaient que 6 lignes de largeur ont été ouverts de cette quantité. On avait donné 5 lignes aux joints suivans, et on les avait diminués successivement jusqu'aux 3 derniers rangs, dont les joints n'avaient que trois lignes seulement (8).

La maçonnerie de moellons construite sur les voûtes à mesure de leur avancement, pour les garantir de l'humidité, a été finie le 8 octobre.

La maçonnerie des culées a été achevée jusqu'à 27 pouces au-dessous de la partie la plus basse du pavé. On ne l'a pas élevée davantage, afin que, dans le cas d'un tassement des voûtes, on puisse toujours avoir, en conservant les pentes indiquées, 6 pouces de hauteur pour la chape de ciment, et 15 pouces pour le pavé et la forme de sable.

Le profil en longueur de la chaussée devait présenter une ligne de niveau entre les deux piles; et, à la suite, les pentes avaient été fixées à 7 lignes 1/2 par toise du côté de la ville, et à 18 lignes du côté du faubourg.

On a tracé, le 10 octobre, des lignes horizontales sur la tête d'amont des arches, afin de connaître les mouvemens des

---

(4) On trouve, *Planche 2, Fig. 2 et 3,* le plan et l'élévation de ce dernier. Il se compose de deux roues et d'un essieu, sur lequel est un châssis de charpente portant deux treuils également éloignés de l'axe des roues, et qui servent à enlever les pierres au moyen de câbles et de rouleaux. Ceux-ci sont moins gros dans les bouts qu'au milieu, afin de ménager les arêtes des pierres. Par le même motif, on plaçait des coussins de paille entre ces pierres et l'essieu.

(5) Cette pratique, adoptée par tous les constructeurs, est motivée, selon quelques-uns, par la crainte que le tassement du milieu de la voûte ne soit un peu plus considérable que celui des têtes, pour lesquelles on choisit toujours les plus belles pierres, et qui, généralement, sont taillées et posées avec un peu plus de soin. On peut ajouter que cette précaution, fût-elle inutile, tend à cacher à l'œil, qui aperçoit à-la-fois les voussoirs extrêmes de chaque rang, les légers défauts d'exactitude qu'on ne peut éviter entièrement dans l'exécution, Ou doit cependant user avec beaucoup de sobriété de ce moyen, parce que chaque rang de voussoirs pourrait agir comme une plate-bande, ce qui tendrait à écarter les deux têtes.

(6) Malgré cette charge énorme, les cintres s'étaient relevés de 1 pouce 3 lignes 6 points. Le tassement, pour ce même rang, a été de 1 pouce 9 lignes.

(7) La précaution de goudronner les fers employés dans la maçonnerie est très-bonne, mais il conviendrait de les sceller ensuite avec du bitume ou du mastic résineux. Les avantages de cette sorte de scellement, bien connus maintenant, sont exposés dans un rapport de M. Gillet-Laumont, inséré en janvier 1806 au Bulletin de la Société d'encouragement.

(8) Les joints des premiers rangs de voussoirs devant se resserrer à l'intrados après le décintrement, et l'effet contraire devant avoir lieu près de la clef, ces joints ont été disposés en conséquence de cet effet inévitable, et de manière à prévenir l'épaufrure des arêtes des voussoirs.

voûtes pendant le décintrement. Ces lignes droites passent à 6 lignes au-dessus de l'intrados des clefs.

M. Perronet s'était proposé de suivre, pour le décintrement, une méthode nouvelle dont nous allons rendre compte.

Il avait été pratiqué, dans les 2.e et 3.e moises pendantes, des ouvertures rectangulaires ou lumières dans lesquelles on avait introduit deux coins chassés en sens contraire pour tenir écartés les abouts des arbalétriers. Voir *Planche 3*. Il est aisé de sentir qu'en faisant sortir les coins, les abouts des arbalétriers devaient se rapprocher, et les cintres baisser.

On avait pris le soin de s'assurer d'avance que l'affaissement serait assez considérable pour décintrer, et de déterminer, par des expériences, la grandeur de l'abaissement pour divers degrés d'enfoncement.

Ainsi, après avoir marqué, sur la 2.e moise pendante et sur celle de la clef, les points correspondans au milieu de la distance entre les abouts des arbalétriers du 3.e cours, et mesuré la longueur de la ligne qui joint ces deux points, qui était de 24 pieds 6 pouces 6 lignes lorsque les coins remplissaient les lumières, on a reconnu:

Qu'en chassant les coins de manière à diminuer cette longueur de 6 lignes, les cintres baisseraient au milieu de 2 pouces 9 lignes; qu'en le diminuant

de 12 lignes, ils baisseraient de   4 pouces 11 lignes.
de 18 . . . . de   7.   5.
de 24 . . . . de   9.
de 30 . . . . de 12.

L'appareil employé pour faire sortir les coins et décintrer la voûte est représenté *Planche 3, Fig. 3* (9).

Deux pièces de bois B formant boite sont appliquées sur les petits bouts des coins de deux fermes consécutives. Ces pièces sont liées au milieu par un noyau plein. Entre ce noyau et les bouts des coins, il reste un intervalle dans lequel on peut enfoncer d'autres coins dans une direction perpendiculaire à celle des premiers, ce qui doit faire sortir ceux-ci des lumières des moises pendantes.

Le 30 octobre, on commença à ôter les contrevens et les moises horizontales des deux rangs inférieurs d'arbalétriers, qu'on se proposait d'enlever afin que la navigation fût libre lorsque les eaux seraient plus élevées.

Le 11 novembre, on essaya de chasser les coins du rang inférieur, dans les trois cintres en même temps.

Toutes les boîtes et les coins de bois étant posés, 48 ouvriers commencèrent à onze heures du matin à frapper avec des maillets de bois sur les petits coins des boîtes qui, en s'enfonçant, devaient chasser ceux des moises. On a continué sans interruption jusqu'à cinq heures du soir; et sur 42 coins qu'on voulait faire sortir, deux seulement furent repoussés de 6 lignes et les autres n'avaient fait aucun mouvement.

Cette première expérience fit connaître la nécessité d'employer des coins, des pommelles et des masses de fer, et de garnir les boîtes de frettes; c'est ce qu'on prépara le lendemain.

Le 13, on parvint avec beaucoup de peine et d'effort à repousser de 6 lignes les coins des premiers arbalétriers des quatre fermes intérieures.

Le 14, on chassa les coins du même rang dans les trois autres fermes; et à la fin de la journée, ce premier rang était lâché d'environ 18 lignes à toutes les fermes des trois arches.

On avait été obligé d'entretoiser toutes les fermes de tête et de mettre des étrésillons entre les moises, parce que la percussion poussait les fermes au vide et les dérangeait de plusieurs pouces de leur aplomb.

On entreprit le 15 de chasser les coins du 2.e rang inférieur d'arbalétriers, en commençant toujours par les fermes du milieu. Les coins de ce rang furent aussi repoussés de 18 lignes.

Le 16, les coins furent encore repoussés de 18 lignes; le 17, de 3 pouces; et le lendemain, de 5 pouces, en tout 11 pouces.

Le 20, les coins furent enfin enlevés, en sorte que les deux rangs d'arbalétriers étaient libres.

Du 21 au 24, on scia les moises pendantes sous l'arche du faubourg, et l'on arracha le reste des pieux de l'échafaud placé sous le cintre, afin de donner passage à la navigation.

Quoique les voûtes ne fussent plus soutenues que par deux rangs d'arbalétriers, elles ne baissèrent cependant que de 13 lignes pendant l'espace de six mois, c'est-à-dire depuis le 20 novembre 1784 jusqu'au 23 mai 1785.

A cette époque, on rendit libres les deux rangs d'arbalétriers qui ne l'étaient pas encore; et enfin, le 25 mai le décintrement était terminé dans les trois arches.

Je joins à l'extrait qui précède:

1.° Les tables que j'ai annoncées, et qui achèveront de faire connaître tout ce qui a rapport aux mouvemens des cintres et des voûtes;

2.° Les résultats principaux des calculs ayant pour objet de déterminer combien la compression des joints lors du décintrement pourrait faire baisser la clef de chaque arche;

3.° L'extrait des calculs qui ont servi à faire connaître la charge portée par un pilot de la fondation d'une pile de ce pont.

TABLEAU des Tassemens et des Relèvemens des Cintres pendant la construction des Arches.

Nota. Les mesures ci-après ont été prises à l'arche du faubourg. On a observé que les deux autres arches ont éprouvé à-peu-près les mêmes effets.

DATES des observations.	TASSEMENS. p.ces lig. p.ts	RELÈVEMENS. p.ces lig. p.ts	ÉTAT de la pose.	CHARGE sur le sommet des cintres. livres.
21 juill. 1784.	0. 1. 6.	0. 0. 0.	»	89,544.
28 *idem*	0. 0. 0.	0. 4. 0.	3.e rang avancé.	89,544.
3 août	0. 0. 0.	0. 3. 0.	6.e avancé . . .	190,182.
5 *idem*	0. 0. 0.	0. 3. 0.	7.e commencé . .	176,124.
6 *idem*	0. 6. 6.	0. 0. 0.	7.e avancé	245,856.
8 *idem*	0. 8. 0.	0. 0. 0.	8.e commencé . .	245,856.
10 *idem*	0. 0. 0.	0. 3. 0.	9.e commencé . .	245,856.
11 *idem*	0. 0. 0.	0. 2. 6.	9.e fini	245,856.
13 *idem*	0. 0. 0.	0. 0. 0.	10.e fini	323,856.
2 septembre.	0. 2. 6.	0. 0. 0.	20.e fini	130,000.
4 *idem*	0. 1. 0.	0. 0. 0.	22.e commencé.	130,000.
8 *idem*	0. 1. 0.	0. 0. 0.	23.e fini	18,000.
10 *idem*	0. 0. 0.	0. 0. 0.	24.e fini	0.
13 *idem*	0. 2. 0.	0. 0. 0.	25.e fini	0.
17 *idem*	0. 3. 0.	0. 0. 0.	26.e fini	0.
18 *idem*	0. 1. 6.	0. 0. 0.	27.e commencé	0.
19 *idem*	0. 0. 6.	0. 0. 0.	27.e moitié . .	0.
20 *idem*	0. 1. 0.	0. 0. 0.	27.e continué . .	0.
21 *idem*	0. 1. 6.	0. 0. 0.	27.e continué . .	0.
22 *idem*	0. 1. 0.	0. 0. 0.	27.e fini	0.
29 *idem*	0. 1. 0.	0. 0. 0.	28.e commencé	0.
30 *idem*	0. 1. 0.	0. 0. 0.	28.e continué . .	0.
2 octobre...	0. 1. 0.	0. 0. 0.	28.e continué, avec la pose des clefs . . .	0.
3 *idem*	0. 1. 0.	0. 0. 0.	Voûte finie. . . .	0.
TOTAUX..	3. 4. 6.	1. 3. 6.		

Le tassement est de . . . . 3. 4. 6.
Le relèvement de . . . . 1. 3. 6.

DIFFÉRENCE ou tassement réel pendant la construction de l'arche . . . . 2. 1. 0.

(9) Les difficultés que ce mode de décintrement, quoique très-ingénieux, a présentées, ont fait penser à un autre très-simple dont on s'est servi avec le plus grand succès pour le pont de Louis XVI et plusieurs autres ponts.
Il consiste (voir *Planche 2, Fig. 4*) à faire des entailles successives dans les abouts des arbalétriers, près de leur assemblage avec les jambes de force, en laissant des supports qu'on finit par ruiner.
Cette opération se fait en même temps au rang inférieur des arbalétriers de toutes les fermes, et ensuite à chacun des autres rangs.
On a soin d'enlever préliminairement les contrevens.
Ce procédé, déjà décrit dans plusieurs ouvrages, peut s'employer également pour les cintres fixes. Le pont de l'École militaire en fournira plus tard un exemple.

TASSEMENT des Arches du pont de Pont-Sainte-Maxence depuis le 3 Octobre 1784, époque de la pose des Clefs, jusqu'au 8 Juin 1785, après le décintrement total desdites Arches.

Nota. Le 3 octobre 1784, les cintres ayant baissé, pendant la pose des voûtes, de 2 pouces 1 ligne, ainsi qu'il résulte du tableau précédent, l'intrados des clefs était encore élevé de 13 pouces au-dessus du niveau prescrit au devis.

Depuis le 3 octobre jusqu'au 13 novembre, les arches ont baissé sur les cintres après la pose des clefs, de ci.................	0 p.^{ces} 0 lig.	0 p.^{lt}	
Le 13 novembre on a commencé à rendre libre les deux rangs inférieurs d'arbalétriers.			
Du 13 novembre au 23, jour où cette opération a été terminée, les arches ont baissé de.................	3.	0.	0.
Depuis le 23 novembre 1784 jusqu'au 23 mai 1785, pendant l'espace de six mois, elles ont baissé sur les deux rangs d'arbalétriers qui étaient restés, de ci.................	1.	1.	0.
Le 23 mai, on a commencé le décintrement de ces deux derniers rangs; les arches étaient décintrées le 25 après midi : pendant ces trois jours elles ont baissé de ci.................	2.	1.	0.
Du 25 mai au soir jusqu'au 8 juin suivant, dans l'espace de quatorze jours, elles ont enfin baissé de.................	0.	3.	0.
Tassement total depuis le 3 octobre 1784 jusqu'au 8 juin 1785, dont 5 pouces 1 ligne pendant le décintrement.................	7.	2.	0.

RÉSULTATS principaux des Calculs ayant pour objet de déterminer combien la compression des joints, lors du décintrement, pourrait faire baisser la clef des Arches du pont de Pont-Sainte-Maxence.

La flèche des arcs ne devait avoir que 6 pieds de hauteur; on lui en a donné 7 sur l'épure, parce que le tassement avait été évalué d'avance à 1 pied.

Les largeurs réunies des 58 joints de chaque voûte devaient former un total de 2 pieds 4 pouces 6 lignes, ce qui donne 5 lignes 26/29 pour la largeur réduite de chaque joint. Le développement de l'arc de l'épure était de 73 pieds 9 pouces 6 lignes 1/2, et n'excédait par conséquent que de 1 pied 9 pouces 6 lignes 1/2 la longueur de la corde, qui est de 72 pieds.

Pour que la flèche se trouvât réduite à 6 pieds après le tassement, on a calculé qu'il aurait fallu que le mortier de chaque joint se fût comprimé d'une ligne et 5/29, mais après 14 mois 1/2 à compter du jour où les voûtes ont été décintrées, cette flèche était encore de 6 pieds 5 pouces, en sorte que chaque joint ne s'était comprimé au plus que d'une ligne ou du sixième de sa largeur.

M. Perronet estimait qu'après la pose de l'entablement, des parapets, des trottoirs et du pavé, le tassement pourrait augmenter de 3 pouces, et, par conséquent, qu'il s'en faudrait encore de 2 pouces que la flèche ne se trouvât réduite à 6 pieds comme il l'avait présumé.

La pose et l'appareil ont été dirigés avec tant de soin, qu'aucune des pierres n'a été fendue ni épaufrée.

Il est à remarquer qu'une compression capable d'opérer une diminution de 1 pied 9 pouces 6 lignes 1/2 sur la somme des joints, rendrait le développement de la courbe de l'arche égal à sa corde, en sorte que la voûte deviendrait une plate-bande. On peut juger par ce résultat combien ces sortes de constructions exigent d'expérience et d'exactitude de la part des ingénieurs.

Les pierres, toutes d'espèces calcaires, employées à ce pont, étaient prises aux environs de la ville et aux carrières de Saillancourt. Les premières pesaient 144 livres le pied cube, et les secondes 165 livres.

EXTRAIT des Calculs qui ont servi à faire connaître la charge supportée par chacun des Pilots de la fondation des Piles de ce pont.

Le poids total des deux demi-arches et du corps d'une pile depuis la plate-forme de charpente, a été trouvé de .... 5,726,489 livres.

Le nombre des pilots correspondans au corps carré de la pile, non compris les retraites et empâtemens, est de 128; en supposant qu'ils portent à eux seuls la totalité du poids, la charge sur chacun d'eux serait de ..... 44,738 livres.

Mais si l'on admet que les pilots sous les retraites et les empâtemens participent également à la résistance, la charge supportée par chacun des 180 pilots de la fondation serait seulement de .... 31,814 livres.

J'ai compris dans cette notice tous les renseignemens que j'ai pu me procurer sur la construction de ce pont, l'un des plus remarquables de ceux que l'on doit à M. Perronet et qui lui ont acquis une réputation européenne. Les dimensions des culées, la méthode employée pour le décintrement, &c., peuvent donner lieu à quelques observations dont je m'occuperai plus tard, parce que les notices que je vais donner sur quelques autres ponts, pourront ramener plusieurs fois les mêmes questions.

Je ne terminerai pas cependant cet article sans parler des avaries que le pont de Pont-Sainte-Maxence a éprouvées en 1814.

Effets de la Mine en 1814. Planche 4.

Par une suite des malheurs de la guerre, ce pont a été bien près de sa ruine totale, et l'on peut dire que sa conservation a été presque miraculeuse. Comme les circonstances de sa destruction partielle et de sa restauration ont donné lieu à des observations intéressantes pour l'art des constructions, je crois devoir présenter l'extrait du rapport fait par M. l'ingénieur en chef Blanvillain, deux mois après la chute de l'une des arches, ainsi que du journal tenu pendant la reconstruction d'une partie de cette arche.

EXTRAIT du Rapport de M. Blanvillain, du 26 Mai 1814.

Le pont de Pont-Sainte-Maxence a été coupé le 1.er avril 1814, en faisant sauter la première de ses voûtes sur la rive gauche de l'Oise. L'explosion ne l'a pas détruite entièrement: il est resté à la tête d'amont un anneau de 8 pieds de largeur, mais dont les voussoirs, sur-tout au sommet, ont été fracturés et déplacés. Plusieurs sont en saillie d'un pied sur le nu de la tête.

La 2.e arche n'est pas tombée; elle a seulement éprouvé un tassement dont il sera rendu compte plus loin. On n'a remarqué aucune altération à la 3.e voûte.

On sait que le pont de Pont-Sainte-Maxence est construit depuis trente ans, qu'il a 39 pieds de largeur d'une tête à l'autre, qu'il est composé de 3 arches en arc de cercle de 72 pieds d'ouverture chacune, et dont la flèche, qui devait avoir 6 pieds, avait effectivement 6 pieds 3 pouces 3 lignes, parce que le tassement après le décintrement avait été moindre que M. Perronet ne l'avait présumé.

D'après ces données et d'après la forme des piles, évidées dans leur milieu sur une largeur de 9 pieds (voir les dessins *Planche 1.re*), on doit être surpris de ce que les trois voûtes et les deux piles n'aient pas été entièrement renversées le 1.er avril, au moment de la destruction de la presque totalité de la 1.re arche, et qu'elles se soient conservées en place depuis deux mois, sans qu'il ait été rien fait pour les maintenir. Cette conservation doit être attribuée, 1.° à la portion de la première voûte qui est restée, et qui, malgré le dérangement et l'altération de ses voussoirs, reporte sur la culée gauche une grande partie de la poussée de la seconde voûte; 2.° à l'adhérence des mortiers, ainsi qu'aux précautions et aux soins apportés dans la construction des arches et des piles. Il paraît que toutes les pierres qui composent ces piles avaient été cramponnées entre elles, et chaque assise liée avec celle de dessus par des goujons, indépendamment des axes en fer placés dans les colonnes. Les pierres de plusieurs rangs de voussoirs avaient pareillement été liées entre elles par des crampons.

Quoique la première pile n'ait pas été renversée, elle a cependant éprouvé des mouvemens très-sensibles. Elle est en surplomb, du côté de l'arche détruite, sur toute sa longueur, et principalement au massif d'aval, dont la colonne intérieure a été repoussée de deux lignes plus que les trois autres : cette colonne supporte plus d'efforts, parce qu'indépendamment de la partie correspondante de la deuxième arche, elle soutient encore la moitié de la voûte en lunette pratiquée dans l'intervalle des deux massifs ou groupes de colonnes. Le déversement est de 5 à 6 lignes au groupe d'amont, et de 12 à 14 lignes à celui d'aval.

Cette pile a aussi été mue horizontalement autour de son extrémité d'amont : ce mouvement est manifesté par des lézardes formées dans le sens de la longueur de la seconde voûte, et dont l'une traverse la lunette au-dessus de l'évidement de la pile, et par la fracture du couronnement de cette pile et des trois assises au-dessous du côté de la 2.ᵉ voûte, dans l'angle rentrant de la colonne qui fait avant-bec. Enfin on a remarqué que, du même côté, le joint entre la 1.ʳᵉ et la 2.ᵉ assise du groupe d'aval s'est ouvert d'environ 1 ligne [B].

L'écartement et le déversement de la 1.ʳᵉ pile ont causé l'affaissement de la 2.ᵉ voûte, d'où il est résulté des ruptures et des fentes dans ceux des voussoirs dont les joints se sont ouverts à l'extrados ou à la douelle.

A la tête d'aval, la clef a baissé de 6 pouces 4 lignes, et le premier rang de voussoirs à droite a glissé sur son coussinet de manière à dépasser d'un pouce la naissance de l'arc.

Les joints se sont ouverts de la manière suivante :

Le 1.ᵉʳ joint (à compter de la 1.ʳᵉ pile) s'est ouvert à l'extrados de .... 14 lignes.
Le 2.ᵉ idem........................ 9 1/2.
Le 6.ᵉ idem........................ 8. .
Le 16.ᵉ à la douelle de................. 2 1/2.
Le 20.ᵉ idem........................ 0 1/2.
Le 21.ᵉ idem....................... 1.
Le 22.ᵉ idem....................... 4.
Le 23.ᵉ idem....................... 5.
Le 24.ᵉ idem....................... 3.
Le 25.ᵉ idem....................... 2.
Le 26.ᵉ idem....................... 1.
Le 27.ᵉ idem....................... 1.
Le 28.ᵉ idem....................... 1.
Le 29.ᵉ idem....................... 1.
Le 56.ᵉ à l'extrados de.............. 2.
Le 57.ᵉ idem....................... 19.

A la tête d'amont, qui n'a fléchi à la clef que de 2 pouces 11 lignes, il n'y a que les joints des naissances qui paraissent sensiblement ouverts à l'extrados.

On voit que la presque totalité de la 2.ᵉ voûte ne porte actuellement que sur les arêtes inférieures des premiers voussoirs et sur les arêtes supérieures des voussoirs placés à droite près de la clef. L'adhérence des mortiers n'est plus maintenant pour rien dans la stabilité de cette partie de voûte, qui est sur le point de s'écrouler, par la facilité qu'ont les voussoirs de tourner sur leurs arêtes. Dans cette situation, les dégradations s'accroissent tous les jours et causeront bientôt la destruction des deux voûtes encore subsistantes et des piles, si l'on n'emploie pas, pour parer à l'effet de nouvelles avaries, des moyens sûrs et qui ne sauraient être trop prompts. L'époque naturellement peu éloignée de ce renversement, pourrait encore être avancée par des causes accidentelles, telles que des pluies abondantes, l'écrasement subit de plusieurs arêtes de voussoirs ou des mortiers près de ces arêtes ; ou par une crue d'eau qui, en

faisant plonger une grande partie de la pile, en diminuerait le poids et par conséquent la résistance.

Pour prévenir ces événemens, le conseil général des ponts et chaussées, dans sa séance du 4 de ce mois, a jugé indispensable d'étrésillonner la 1.ʳᵉ pile du côté de l'arche détruite, et de placer des cintres sous la 2.ᵉ arche.

Si la pression exercée par la deuxième voûte sur la première pile et qui tend à la renverser, n'était pas, en très-grande partie, détruite ou reportée contre la culée par la portion conservée de la première arche, on ne pourrait guère se promettre des succès d'un étrésillonnement quel qu'il fût. Mais comme l'équilibre existe en ce moment, on veut seulement le maintenir par ce moyen, en contrebalançant l'accroissement d'efforts qui serait la suite des dégradations journalières, et l'on peut espérer d'atteindre ce but pendant le temps nécessaire pour placer, sous la 2.ᵉ arche, des cintres qui porteront une partie de son poids et contribueront à arrêter son mouvement.

Le projet d'étrésillonnement est composé de deux fermes placées dans l'axe des deux colonnes d'aval, sous l'arche détruite. Chacune de ces fermes est formée de deux cours d'étrésillons doubles, en bois de chêne, de 12 à 15 pouces d'épaisseur, et chaque cours de trois morceaux mis bout à bout sur la longueur. Ces étrésillons, légèrement courbés en sens contraire, seront garnis de frettes à leurs abouts et dans les intervalles entre les sept moises pendantes qui les entretiendront. Les fermes seront liées par deux entretoises et une moise horizontale. Pour empêcher la pénétration des bois, les portées et abouts seraient garnis de plaques de cuivre. Cet étaiement pourrait au besoin être soutenu par des chandelles portant sur les retraites de la pile et de la culée, et par de petits massifs de maçonnerie élevés sur les débris de l'arche.

Ces étrésillons n'opposent aucun obstacle au glissement du coussinet sur son lit de pose. Pour empêcher ce mouvement, on embrassera par un châssis les groupes ou massifs d'aval des premières et deuxièmes piles, à la hauteur de leur couronnement.

Ces châssis seraient formés de trois cours de tirans doubles en bois de chêne, de 12 à 15 pouces d'écarrissage, armés à chaque assemblage des pièces par deux plate-bandes en fer, boulonnées. A chaque extrémité des tirans, on fixerait des étriers en fer, dans lesquels passeraient des barres aussi en fer forgé, de 12 centimètres de grosseur. Ces châssis porteraient sur le couronnement des piles et seraient suspendus en outre à deux étriers verticaux passant dans les gargouilles de la deuxième arche. Voir *Planche 4*. La deuxième pile que l'on prend pour point d'appui de ce système de tirans, peut, à raison de sa construction, de sa masse, et du poids d'une voûte entière dont elle est chargée, remplir facilement cette destination.

On croit qu'il suffit d'étayer dans ce moment le massif d'aval de la première pile, et qu'on pourra ne contrebutter l'autre qu'autant qu'on y remarquerait des mouvemens après ce premier étrésillonnement ; dans le cas contraire, celui-ci servirait par la suite pour le groupe d'amont, lorsque la première partie de la voûte aurait été reconstruite.

Une opération aussi urgente que l'étrésillonnement, et que l'on propose, est l'enlèvement des parapets et du pavé au-dessus de la deuxième voûte, afin de la décharger et de diminuer sa poussée.

On joint également un projet de cintre pour soutenir la deuxième voûte. Il est à-peu-près le même que celui indiqué par M. Perronet. On a isolé les jambes de force et ajouté des tirans pour prévenir l'écartement des fermes, de manière qu'il ne sera exercé que des pressions verticales sur la première pile. Ces fermes seraient espacées de 6 pieds de milieu en milieu, et il n'en serait employé que cinq, dont une partie serait reportée sous la tête d'amont après la construction de la partie de la voûte écroulée.

On voit par l'extrait qui précède, que, pour reconstruire en même temps la totalité de l'arche, il aurait fallu enlever préalablement le bandeau d'amont, ainsi que les étrésillons qui formaient les seuls obstacles au renversement de la pile. La nature même des choses prescrivait donc d'effectuer cette reconstruction par bandes ou *zones*, en commençant par l'aval.

Je n'ai pu me procurer de détails sur les circonstances qui ont accompagné la pose des voussoirs et le décintrement successif des deux premières zones ; mais je vais rapporter l'extrait du journal tenu pendant la construction de la troisième et dernière zone par M. Blondat, alors élève sous la direction de M. Michaux, ingénieur ordinaire, et de M. Pertinchampt, ingénieur en chef.

Reconstruction de la 3.ᵉ zone de l'Arche gauche du pont de Pont-Sainte-Maxence pendant l'année 1816.

Cette zone, dont l'exécution complète la voûte, est établie sur l'emplacement de la partie qui avait échappé à la destruction. Elle se lie en aval à la zone du milieu construite en 1815, et se termine en amont au plan de tête du pont. Sa largeur varie de 2 mètres 78 centimètres à 3 mètres 25 centimètres.

On a mis à profit l'expérience acquise dans la construction des deux premières zones, dont un grand nombre des voussoirs d'engrenage s'était rompu pendant le tassement de la seconde. On a donc laissé vides les places de vingt-trois de ces voussoirs, avec l'intention de ne les remplir qu'après le décintrement et l'affaissement presque complet. On a excepté de cette disposition les six rangs inférieurs de chaque côté, qui ont été posés sans laisser aucun vide, à cause du peu de mouvement que ces rangs semblaient devoir prendre lors du décintrement (10).

La courbe de pose était calculée pour un surhaussement de 20 centimètres, et elle avait été observée pour les dix premiers cours de voussoirs à droite et à gauche, quand un mouvement sensible dans les cintres contraignit, pour éviter les jarrets, de suivre un système d'ordonnées correspondant à un exhaussement de 30 centimètres.

Ce mouvement, suite inévitable de l'élasticité des cintres, peut être attribué à la nécessité d'enlever à-la-fois, pour faire place à la pose, 6 mètres cubes de pierres qui avaient été placés sur leur lit pour charger le milieu du cintre.

Le surhaussement de 20 centimètres adopté d'abord eût été suffisant, à en juger d'après les tassemens observés aux deux autres zones, mais en donnant à la troisième un surhaussement de 30 centimètres, on comptait sur la possibilité de faire arriver le tassement à cette quantité, en décintrant promptement, en chargeant après le décintrement, et en dégarnissant alors les joints qui se trouveraient les plus grands.

Le premier voussoir avait été posé le 12 juillet, et les clefs ont été mises en place le 16 du mois suivant, sans avoir éprouvé pendant cet intervalle d'autre accident que celui dont on vient de faire mention.

Le décintrement a été exécuté vingt jours après la fermeture de la voûte, parce qu'on a jugé qu'un plus long délai, en laissant aux mortiers le temps de prendre trop de consistance, pourrait empêcher d'obtenir tout le tassement qu'il fallait qu'elle éprouvât pour se raccorder avec les deux autres zones. Cette opération, qui fut encore trop tardive, eut lieu dans l'ordre et suivant les détails qui vont être décrits.

On avait résolu de ne faire céder les cintres que dans leur milieu, sans toucher aux pieds des trois cours d'arbalétriers, afin, dit M. Blondat, que leur fléchissement, plus conforme au genre de mouvement qu'une voûte prend en tassant, produisît une courbe plus heureuse.

---

3 Septembre. Après avoir établi les échafaudages nécessaires, on a placé des groupes de charpentiers, savoir : au sommet des cours supérieures d'arbalétriers, au milieu des entraits des seconds, et aux articulations latérales des troisièmes cours. Des entailles de 28 centimètres de longueur, entreprises sur une face verticale de ces pièces, furent creusées jusqu'à ce que le bois, réduit de 42 centimètres d'épaisseur à celle de 10 centimètres, fît entendre quelques craquemens.

« On inséra avec force dans ces entailles, des cales d'une »forme particulière que l'on comprima fortement. Ce système »de cales consistant en deux coins juxtaposés, disposés à »glisser l'un sur l'autre, présentait l'avantage d'opérer le »décintrement par un mouvement continu que l'on pourrait »modérer à volonté. L'écart de ces coins était réglé par deux »rossignols affilés eux-mêmes en coins, et juxtaposés aussi »de manière que leur chasse pouvait à volonté donner lieu »au rapetissement de la cale. »

Les 10 centimètres d'épaisseur de bois restés dans l'emplacement des entailles ont été ruinés à la hache après le placement des cales. Ils étaient à peine réduits à 4 centimètres, que le bois s'est replié sur lui-même, et les cales ont été soumises à toute la pression longitudinale des arbalétriers. Depuis deux heures, époque des premiers craquemens, jusqu'à cinq, la clef était descendue de 16 millimètres.

4 Septembre. Quelques pétillemens se sont fait entendre de temps en temps, et l'affaissement était de 36 millimètres après la journée.

5 Septembre. Le tassement a été reconnu de 41 millim. à la fin du jour. Par l'effet de la compression, des filets d'eau continus coulaient des pierres de Saillancourt, nouvellement extraites.

6 Septembre. Le tassement de la voûte depuis le 3 n'était encore dû qu'au mouvement des cintres, au moment où la pression des arbalétriers s'exerça sur les cales. La clef de la zone devait encore descendre de 25 centimètres pour prendre la position désirée. Pour opérer le décintrement complet, on livra les cales à leur jeu, en chassant leurs clefs ou rossignols à petits coups depuis cinq heures du matin jusqu'à quatre heures du soir, moment où les cintres se trouvèrent tout à fait affranchis. Pendant ces onze heures, la clef de la zone descendit de 18 centimètres sans éprouver de secousses. Les cales de 28 centimètres de longueur s'étaient réduites à 19 centimètres. Le reste du jour et la nuit suivante furent employés à l'enlèvement des couchis.

7 Septembre. Une inspection détaillée de toutes les parties de la zone a fait connaître, 1.° que les voussoirs inférieurs d'engrenage, qu'on avait cru devoir poser, ainsi qu'on l'a dit ci-dessus, sans laisser de vide, s'étaient rompus en plusieurs éclats ; 2.° que la tête de la zone arquée en dehors en présentant une courbure de 28 millimètres de saillie, et que cette même tête avait pris dans son milieu 6 millimètres de fruit ; 3.° que le surhaussement de la clef, qui était de 5 centimètres en amont, n'était que de 3 centimètres en aval, et que par conséquent le tassement de ce dernier côté était plus fort de 2 centimètres. Cette différence paraît devoir être attribuée à ce que la partie d'aval se trouvait surchargée par les harpes destinées à lier les deux zones, à ce que la superficie des joints des voussoirs d'aval était moindre que celle des voussoirs de tête, à ce que leurs lits avaient pu être taillés avec moins de soin, enfin à ce que les mortiers des joints de tête, ayant été plus exposés à l'action du soleil et des vents, étaient devenus moins susceptibles de compression.

Le bombement en amont et la forme en éventail devaient nécessairement résulter de cette différence de resserrement des joints.

On avait cru prévenir ces accidens en frappant des coins de chêne à l'extrados de la voûte, en aval, dans les joints voisins des clefs ; mais il aurait fallu en même temps charger fortement les voussoirs de tête avant le décintrement.

De semblables effets ne s'étaient pas manifestés à la zone du milieu , parce que ses côtés étaient parfaitement symétriques : ils avaient été moins sensibles à la zone d'aval, à cause de la résistance que lui donnait sa double largeur.

Pour faire arriver la zone d'amont à la position qu'elle devait occuper , il fallait donc chercher à la faire tasser du côté de la tête, et tel a été le but des opérations dont on va rendre compte.

1.° La zone fut recalée en aval sur la ferme correspondante, afin d'arrêter provisoirement le tassement de ce côté.

2.° Les joints des cinq voussoirs de tête , les plus voisins de la clef, et qui étaient aussi les plus larges, ont été dégarnis jusqu'à 60 centimètres au-dessous de l'extrados, et remplis ensuite en nouveau mortier; on a aussi ruiné les coins en chêne qui n'avaient été que légèrement enfoncés dans la partie supérieure de ces joints, et se trouvaient alors cependant comprimés fortement.

3.° Pour opérer, lors du tassement de la zone, un mouvement oblique qui la rapprochât de celle du milieu , et refermât l'écartement de 28 millimètres, quantité dont les joints verticaux s'étaient ouverts entre les harpes, on eut recours à l'expédient employé dans le battage des palplanches pour les rapprocher entre elles. A cet effet, les harpes correspondantes des deux zones contiguës ont été enchaînées deux à deux par des crampons scellés dans les joints de coupe, mobiles autour de leurs talons, et inclinés à 50 degrés. On ne pouvait craindre tout au plus que la rupture ou l'arrachement de quelques harpes qu'il aurait alors fallu remplacer, ce qui eût été également nécessaire dans le cas où le rapprochement ne se serait pas effectué.

4.° Les clefs et contre-clefs de tête ont été chargées de 32 mètres cubes de pavés.

5.° Après toutes ces dispositions, la zone fut décintrée de nouveau en enlevant les cales posées sur la ferme d'aval.

20 Septembre. Il ne se manifestait plus de mouvemens; la saillie de la tête était diminuée de 22 millimètres, et les joints verticaux entre les harpes, dans le voisinage, des clefs n'excédaient plus que de 6 millimètres l'ouverture qui leur avait été donnée à la pose : le surhaussement de la douelle s'était réduit à 14 millimètres en amont et 9 en aval; enfin, il n'existait plus d'autres traces du premier événement que de ces légers défauts qu'emporte le ragrément.

30 Septembre. Toutes ces réparations étaient terminées, les traces de séparation des zones avaient disparu, et il ne manquait plus au rétablissement complet du pont que la construction des trottoirs, parapets, chape et pavé.

J'ai désiré m'assurer par moi-même de l'état du pont de Pont-Sainte-Maxence, et je m'y suis fait transporter, quoique bien malade, en avril 1821. J'ai reconnu alors, avec la plus grande satisfaction, qu'il avait été parfaitement rétabli, et ne présentait aucune irrégularité sensible à la distance assez rapprochée à laquelle j'étais placé.

Si je me suis trop étendu sur quelques détails, j'espère trouver grâce auprès des ingénieurs qui s'honorent ainsi que moi d'avoir été les élèves de M. Perronet, et d'avoir connu les ingénieurs habiles qui ont été ses collaborateurs.

Pont de Trilport sur la Marne. Planches 5 et 6.

Il a été projeté et exécuté par M. de Chézy. Les travaux, commencés en 1756, ont été terminés en 1760. Le compte définitif de la dépense, y compris terrassemens, indemnités et frais de toute nature, a été arrêté le 20 septembre 1760, par M. Hupeau, premier ingénieur , à la somme totale de **489,308 livres 7 deniers.**

Ce pont est composé de trois arches en anse de panier, dont les axes font avec celui de la route un angle de 72 degrés. L'arche du milieu a 75 pieds d'ouverture , et les deux autres 72 pieds; l'épaisseur des piles est de 15 pieds, celle des culées de 18; toutes ces dimensions mesurées perpendiculairement à l'axe des arches et des piles. La largeur perpendiculaire entre les têtes est de 30 pieds.

Il a été fondé sur pilotis, grillage et plate-forme. Les épuisemens ont été effectués au moyen de chapelets verticaux et d'une roue à godets mue par le courant.

La pierre de Changy, employée dans cette construction, était très-dure, car un bon ouvrier n'en pouvait tailler au plus que 2 pieds superficiels par jour.

Ce pont, dont il ne subsiste plus malheureusement que les culées, était remarquable sous plus d'un rapport : sa dépense, appréciée avec beaucoup de soin, n'a pas différé sensiblement de la première estimation; son exécution était parfaite; mais ce qui le caractérise particulièrement, c'est la manière dont l'auteur du projet avait su vaincre les difficultés qui résultent de l'obliquité de l'axe des arches.

On n'a trouvé dans les papiers de M. de Chézy aucune note relative à l'épure de ces arches, tracée *Planche 6.* L'extrême modestie de cet ingénieur, que ses éminentes qualités ont placé au premier rang des ingénieurs et des hommes de bien, a privé le public des recherches savantes dont il s'était occupé constamment pendant la longue carrière qu'il a parcourue.

Quant à ce qui nous manque relativement à l'épure en question, l'explication suivante a été rédigée dans l'intention d'y suppléer.

Les voûtes des ponts sont ordinairement des portions de cylindres dont la génératrice est parallèle à la direction du courant. En adoptant la même génération pour les ponts biais, les voussoirs de tête présenteraient des angles plus ou moins aigus. C'est pour les éviter que M. de Chézy a pratiqué, aux arches du pont de Trilport, des voussoirs ou cornes de vache.

La directrice du cylindre qui forme le corps principal de chaque voûte, est une courbe à trois centres $[C'', K', O'']$ tracée sur un plan EF perpendiculaire à la génératrice. Si le cylindre eût été prolongé jusqu'aux plans de tête AD et AD', les lignes de joint auraient formé avec celles de douelle des angles aigus depuis 90 jusqu'à 72 degrés.

On a prévenu cet inconvénient de la manière suivante:

Par le point d on a mené dB' perpendiculaire à l'axe de la pile; et la ligne $B'A'$, à angle droit sur la tête du pont, détermine le parement de la pile de B' en A'. Ayant tiré $B'G$ (G étant le point de rencontre de l'axe de la voûte avec le plan de tête), on a imaginé par cette ligne un plan vertical qui coupe la surface du cylindre suivant une courbe facile à construire. Celle-ci a été prise pour la directrice d'un nouveau cylindre dont les arêtes sont perpendiculaires au plan de tête. Quant aux plans de joint de cette seconde partie de voûte, ils sont déterminés par la condition de passer par les intersections des plans de joint de la première avec le plan vertical $B'G$.

La voussure d'aval projetée en ABO' a été tracée symétriquement.

D'après ces données, il sera facile de construire les panneaux de tête et de douelle ; mais, pour ceux de joint, il est nécessaire de connaître les angles que font, dans chaque rang , les lignes de douelle avec les arêtes de joint tracées sur les plans de tête, et sur les plans verticaux d'intersection $B'G$ et BO'.

C'est le tracé de ces angles qui fait l'objet principal de l'épure de la *Planche 6.*

Pour sa construction, on a supposé que tous les plans de joint de chacune des surfaces cylindriques qui composent l'arche, ont tourné autour de parallèles à la génératrice de cette surface et ont été rabattus sur le plan horizontal des naissances.

En traçant les lignes de joint sur ces plans ainsi rabattus, il est évident que les angles qu'elles formeront avec les droites AB et BD′ seront les angles cherchés.

Le choix des axes de rotation des plans de joint, a été fait de la manière suivante :

1.° Pour les parties qui correspondent à l'arc de cercle inférieur de l'anse de panier, il était naturel de prendre pour axe de rotation des plans de joint leur intersection commune (C′H pour la voussure et C′c pour la surface cylindrique principale).

2.° Quant au groupe de plans de joint correspondans à l'arc de cercle supérieur, et qui, dans chaque surface, ont aussi une intersection commune, après les avoir fait tourner autour de cette intersection jusqu'à ce qu'ils s'appliquent sur celui passant par la jonction des deux courbures de la directrice, on imagine une nouvelle rotation de ce dernier autour de l'intersection des plans de joint du groupe inférieur. Après ce double mouvement, l'intersection commune des plans du groupe supérieur vient enfin en KK′ pour la voussure et en OK′o pour la grande surface.

Cet exposé pourrait suffire pour suivre les diverses parties du tracé, je les indiquerai donc très-sommairement.

I. *Tracé des Angles formés par les arêtes des plans de joint projetées en OB′ avec les arêtes de douelle de la voussure.*

Partie correspondante à l'arc inférieur de l'anse de panier. L'arête de joint à tracer est celle passant par le point de division projeté en M′ et M‴. Dans le mouvement de rotation des plans de joint de la voussure autour de leur intersection commune C′H, ce point est resté sur une perpendiculaire MH à cette charnière, et il est venu en M à une distance de celle-ci égale à C″M‴ ; C′M est donc la ligne de joint, et l'angle qu'elle forme avec AB est celui cherché.

Partie correspondante à l'arc supérieur de l'anse de panier. Le point de division projeté en N′ et N‴, après les mouvemens de rotation ci-dessus indiqués est venu en N, sur une perpendiculaire à l'intersection commune rabattue en KK′ et à une distance de celle-ci égale à O‴N‴. K est le point de concours des lignes de joints tracées sur le plan vertical BO′, dans la partie correspondante à l'arc supérieur ; KN est donc la ligne de joint passant par le point N ; et l'angle avec AB est celui cherché.

II. *Tracé des Angles formés par les arêtes de joint projetées en O′B avec les arêtes de douelle de la surface cylindrique principale.*

Pour éviter la confusion, on a supposé dans l'épure ci-jointe, le plan vertical O′B transporté en cm′. L'axe de rotation du groupe de plans de joint inférieurs de la grande voûte est C′c ; l'intersection commune de ceux du groupe supérieur est venue en Oo ; les points C et O sont les points de concours des lignes de joint tracées sur le plan cm′ ; et comme, après le mouvement de rotation des plans de joint, toutes les lignes de douelles ont dû venir se confondre avec BD′, il est évident que les lignes c m et o n sont les lignes de joint correspondantes aux points projetés en m′, M″ et n′, n″ ; par conséquent les angles de ces dernières avec BD′ sont ceux dont il s'agit.

III. *Angles formés par les lignes de joint tracées sur les plans de tête de la surface principale avec les lignes de douelle de cette surface.*

L'épure ci-jointe indique le tracé de ces angles pour les lignes de joint correspondantes aux deux points projetés en

P′, P″ et Q′, Q″ ; la détermination de ces lignes de joint C″P et OQ est absolument la même que dans le cas précédent, et les angles cherchés sont ceux de ces lignes avec DB′.

Le pont sur la construction duquel je viens de présenter une courte notice, a été renversé en février 1814 par suite des malheurs de la guerre.

Dans la journée du 9, l'explosion d'une mine pratiquée sur l'extrados de la clef de l'arche du milieu, fit écrouler la voûte, à l'exception d'une zone de 1 mètre 50 centimètres de largeur, qui permettait encore de communiquer d'une rive à l'autre. Cette portion ayant ensuite été rompue au moyen d'un baril de poudre, le même jour à dix heures et demie, la pile du côté gauche fut renversée par la poussée de l'arche qu'elle soutenait : la pile de la rive droite et l'arche attenante ne se renversèrent que le lendemain 11 février à six heures du matin. Ainsi l'arche de la rive gauche est tombée deux heures après celle du milieu, tandis qu'il s'est écoulé vingt heures depuis la chute de celle-ci jusqu'à celle de l'arche de droite : les culées auxquelles plusieurs rangs de voussoirs sont restés attachés, n'ont éprouvé aucun dommage.

Il paraît que les deux piles ont été renversées en tournant autour de l'arête de l'assise inférieure, qui a entraîné avec elle la plate-forme, dont le bord opposé s'est montré à la surface de l'eau. Selon le rapport d'un plongeur, les deux ou trois premiers rangs de pieux de chaque pile, du côté de l'arche du milieu, ont été enfoncés ou fracturés, ce qui a pu avoir lieu par le mouvement imprimé à toute la masse au moment de l'explosion. Mais on ne pourra être bien certain des causes qui ont amené le renversement des piles, malgré leur forte épaisseur, qu'après avoir constaté les faits, au moyen des épuisemens entre les batardeaux qu'on se propose de construire. Si mes forces me conduisent jusqu'à cette époque, je reviendrai sur cette question intéressante.

Pont Fouchard sur le Thouet près Saumur. Planches 7 et 8.

Ce pont, commencé en 1774, avait été projeté par M. de Voglie ; son exécution a d'abord été dirigée sous ses ordres par M. Lecreulx. Il a été continué depuis par M. Bastier, sous les ordres de M. de Limay, et terminé en 1782.

Il est composé de trois arches en portion de cercle, ayant chacune 80 pieds d'ouverture. Les dessins peuvent dispenser de parler des autres dimensions (11). Ses fondations ont été établies au moyen de batardeaux et épuisemens, sur de forts pieux enfoncés par des sonnettes à déclic dont le mouton pesait environ 1800 livres, et qui ont pris 20 à 25 pieds de fiche dans le tuf. L'extrait du journal tenu en 1774 pendant la fondation de la première culée, n'offre rien de bien remarquable. On y apprend que le terrain ou le tuf était sensiblement homogène, ce qui a été confirmé par la loi des enfoncemens des pieux. On fait observer dans le même journal que si les premières couches du terrain avaient été un peu molles, on aurait pu employer des sonnettes à tirandes avec un mouton de 6 à 800 livres, pour mettre les pieux en fiche et commencer le battage, ce qui aurait fait gagner quelque chose sur le temps ; mais que, dans le cas d'un sol uniformément résistant, comme celui dont il s'agit, on a trouvé qu'un mouton de 6 à 800 livres, qui n'aurait eu que 4 à 5 pieds de chute, n'aurait produit presque aucun effet. L'auteur du journal (M. Lecreulx) ajoute qu'après beaucoup d'expériences faites au pont de Sau-

(11) Ouverture des arches, 80 pieds ; flèche, 8 pieds 1 pouce 4 lignes ; hauteur des piles ou pieds-droits, 16 pieds ; épaisseur des piles au-dessus des retraites, 12 pieds ; h la hauteur des naissances, 10 pieds ; épaisseur des culées, 36 pieds, non compris les contreforts.

mur, il a été reconnu qu'une sonnette à tirande avec un mouton de 1200 livres battait 5 pieux en quatre jours, et qu'une sonnette à déclic en battait 4 dans le même espace de temps; que le prix de la journée de la première était de 43 livres 18 sous, et celui du battage d'un pieu de 35 livres 2 sous; que celui de la journée de la seconde était de 10 livres 12 sous, ainsi que celui du battage d'un pieu : ce qui prouve qu'il y avait environ les 2/3 à gagner sur la dépense. Des expériences récentes ont également constaté l'avantage des sonnettes à déclic, mais il sera bon de les continuer lorsque l'occasion s'en présentera (12). Il faut remarquer, en passant, que pour ne rien perdre sur le temps lorsqu'on emploie les sonnettes à déclic, il est nécessaire d'en augmenter le nombre.

Les journaux manquent jusqu'à celui de l'année 1782, pendant laquelle on s'est occupé principalement du décintrement des voûtes, construites pendant l'année précédente; je vais continuer d'en extraire ce qui peut être utile au progrès de l'art et à l'explication de quelques effets dont je parlerai plus tard.

Le tassement total des voûtes sur les cintres, depuis le commencement de leur construction, a été constaté en 1781, quinze jours après la pose des clefs; il a été trouvé, savoir :

1.re Voûte (du côté de la ville)............ 21 lignes.
2.e Voûte ou voûte du milieu............ 30.
3.e Voûte......................... 25.

Des repères pris hors des cintres ont fait connaître qu'il y a eu ensuite augmentation successive de tassement. Cette augmentation, pendant près d'une année que les voûtes sont restées sur les cintres, a été mesurée le 6 septembre 1782. Elle était alors de 15 lignes à la première voûte, 20 lignes à la seconde et 17 lignes à la troisième.

Le décintrement a été commencé le 7 septembre par l'arche du milieu. On a d'abord décalé le couchis de la clef, puis ceux des contre-clefs, et ainsi de suite, en ayant toujours soin de décaler en même temps de chaque côté ceux des assises correspondantes.

L'auteur du journal fait observer que le procédé de décintrer en commençant par les naissances, dont on a ressenti les avantages au pont de Neuilly, n'avait pas paru applicable au pont Fouchard, à cause de la forme de ses voûtes qui, *tenant des plates-bandes bombées*, ne sont pas susceptibles de relèvement dans les reins, comme les voûtes en anse de panier. « Il pa- »raissait bien essentiel, ajoute-t-il, de ne pas décaler les pre- »miers rangs des voussoirs dont les joints s'étaient entr'ouverts »à l'extrados le long des piles et culées, avant d'avoir mis en »l'air les autres voussoirs des voûtes, afin que l'action latérale »de ceux-ci fit effet pour les resserrer contre les piles et les »culées, et ainsi les empêcher de descendre. »

Le décalement des couchis a duré quinze jours (depuis le 7 jusqu'au 21 septembre). Il eût été facile de l'effectuer en beaucoup moins de temps; mais après avoir décalé la moitié des couchis de chaque côté des clefs, on a laissé quelques jours les voûtes dans cet état, afin de leur laisser faire leur effet. L'a- baissement des clefs produit par cette première opération a été

de 16 lignes à la première voûte, 9 lignes à la deuxième et 18 lignes à la troisième. Les couchis restant sous chaque voûte, ont été décalés ensuite à deux reprises. Après le décale- ment de la deuxième partie, le tassement des voûtes, dont les trois quarts se trouvaient alors libres, a été de 11 lignes à la première voûte, 5 lignes à la seconde et 12 lignes à la troisième.

Enfin la dernière partie des couchis étant décalée, il en est résulté 3 lignes de tassement à la première voûte, 2 lignes à la seconde et 4 lignes à la troisième.

Depuis cette époque jusqu'au 30 novembre, dans l'intervalle de 40 jours, le tassement n'a augmenté que de 5 lignes à la première voûte, 3 lignes à la deuxième et 9 lignes à la troisième.

RÉCAPITULATION GÉNÉRALE du tassement des Clefs des trois voûtes du pont Fouchard.

DÉSIGNATION des arches.	TASSEMENT sur les cintres pendant la construction des voûtes, constaté dix jours après la pose des clefs.	TASSEMENT des voûtes pendant l'année où elles sont restées sur les cintres.	TASSEMENT depuis le commencement jusqu'à la fin du décalement.	TASSEMENT pendant les quarante jours qui ont suivi le décalement.	TOTAL du tassement au 1.er novemb. 1782.
	pouc. lig.	pouc. lig.	pouc. lig.	pouc. lig.	pouc. lig.
1.re arche (côté de la ville)...	1. 9.	1. 3.	2. 6.	0. 5.	5. 11.
2.e arche......	2. 6.	1. 8.	1. 4.	0. 3.	5. 9.
3.e arche......	2. 1.	1. 5.	2. 10.	0. 9.	7. 1.

Le surhaussement donné aux voûtes en commençant leur construction, avait été fixé à 13 pouces; mais d'après les ré- sultats précédens, et en évaluant à deux pouces le tassement qui pourrait survenir par suite du remplissage des reins, l'auteur du journal présumait que les voûtes auraient environ 4 pouces de montée *de plus que les 8 pieds fixés par le devis.*

Il fait observer que, pendant le décalement, les voûtes attenantes aux culées ont plus tassé que celle du milieu, et que cette différence provient sans doute de ce que la poussée de celle-ci est balancée par celle des voûtes voisines, tandis que ces dernières n'ont pas trouvé une résistance égale du côté des culées, à cause de la compression des mortiers des joints de l'intérieur, qui ne pouvaient avoir acquis une parfaite dureté. Il ne doute même pas que cette différence de tassement n'eût été bien plus grande, sans la précaution qu'on a prise de con- trebutter le derrière de l'assise des culées qui reçoit les naissances, par de forts libages posés en coupe, et comme formant le pro- longement de la voûte dans le massif de ces culées. (Voir *Planche 8*) [C].

Avant de procéder au décalement, des tailleurs de pierre avaient été chargés « de dégarnir, jusqu'à 6 pouces des paremens, »les joints où la pression était la plus forte, tels que ceux de »l'extrados des clefs et contre-clefs, et ceux de l'intrados des »premiers rangs de voussoirs.» Pendant le décalement, ces mêmes ouvriers ont été employés à rouvrir les joints à mesure que la compression des mortiers laissait rapprocher les arêtes. Grâce à ces précautions, les voussoirs ont été conservés in- tacts, et ceux inférieurs, pour lesquels on craignait le plus, parce qu'ils portent des liaisons avec trois assises des avant- becs, n'ont éprouvé aucune fracture.

Les joints des premiers rangs s'étaient ouverts de 8 à 9 lignes à l'extrados, et après avoir inutilement espéré qu'ils se refermeraient naturellement après le décalement, on a été convaincu qu'il « n'y a point lieu d'attendre un pareil effet, puis- »qu'après les avoir coulés et bien fichés, on a remarqué à la »partie supérieure de ces mêmes joints un nouvel écartement »de 2 lignes, &c. » [D].

Les joints de l'intrados des clefs se sont ouverts de 1/3 de

---

(12) Des expériences faites par M. Vauvilliers au pont de Bezons, avec des sonnettes à déclic fort simples et légères, tendraient à prouver que la dépense pour l'enfoncement d'un pieu avec les sonnettes de cette espèce, ne serait pas le quart de celle qui aurait lieu avec une sonnette à tirande, et qu'il y a même quelque chose à gagner sous le rapport de la célérité.

M. Vigoureux, qui a employé au pont de Sèvres des machines semblables à celles dont M. Vauvilliers s'est servi, n'a pas trouvé tout-à-fait les mêmes résultats; mais ses expériences prouvent néanmoins qu'il y a une grande économie à employer ce moyen de battage, au lieu de la tirande.

M. Vauvilliers a développé dans un mémoire les causes de cette économie; mais la plus puissante de toutes serait dans la grande élévation du mouton, s'il était vrai, contre les principes admis, ainsi que ne le porteraient les expériences faites à Lyon par M. Carron sem- bleraient le prouver, que les enfoncemens des pieux augmentent à-peu-près dans la raison des carrés des hauteurs de chute, et non dans celle des hauteurs simples.

ligne ou une demi-ligne tout au plus, et ces ouvertures, qui se sont manifestées dans le commencement du décintrement, se sont refermées lorsque les voûtes ont été décintrées aux trois quarts.

Le relèvement des cintres, lorsqu'ils ont été affranchis du poids des voûtes, a été de 11 lignes pour celui de la première voûte, 15 à celui du milieu et 14 au troisième.

Leur affaissement sous le poids de ces mêmes voûtes, tant pendant la durée de leur construction que pendant l'année qui s'est écoulée jusqu'à l'époque du décintrement, avait été de 33 lignes au cintre de la première arche, 40 lignes au deuxième, 38 lignes au troisième.

Ces mouvemens se sont opérés sans aucun bruit, ce qui a paru une preuve de la grande force du système. L'auteur du journal pense qu'ils auraient été en état de porter un poids beaucoup plus considérable, quoique la charge de chaque ferme ait été de 330,000 milliers de livres, « sur-tout au moyen des palées « qui maintenaient le milieu des cintres dans une position ab- « solument verticale, sans nuire aux effets du tassement » (13).

Les parapets de ce pont ont été posés et le pavage exécuté peu de temps après le décintrement. Cette surcharge trop subite produisit une augmentation dans le tassement, qui n'était pas achevé, et il en est résulté des ondulations sensibles sur les parapets, et des ouvertures dans les joints près des naissances (ces ouvertures sont figurées Planche 8, sur les arrachemens des piles et des culées).

Les effets dont on vient de parler avaient commencé à se manifester peu de temps après la fin des travaux, mais ils n'ont été observés avec attention qu'en 1792. Depuis cette époque, ils ont été très-peu sensibles, ainsi qu'on en peut juger par le résultat des observations renouvelées quatorze ans après, en mars 1806, et qui sont consignées dans le tableau comparatif suivant.

| | | FLÈCHES des courbures des parapets, | | DIFFÉRENCE en augmentation pendant l'intervalle de 14 ans. |
		en mars 1792.	en mars 1806.	
1.re arche (côté de Saumur).	Sur la tête d'amont.	0m 050.	0m 065.	0m 015.
	Sur la tête d'aval..	0. 045.	0. 058.	0. 013.
2.e arche........	Sur la tête d'amont.	0. 027.	0. 032.	0. 005.
	Sur la tête d'aval..	0. 016.	0. 019.	0. 003.
3.e arche........	Sur la tête d'amont.	0. 043.	0. 056.	0. 013.
	Sur la tête d'aval..	0. 043.	0. 048.	0. 005.
		0. 224.	0. 278.	0. 054.
OUVERTURE des joints des parapets.		EN mars 1792.	EN mars 1806.	DIFFÉRENCE.
Aux culées et aux piles, sur la tête d'amont, ou total pour tous les joints.		0m 112.	0m 130.	0m 018.
Idem en aval.		0. 108.	0. 121.	0. 013.

Aucun mouvement n'ayant été remarqué dans les piles et les culées, on ne peut attribuer les tassemens qu'au resserrement des joints des voussoirs, et à la compression de la maçonnerie de moellons de l'intérieur des piles et culées, dont les mortiers, faits avec de la chaux commune, n'avaient pas acquis assez de consistance. Au surplus, ces effets paraissent avoir cessé depuis long-temps, et il serait facile d'en faire disparaître les vestiges (14).

Cet exemple, cependant, ne doit pas être perdu pour les

(13) La manière dont ces palées sont représentées sur les dessins, pourrait faire penser, au premier aspect, qu'elles ont été construites pour étayer les cintres; mais on n'a point eu recours à ce moyen, les cintres ayant parfaitement résisté.

(14) Je saisis cette occasion pour rappeler qu'on aurait évité ces accidens, dont le moindre inconvénient est de donner lieu à de nouvelles dépenses, en employant des mortiers hydrauliques qui durcissent très-promptement.

ingénieurs, et c'est pourquoi j'ai cru devoir en parler. Il prouve, comme on l'a déjà fait observer à l'occasion du pont de Pont-Sainte-Maxence, combien l'exécution des voûtes d'une aussi grande étendue et aussi surbaissées, exige de soins et de précautions. J'aurai même le courage d'ajouter que, sous le rapport du goût, de l'économie et de la solidité, il est bien préférable, sur-tout dans l'intérieur des provinces, et à moins de circonstances particulières assez rares, d'augmenter le nombre des arches, plutôt que de chercher à leur donner d'aussi grandes dimensions [E].

Pont de Frouart sur la Moselle, route de Nancy à Metz. Planches 9 et 10.

L'ancien pont de Frouart, fondé sur un enrochement qui s'élevait au niveau des basses eaux, fut détruit par l'effet d'un grand débordement, à la fin de 1778. Le pont actuel, construit dans le même emplacement, est composé de 7 arches en maçonnerie de pierre de taille, et de 60 pieds d'ouverture chacune. Le couronnement de ce pont est de niveau, et les eaux de la chaussée s'écoulent par des gargouilles en fonte, qui traversent les voûtes. La forme des arches est celle d'une anse de panier à cinq centres, dont la flèche est entre le 1/3 et le 1/4 de l'ouverture.

Les piles et les culées, qui ont de larges empâtemens, sont fondées sur grillage et plate-forme posés sur un sol de gravier très-solide, mais qui n'en est pas moins susceptible d'affouillement. C'est pourquoi chaque fondation a été enveloppée par une file de pieux jointifs reliés à leur tête par un double cours de ventrières boulonnées. Ces mêmes fondations ont été établies à 6 pieds au-dessous des basses eaux, au moyen de batardeaux et épuisemens auxquels on employait des chapelets verticaux. L'enfoncement des pieux d'enceinte était très-difficile, et l'on ne pouvait les mettre en fiche qu'après avoir ouvert une tranchée profonde à l'aide de dragues à hottes et armées de grapins. Malgré cette précaution, plusieurs pieux qui paraissaient pénétrer le terrain, avaient perdu leurs sabots et s'écrasaient sous le mouton. En général, il était impossible de les rendre jointifs. On a garni le tour des piles, d'enrochemens en moellons que l'on aura sans doute entretenus avec soin.

Ce pont, très-bien exécuté, a coûté environ 440,000 francs. La pierre de taille était extraite à 5 lieues de distance réduite, et le moellon dans les carrières voisines.

J'ai été chargé, pendant la campagne de 1784, de suivre les travaux de fondation. Comme j'avais déjà eu l'occasion de voir d'assez grandes constructions hydrauliques, et que je cherchais avec ardeur à acquérir de l'expérience, je me permis de soumettre à l'ingénieur en chef, M. Lecreulx, quelques observations qu'il accueillit avec beaucoup de bonté. Je lui demandai si, dans cette localité, où les affouillemens sont à craindre, il n'eût pas été prudent d'établir le pont sur un radier général. Il me répondit que ce parti, sans être rigoureusement nécessaire, aurait été préférable, mais qu'il n'avait cru devoir le proposer à cause de l'augmentation de la dépense. Cette augmentation aurait été considérable en effet, si l'on avait employé de la pierre de taille dans la construction de ce radier, et qu'on eût voulu lui donner une grande épaisseur. Je pensai alors, et je pense encore maintenant, qu'avec l'excellente chaux hydraulique de Metz, on aurait pu se contenter d'un simple radier de béton de 70 centimètres d'épaisseur, contenu en amont et en aval par une ligne de pieux jointifs, semblables à ceux qui enveloppent les piles, et qui, en prenant ce parti, eussent été inutiles. La dépense des pieux étant à-peu-près la même dans les deux cas, l'augmentation n'aurait consisté que dans le dragage, dont le produit aurait servi à fabriquer le béton, dans la chaux, ainsi que dans la façon et l'emploi de ce béton comprimé et bien dressé au moyen de cylindres très-pesans.

Le cube de ce béton aurait été d'environ 1500 mètres, le prix de chaque mètre, à cette époque, de 20 francs tout compris, et par conséquent la dépense totale de 30,000 francs.

Un intervalle de près de quarante années a prouvé que l'entretien des enrochemens autour des piles et des culées, a suffi pour prévenir tous les dangers ; et je n'ai rappelé cette circonstance que parce qu'elle fait partie de mes souvenirs, et me fournit l'occasion de parler d'un de mes anciens chefs, et de ma reconnaissance pour toutes les marques d'intérêt qu'il n'a cessé de me donner jusqu'au moment de sa mort.

Ponts de Sèvres et de l'École militaire.
Planches 11 et 12.

Ces deux ponts sont également remarquables par leur belle exécution et par une heureuse position. Quoique conçus d'après des systèmes très-différens, ils peuvent être mis au rang des plus beaux ponts de France. Je me contenterai, en ce moment, de faire observer à ceux qui préfèrent exclusivement l'un ou l'autre système, que celui adopté pour le pont de l'école militaire est motivé par la nécessité de conserver aux eaux un débouché suffisant, tandis qu'à Sèvres la largeur du lit pouvait permettre de multiplier les piles et de construire les voûtes en plein cintre : il en est résulté que chacun de ces ponts présente un caractère particulier, en harmonie avec les objets qui l'environnent. Ces convenances sont telles, que tout le monde peut sentir qu'ils perdraient beaucoup de leur effet, si l'on transportait l'un à la place de l'autre.

Je ne présenterai pour ces deux ponts qu'une notice très-courte, à laquelle les dessins pourront suppléer.

Pont de Sèvres.

Il a été projeté par M. Becquey de Beaupré, ingénieur en chef, et il a été exécuté sous ses ordres, par les soins de M. Vigoureux, qui a eu l'avantage, assez rare parmi les ingénieurs, d'en avoir fait poser la première et la dernière pierre.

Pendant la durée de plusieurs règnes, il n'avait existé à Sèvres qu'un pont de bois sur une des routes les plus fréquentées de France, servant de communication entre Paris et Versailles, où la cour résidait. On prétend qu'un administrateur célèbre (M. de Trudaine père) répondait, lorsqu'on lui parlait de le remplacer par un pont de pierre : « Occupons-nous d'abord de ceux des provinces ; celui de Sèvres est trop en évidence pour être long-temps oublié. » Enfin, son exécution a été ordonnée en 1808, peu de temps après la nomination de M. le comte de Montalivet à la direction générale des ponts et chaussées. Il contribua par son opinion, qui avait été aussi celle de son prédécesseur, M. Crétet, à faire adopter dans cette circonstance des arches en plein cintre, forme que les brillans succès de M. Perronet avaient peut-être trop fait négliger.

Le pont de Sèvres est composé de neuf arches principales de 18 mètres d'ouverture, et de deux petites arches de 5 mètres servant au halage. Les neuf arches principales offrent un débouché dont la longueur, qui est de 162 mètres, excède celle des cinq arches du pont de l'école militaire, puisque celle-ci n'est que de 140 mètres, dont il faudrait encore retrancher la partie occupée par le chemin de halage pratiqué sous l'une d'elles. Cette différence est motivée par la forme des arches en plein cintre, dont les tympans diminuent le passage des grandes eaux, et par le grand nombre des piles qui augmentent les effets de la contraction.

Le pont de Sèvres a été fondé sur pilotis, savoir, les deux culées au moyen d'épuisemens très-faciles, et les huit piles,

par la méthode des caissons. Ses paremens sont construits en pierre de taille extraite des carrières de Saillancourt. Une partie de l'ancienne route a été abandonnée, et celle qui la remplace, dont l'axe est le même que celui du pont, a été dirigée sur le dôme des invalides. L'ouverture de cette nouvelle route a nécessité d'heureux changemens dans les abords de Sèvres, et dans l'entrée du parc de Saint-Cloud, qui sera très-belle. La construction de ce pont et l'entière restauration de celui de Saint-Cloud, exécutées simultanément par les mêmes ingénieurs, achèvent de rendre ce lieu enchanteur l'un des plus remarquables des environs de Paris.

Le pont de Sèvres, comme ceux de Pont-Sainte-Maxence et de Trilport, a eu sa part des malheurs de la guerre, mais la forme de ses arches a rendu les effets moins désastreux. Comme cet événement a donné lieu à plusieurs observations qui peuvent être utiles, je vais en rendre un compte succinct.

Le 1.er juillet 1815, toutes les voûtes du pont de Sèvres étaient fermées, à l'exception de l'arche attenante à la rive droite, qui était en construction et où il restait encore à poser quatorze rangs de voussoirs, lorsque le général de l'armée française ordonna qu'on fit tomber cette arche en mettant le feu au cintre. Mais les débris ayant comblé cette partie du lit, le général jugea que le passage était encore praticable, et l'on fit sauter, à deux reprises, par le moyen de la poudre, la quatrième arche (à partir de la rive droite), dont les matériaux ont tout disparu sous les eaux.

Comme les assises de tympans n'étaient pas entièrement posées, les effets de cette double explosion sur les autres arches ont paru d'abord se réduire à la rupture de quelques voussoirs intérieurs dans chacune d'elle. Depuis, on s'aperçut qu'un repère placé sur l'une des piles s'était abaissé ; enfin des nivellemens exacts ont fait connaître que la percussion causée par l'ébranlement des masses de maçonnerie, avait occasionné l'enfoncement des quatre piles du milieu, où le sol s'était trouvé moins résistant, et dans la fondation desquelles on avait été obligé d'employer des pieux de 8 mètres 60 centimètres à 10 mètres 30 centimètres de longueur.

De nouveaux tassemens, dont le *maximum*, correspondant à la sixième pile, a été de 2 centimètres 1/2, s'étant manifestés à la fin de 1818, immédiatement après la pose de la corniche et des parapets, on surchargea cette pile de 113,620 kilogrammes, sans qu'il en soit résulté aucune augmentation d'effet, et les observations faites depuis cette époque jusqu'au mois d'avril 1819, ont pu dissiper toute crainte pour l'avenir (15). Cependant, avant de livrer le pont au public, on a voulu se procurer une garantie en diminuant le poids dont les pieux se trouvaient chargés, et le conseil des ponts et chaussées a été d'avis de pratiquer, dans les massifs de maçonnerie au-dessus des piles, des voûtes en évidement.

Elles ont été exécutées au-dessus des piles du milieu seulement, avec du mortier de chaux hydraulique factice, fabriqué sur les chantiers du pont, partie avec la chaux du pays et partie avec la craie de Meudon.

L'effet de ces évidemens a été de diminuer de 5,500 kilogrammes le poids porté par chaque pieu, qui se trouvait auparavant de 53,000 kilogrammes environ.

On a ordonné en outre l'exécution d'un radier général en enrochement, à pierres perdues, qui est déjà terminé dans toutes les parties où l'affouillement du sol a permis de lui

(15) D'après les nivellemens des socles de piles du milieu, rapportés à ceux des culées qui n'avaient fait aucun mouvement, le tassement total de ces piles, depuis l'explosion de la 4.e arche en 1815, est, savoir :

Pour la 3.e pile, de. . . . . 76 millimètres.
Pour la 4.e pile, de. 64.
Pour la 5.e pile, de. 39.
Pour la 6.e pile, de. 74.

donner un mètre d'épaisseur sans nuire à la navigation. Enfin le pont a été livré au public depuis le 25 août 1820, et aucun tassement n'a été remarqué.

Il est hors de doute que, sans l'ébranlement causé à toute la masse de ce pont, les légers tassemens survenus à quelques-unes de ces piles n'auraient pas eu lieu; mais on doit convenir que cet ébranlement même n'aurait point produit les tassemens, si la résistance des pieux ne s'était pas trouvée trop près d'une certaine limite dont il est dangereux d'approcher. En effet, les pieux avaient une très-grande longueur, et leur grosseur ne répondait pas toujours à cette grande dimension, ce qui provenait de la difficulté de se procurer des bois convenables, et ce qui a conduit à employer des bois écarris. Il est à regretter que, dans cette circonstance, on n'ait pas un peu diminué leur distance, qui est de 1 mètre 20 centimètres d'axe en axe. Mais ces mêmes pieux ainsi espacés auraient offert une résistance suffisante, si les intervalles qui existent entre eux avaient été remplis, sur une hauteur de 2 à 3 mètres (entre le sol et le plan de recépement), en maçonnerie hydraulique, au lieu d'une maçonnerie ordinaire, qui ne prend jamais consistance dans l'eau, et ne vaut pas beaucoup mieux que de la pierre sèche. Cet exemple et une foule d'autres que j'aurai occasion de citer, prouvent l'indispensable nécessité de proscrire entièrement l'usage des chaux communes dans tous les travaux hydrauliques, à moins de substituer au sable de bonnes pouzzolanes.

J'ajouterai même en passant qu'on ne tardera pas à reconnaître que, dans toute espèce de construction, l'emploi des mortiers susceptibles de durcir promptement, loin d'augmenter la dépense, est d'une économie bien entendue, puisqu'il permettra de réduire dans un très-grand nombre de cas les dimensions des grandes masses de maçonnerie, et notamment des culées et des murs de quai.

Pont de l'École militaire.

L'exécution d'un pont dans l'axe de l'École militaire fut ordonnée par une loi du 27 mars 1806. Suivant une décision du 10 juillet de la même année, les arches devaient être en fer (16), avec piles et culées en maçonnerie, mais un décret du 27 juillet a définitivement ordonné la construction de voûtes en pierre. Ce pont, livré au public depuis quelques années, est formé de cinq arches égales de 28 mètres d'ouverture, dont la courbe directrice est une portion de cercle de 3 mètres 30 centimètres de flèche. La largeur des piles, au niveau des naissances, est de 3 mètres; l'épaisseur de chaque culée, de 15 mètres; la largeur d'une tête à l'autre, de 14 mètres.

Les demi-piles projetées d'abord en avant de chaque culée ont été supprimées, et remplacées par des corps carrés au-dessus desquels s'élèvent des piédestaux destinés à porter des statues équestres.

Les travaux, commencés en 1806, ont été continués d'après les projets de M. Lamandé, alors ingénieur en chef.

Un palais avait été projeté sur la côte de Passy, dans l'axe de l'École militaire : une grande route et des plantations occupent maintenant l'emplacement qui lui était destiné, et offrent au public une communication avec les boulevarts extérieurs, ainsi qu'un moyen de jouir de l'une des vues les plus intéressantes des abords de Paris. La forme élégante du pont et les soins apportés dans sa construction font beaucoup d'honneur à son auteur, et placent ce monument au nombre de ceux qui se font remarquer à Paris et contribuent à son embellissement (17).

Je n'entrerai pas cependant dans les détails de sa construction, M. Lamandé pouvant avoir l'intention de s'en occuper lui-même. J'ajouterai seulement quelques mots sur le système des cintres qui ont été employés, et sur leurs résultats, auxquels j'ai pris beaucoup d'intérêt. Je faisais partie de la commission chargée de l'examen du mémoire dans lequel M. Lamandé a discuté la question de préférence entre les cintres fixes et les cintres élastiques, et je partageai l'opinion de la majorité du conseil en faveur du projet. J'espère pouvoir parler encore de cette discussion dans le VII.ᵉ Recueil, où l'on trouvera quelques esquisses de cintres fixes dont je m'occupai à cette époque, pour moi seul. En attendant, je dirai que les cintres étayés ou presque fixes, tels qu'on les voit, Planche 12, ont eu un succès complet; que le mouvement des voûtes pendant la pose des voussoirs a été peu sensible; que le décintrement s'est opéré avec la plus grande facilité, en ruinant d'abord les jambes de force et ensuite les palées intermédiaires, qu'enfin le tassement total des voûtes après le décintrement n'a été au plus que de 15 centimètres, par conséquent moindre que celui des ponts Fouchard et de Pont-Sainte-Maxence, également en arc de cercle, construits sur des cintres élastiques, et dont l'ouverture des arches était un peu moindre. On a cru remarquer que les faibles mouvemens qui ont eu lieu pendant la pose des voussoirs, auraient été nuls, si les cintres avaient été entièrement fixes. Cet exemple doit être d'un grand poids en faveur de ce dernier système, qui n'a, je crois, contre lui que le respect pour ainsi dire religieux que les ingénieurs ont toujours eu, et avec tant de raison, pour les méthodes employées par M. Perronet, mais qu'il cherchait lui-même à perfectionner, lorsque l'expérience lui en faisait sentir le besoin. C'est dans ce sens sur-tout qu'il serait heureux de pouvoir marcher sur ses traces.

Projets de Ponceaux.

L'occasion de projeter et de faire exécuter de très-grands ponts se présente rarement; mais tous les ingénieurs font construire sur les routes dont ils sont chargés, des ponceaux et des arches d'une petite ouverture. J'en ai tracé deux projets Planche 13 : celui n.° 2 est conforme à l'usage suivi dans les ponts et chaussées; j'appellerai seulement l'attention sur un petit détail de construction qu'on omet quelquefois, et qui consiste à pratiquer un refouillement dans l'assise inférieure, au moyen duquel chaque pierre peut à-la-fois faire partie du socle et du radier, en formant liaison avec le pavage. On évite par là un joint continu susceptible de dégradation, et la pierre d'angle de l'extrémité du radier présente plus de solidité. Ce projet convient au plus grand nombre des cas. Il est cependant certaines localités où l'on pourrait se permettre de donner aux têtes d'un ponceau une forme un peu plus architecturale, en évitant les talus et les évasemens lorsqu'ils ne seraient pas absolument motivés. C'est ce que j'ai tâché de faire dans le projet n.° 1.

Projets de Ponts. N.ᵒˢ 1, 2, 3, 4. Planches 14, 15 et 16.

Les voûtes des ponts présentent généralement à l'intrados une surface cylindrique, dont la génératrice s'appuie constamment sur une courbe d'espèce variable suivant les circons-

---

(16) On trouvera, dans le Recueil des Ponts en fer, le projet qui avait été rédigé par M. Lamandé.

(17) J'ai déjà parlé des effets désastreux produits sur les ponts de Pont-Sainte-Maxence, de Triport et de Sèvres, par les moyens de défense employés contre les armées alliées. Le pont de l'École militaire semblait devoir être à l'abri de tout événement, sur-tout d'après la capitulation; mais le nom d'Iéna qu'il portait alors, en mémoire d'une victoire remportée par les Français, suggéra à l'armée prussienne le projet de détruire ce beau pont. En conséquence, des ouvriers mineurs, commandés par un officier, s'occupèrent à miner la partie inférieure des piles. Les procédés employés exigeaient heureusement un temps assez long, dont on profita pour faire des représentations qui furent écoutées, et le pont fut sauvé. Des incrustemens exécutés avec un grand soin ont fait disparaître jusqu'aux moindres traces de cette tentative.

tances. Cette courbe peut être une demi-circonférence, un arc de cercle ou une demi-ellipse ; mais on substitue le plus ordinairement à cette dernière une courbe à plusieurs centres, nommée *anse de panier*. Les anciens ont presque toujours adopté le demi-cercle pour les arches de leurs ponts. Cette forme, qui satisfait le goût, est en même temps la plus favorable à la solidité et à l'économie : elle paraît donc préférable toutes les fois que les données peuvent le permettre. On ne peut cependant se dissimuler qu'elle n'est pas propre à l'écoulement des grandes eaux, parce que l'étendue des tympans diminue la largeur du débouché, sur-tout au moment où il faudrait pouvoir l'augmenter. Les avant-becs, tels qu'on les construit, ne pouvant embrasser toute l'étendue entre les deux arcs, défendent très-imparfaitement les arêtes contre les eaux et les corps flottans. Ces mêmes avant-becs, appliqués contre les tympans, ne semblent pas faire partie de l'ordonnance générale, et c'est ce qu'on peut voir dans le pont de Sèvres, qui est cependant un des plus beaux de ce genre.

Les inconvéniens dont on vient de parler sont communs aux arches en demi-cercle et en anse de panier. Celui relatif à la difficulté de l'écoulement devient très-grave, lorsque le rapprochement des deux rives ne permet pas de compenser, par la largeur totale du débouché, les pertes dues à la forme des tympans, et cette dernière considération a fait souvent accorder la préférence aux voûtes en portion de cercle, dont les naissances sont placées au-dessus des grandes eaux ordinaires.

Palladio, dont les opinions font loi en architecture, avait généralement adopté les portions de cercle pour les différens ponts, dont on trouve les dessins dans ses œuvres. Mais il s'est renfermé pour l'ouverture et la flèche des arcs, dans des limites qu'il faudrait pouvoir ne jamais dépasser. Les petites dimensions des arches lui ont permis d'adopter pour ses ponts le caractère de solidité et le genre de décoration qui leur conviennent. Malheureusement, lorsque les eaux s'élèvent à une grande hauteur, il n'est pas facile de l'imiter entièrement, et de satisfaire à-la-fois aux règles du goût, à la nécessité de procurer aux eaux un écoulement facile, et enfin à toutes les conditions imposées par les localités. La solution rigoureuse de cette espèce de problème est rarement possible ; mais on peut chercher à s'en rapprocher : c'est ce que j'ai tenté de faire dans les croquis que je présente *Planches 14, 15, 16*, et je n'ai pas besoin de dire que ces essais ne doivent servir qu'à engager quelques ingénieurs à s'occuper des mêmes recherches.

Dans le Projet n.° 1, je suppose que la tête de chaque arche cylindrique en plein cintre, est terminée par une voûte conique, dont le sommet est dans l'axe de la voûte principale, et dont par conséquent les plans de joint sont les mêmes que ceux du cylindre. L'intersection des surfaces coniques de deux arches consécutives, est une courbe plane située dans le plan vertical passant par l'axe de la pile, et qui forme naturellement l'arête de l'avant-bec. A sa partie supérieure, chaque surface conique se termine à sa rencontre avec une surface cylindrique droite, ayant pour directrice l'arc d'extrados qu'on voit tracé sur l'élévation : la projection horizontale de cette courbe d'intersection est facile à déterminer.

On conçoit que ces dispositions, qui font disparaître les surfaces planes des tympans opposées au cours des eaux, doivent nécessairement diminuer la contraction.

Dans le Projet n.° 2, les extrémités des piles ou avant-becs ont la forme d'un solide de révolution, dont la surface est engendrée par le mouvement de la partie inférieure de l'arc de tête, comprise entre le niveau de l'étiage et celui des grandes eaux ordinaires.

Il résulte de cette forme qu'à toutes les hauteurs, les eaux ne rencontrent aucun obstacle direct, ni angle qui puisse être brisé par les corps flottans, comme cela peut arriver avec les avant-becs ordinaires. Mais dans ce projet, comme dans le

précédent, la section du débouché reste la même sous la voûte principale ; et diminue avec l'élévation des eaux ; inconvénient inhérent à toutes les arches en plein cintre, comme je l'ai déjà dit, et dont on ne peut qu'atténuer les effets en augmentant l'ouverture ou le nombre des arches, ainsi qu'on l'a fait au pont de Sèvres.

Le Projet n.° 3 est une imitation des ponts de Palladio en portions de cercle. Si je me suis un peu écarté de mon modèle, c'est avec beaucoup de regret ; mais j'ai voulu satisfaire à quelques conditions. La première est de donner à la pile une épaisseur suffisante pour résister, en cas d'accident, à la poussée de l'arche ; la seconde, de favoriser l'écoulement des eaux, et d'éviter le choc direct des corps flottans, au moyen d'une voussure. J'ai conservé dans ce projet les dimensions des deux autres, c'est-à-dire que les arches ont 20 mètres d'ouverture, dimension qui me paraît suffire pour la navigation, dans le plus grand nombre de cas, celles du pont de Sèvres n'en ayant que 18. La flèche de l'arc est de *cinq* mètres, et la largeur des piles de 4 mètres. Je me suis assuré par le calcul que cette épaisseur est plus que suffisante pour résister à la poussée en cas d'accident, sur-tout en écartant l'hypothèse du glissement des coussinets, qu'il est toujours possible d'empêcher, soit par un système de redens, soit en plaçant des goujons dans les assises, ou par tout autre moyen. La pile, ainsi qu'on le voit dans la coupe, est construite en libages jusqu'au-dessous du pavage, afin d'augmenter sa résistance. On pourrait encore employer, par mesure de précaution, des mandrins de fer, tels que ceux du pont de Pont-Sainte-Maxence, auxquels on doit en partie le salut de cet édifice (18).

Enfin dans le Projet n.° 4, je me suis assujetti à donner à la pile la forme d'un cylindre vertical qui aurait pour base une ellipse très-alongée, ou une courbe à plusieurs centres qui en différerait peu, ou un polygone inscrit dans l'une de ces courbes. Cette forme, qui se rapproche de celle de la carène d'un navire, ne donne lieu à aucune contraction sensible, et c'est celle qui présente le moins d'obstacles au passage des eaux (19).

D'après cette disposition, on doit renoncer à la forme cylindrique ; et je suppose chaque voûte offrant à l'intrados deux surfaces gauches symétriques qui se coupent suivant un arc de cercle tracé sur un plan vertical passant par l'axe longitudinal. Cet arc et celui de tête servent à diriger une ligne constamment horizontale, qui, par son mouvement, engendre chaque surface, et qui, dans sa première position, à la naissance de la voûte, forme la corde *a b*, ce qui laisse une retraite au niveau du couronnement de la pile. On sent que les plans de joint des deux surfaces, déterminés par les lignes de joint perpendiculaires aux arcs de tête et par les lignes de douelle horizontales, se couperont à cause de la symétrie, suivant une arête située dans le plan vertical passant par l'axe du pont.

Je n'entrerai pas dans de plus longs détails sur ce dernier projet, que je préfère aux précédens, parce qu'il me paraît satisfaire mieux qu'il est possible à la condition principale, celle d'éviter la contraction et l'élévation des eaux à la rencontre des avant-becs, ce qui est souvent la cause des affouillemens. Je pense que ce système, bien étudié, pourrait être employé avec succès dans les localités où l'on serait gêné par le rapprochement des rives : il conviendrait aussi lorsque la direction du courant ne formerait pas un angle droit avec l'axe du pont, pourvu cependant que l'obliquité ne fût pas trop considérable [F].

(18) Plusieurs constructeurs blâment l'emploi du fer dans les maçonneries ; mais il faut cependant faire une distinction entre les fers des plates-bandes et de tous les ouvrages où ils sont tellement nécessaires que, sans eux, les édifices s'écrouleraient, et les fers dont l'emploi n'est que de précaution. Une des plus fortes objections est l'augmentation de volume produite par l'oxidation ; mais on peut s'opposer à cet effet en les noyant dans un mastic résineux.

(19) On trouve dans le Traité des Ponts de M. Gauthey, des expériences à ce sujet.

NOTES ADDITIONNELLES.

[A] Suivant les dessins de l'ouvrage de M. Perronet, les fermes des cintres du pont de Pont Sainte-Maxence ne devaient avoir que trois rangs d'arbalétriers; mais celles exécutées en avaient effectivement quatre, comme celles du pont Louis XVI. Je remarquerai en passant que ces cintres, malgré les fortes dimensions des bois et le peu de courbure de l'arc, n'en étaient pas moins très-susceptibles de changer de forme, puisque la charge des pierres, pesant ensemble 323,856 livres, déposées sur leur sommet, n'a pu les empêcher de se relever de 1 pouce 3 lignes pendant la pose des premiers rangs de voussoirs.

Les culées du même pont ne devaient avoir que 22 pieds 6 pouces d'épaisseur, et 40 pieds 6 pouces y compris les contre-forts; elles en ont 60, sans aucun évidement. On voit dans la gravure du même ouvrage que le dessus de ces culées devait être fort incliné du côté des terres, ce qui aurait beaucoup diminué leur résistance, sur-tout dans l'hypothèse du glissement des coussinets : ce ne peut être qu'une erreur du dessinateur. Quoi qu'il en soit, les culées exécutées ont été élevées jusqu'à la forme de sable du pavage.

[B] Il est bon de remarquer que la pile a été un peu dérangée et déversée, sur-tout dans la partie d'aval, et qu'elle a commencé à tourner autour de l'arête de l'avant-dernière assise sur les retraites, *mais qu'il n'y a eu aucune apparence de glissement des coussinets*. Il en résulte qu'on peut employer des moyens de construction propres à s'opposer à cet effet, ce qui permet d'écarter cette hypothèse des calculs, et de s'occuper uniquement de faire équilibre à l'action de la force qui tend à faire tourner les piles et culées sur l'arête au-dessus des retraites; mais comme on suppose alors que ces massifs sont d'une seule pièce, il faut, autant que possible, les construire de manière à réaliser cette supposition.

[C] On trouve, au bas de la *Planche 8*, plusieurs figures relatives à des expériences faites par M. Lecreulx, sur un modèle du pont Fouchard construit à l'échelle de 14 lignes pour toise avec de la pierre tendre dite *tufeau*. Je me bornerai dans cette note à un extrait très-abrégé de ces premières expériences, dans lesquelles les voûtes étaient posées sur des cintres que l'on baissait ou levait à volonté sans donner aucune secousse sensible.

1.re Expérience. Les culées étaient chacune d'une seule pièce; la première avait 24 pieds d'épaisseur, et la seconde, 18 pieds 6 pouces.

Après le décintrement, l'équilibre subsiste; mais il est rompu en chargeant la voûte d'un poids additionnel égal au 20.e de celui de cette voûte. En plaçant deux culées de 24 pieds, et continuant de charger, elles glissent toutes deux sur la plate-forme.

2.e Expérience. Mêmes données, à l'exception de la 2.e culée remplacée par une autre de 36 pieds divisée dans sa hauteur en trois parties.

Après le décintrement, la culée d'une seule pièce reste fixe, et la partie supérieure de celle de 36 pieds glisse horizontalement; les parties inférieures ne font aucun mouvement.

3.e Expérience. 1.re culée de 32 pieds d'un seul morceau; 2.e culée de même épaisseur, mais composée de 4 pièces, dont 3 en coupe.

Les culées résistent; mais en ajoutant un poids d'environ 1/7 de celui de la voûte, elles cèdent de la manière indiquée par la *Fig. 3*.

4.e Expérience. 1.re culée de 36 pieds d'un seul morceau; 2.e culée de 65 pieds formée de quatre morceaux.

Dans le premier moment du décintrement, la clef baisse un peu, les joints s'ouvrent à l'intrados. Après le décintrement, le mouvement s'arrête; mais un poids très-léger suffit pour faire écrouler la voûte. *Voir* la figure.

5.e Expérience. Deux culées de 36 pieds, mais dont l'une est divisée en cinq morceaux.

La voûte se soutient et peut même supporter 1/5 de son poids; elle s'écroule ensuite suivant l'effet indiqué dans la figure. Si l'on place un arrêt derrière la culée composée de plusieurs pièces, la voûte peut supporter plus des trois quarts de son poids avant de s'écrouler.

6.e Expérience, avec deux voûtes et une pile. 1.re culée de 36 pieds en cinq morceaux; 2.e culée de 72 pieds en six morceaux.

En ajoutant un léger poids sur les voûtes, la partie supérieure de la culée de 72 pieds glisse; l'autre culée en coupe résiste.

Ces expériences, faites à une époque où la théorie de la poussée des voûtes reposait sur des hypothèses éloignées de la vérité, et où il existait encore peu d'exemples de voûtes en portion de cercle qui pussent guider les ingénieurs, doivent être considérées seulement comme un premier pas dans une carrière parcourue depuis avec succès par d'autres ingénieurs.

Le Traité des ponts de M. Gauthey contient des recherches très-intéressantes sur cet objet. On y voit que les premières théories admises par les savans, n'étant point appuyées sur l'expérience, ont dû être abandonnées. De nouvelles observations, et sur-tout celles des mouvemens qui s'opèrent dans les voûtes lors de leur décintrement, ont indiqué les véritables hypothèses qui doivent servir de base aux calculs. On ne peut cependant regarder encore cette question comme résolue d'une manière absolue, puisque sa solution dépend presque entièrement des moyens de construction très-variables, qui ne peuvent être soumis au calcul. Cette incertitude a conduit M. Demoustier, dont la prudence était extrême, à donner 60 pieds d'épaisseur aux culées du pont de Pont-Sainte-Maxence, tandis qu'on a vu qu'une pile du même pont, de 9 pieds d'épaisseur, contrebutée seulement par l'une de ses extrémités et affaiblie par un évidement, avait résisté, grâces à quelques précautions prises par cet habile constructeur, qui était loin cependant de prévoir le danger auquel son ouvrage serait un jour exposé. On voit, d'un autre côté, qu'à Trilport, des piles de 15 pieds d'épaisseur ont été renversées par la poussée d'arches de même ouverture que celles du pont de Pont-Sainte-Maxence, quoiqu'elles fussent en anse de panier surbaissées au tiers, tandis que le calcul et l'exemple de plusieurs ponts prouvent que cette épaisseur est plus que suffisante dans cette circonstance. Je ne connais pas encore parfaitement ce qui s'est passé, mais je ne doute pas que le renversement n'ait été causé par l'effet de l'explosion sur les pieux qui, étant isolés dans leur partie supérieure, ont été brisés ou renversés.

Les culées du pont Fouchard fournissent encore un exemple de la grande influence des moyens de construction. Elles résistent à la poussée d'arches de 80 pieds d'ouverture, surbaissées dans la même proportion que celles du pont de Pont-Sainte-Maxence; mais on a cru devoir prolonger les voûtes dans l'intérieur des culées, ce qui change la direction de la poussée. Les voûtes ont cependant fait, près de ces culées, des mouvemens attribués à la compression des mortiers, inconvénient qui pouvait être évité.

Enfin, comme on suppose dans tout calcul que la base des piles et des culées est immuable, qu'elles sont elles-mêmes incompressibles et ne forment qu'un seul corps, le constructeur doit chercher à réaliser ces différentes suppositions, afin que la théorie et l'expérience puissent se prêter un mutuel secours.

La chute des piles du pont de Trilport peut faire juger combien il est important de faire en sorte que les pieux ne puissent prendre la moindre inclinaison, et de les entourer jusqu'à leur sommet, lorsque le sol n'est pas résistant, par une maçonnerie hydraulique qui ne leur permette aucune déviation. Cette précaution est sur-tout indispensable lorsqu'ils ont à résister à des efforts latéraux, comme dans les ponts et les murs de quai.

[D] Il est possible d'empêcher les mouvemens des voûtes pendant la pose des voussoirs avec des cintres fixes; mais il n'en est pas ainsi de ceux qui ont lieu lors du décintrement, par l'effet de la compression des mortiers et même de certaines pierres. Le tassement qui en résulte ne peut être évité qu'en employant des pierres incompressibles, et posées l'une contre l'autre sans intermédiaire, ce qui exige pour la taille des joints une perfection difficile à obtenir.

La nature des mouvemens observés dans toutes les voûtes est telle, que le plus faible tassement fait ouvrir certains joints, et qu'en conséquence on ne doit pas compter sur l'adhérence des mortiers de ces joints. Par la même raison, certains voussoirs ne porteront que sur une arête; et il serait imprudent de compter que des pierres dans cette position offriront la résistance dont elles seraient capables, si la pression fût restée également répartie sur toute la surface du lit.

[E] Les grands ponts dont je présente les dessins, et quelques détails dans ce Recueil, ont été exécutés avec des matériaux d'une grande dimension, et par les plus habiles ingénieurs. Leur situation auprès de très-grandes villes, l'importance des routes et des rivières sur lesquelles ils sont construits, ont pu motiver le système de grandeur d'après lesquels ils ont été conçus et exécutés. En d'autres circonstances, et lorsque des motifs d'économie l'exigent, ce qui est le cas le plus ordinaire, on peut construire des ponts en maçonnerie, beaucoup moins beaux à la vérité, mais très-solides, en réduisant les dimensions des arches et n'employant que de très-petits matériaux, tels que la brique et le moellon, liés avec des mortiers hydrauliques qui ont la propriété de durcir promptement et dont les avantages ne sont pas encore assez généralement appréciés à leur juste valeur. Des ponts anciens construits de cette manière, et plusieurs ouvrages des Romains, prouvent combien ce système peut être solide et durable. Il est vrai de dire que de pareilles constructions font peu d'effet et ne peuvent flatter l'amour-propre des ingénieurs. En revanche, ils conviennent beaucoup aux administrateurs sages et aux administrés, parce que ceux-ci sentent qu'avec la même somme on leur procure le moyen d'éviter plusieurs passages dangereux.

J'ai vu dans la Lombardie des ponts biens conservés, dont les arches avaient une très-grande ouverture; et dont la maçonnerie, ainsi que tous les paremens sans exception, sont en briques. Un entrepreneur, ancien élève des ponts et chaussées, fit construire avec succès en Bourgogne, il y a environ cinquante ans, une arche en portion de cercle dont la corde avait 80 pieds, avec des pierres plates d'environ 2 pouces d'épaisseur, appelées *laves* dans le pays, où elles sont employées pour couvrir les maisons. J'ai eu moi-même occasion de substituer à de mauvais ponts de charpente des arches en maçonnerie de moellons, auxquels on ne trouvait d'autre inconvénient que celui de durer trop long-temps, et de retarder par-là l'exécution des ouvrages définitifs en pierre de taille. Cependant, dans ces dernières constructions, on n'avait généralement employé que des mortiers ordinaires. Lorsque l'usage des mortiers hydrauliques en aura fait reconnaître tous les avantages, on pourra les employer à former des enduits sur les paremens des maçonneries de très-petits matériaux. Ces enduits, lorsqu'ils ont une certaine épaisseur, acquièrent, à l'aide de la compression, la dureté des pierres, et leur sont même préférables toutes les fois qu'on n'est pas très-sûr que celles-ci soient inattaquables par les fortes gelées.

[F] Dans le projet précédent, j'ai supposé que les voûtes auraient leur naissance au-dessus des grandes eaux ordinaires; que les piles seraient cylindriques, et auraient pour base une ellipse ou un polygone inscrit. On pourrait également adopter cette base pour les piles qui supportent des arches en plein cintre, en changeant seulement la génération des surfaces de l'intrados des voûtes et celles des avant-becs. J'ai indiqué dans le haut de la *Planche 16*, le moyen qui m'a paru le plus simple et le plus favorable à l'appareil. Suivant ce croquis, la courbe d'arête située dans le plan vertical passant par l'axe longitudinal du pont, est un demi-cercle; celle des têtes, une portion de cercle dont la flèche est égale au rayon du premier cercle; et enfin l'arête de l'avant-bec est également un arc de cercle qui peut varier suivant la saillie qu'on veut donner, soit à la base, soit à la partie supérieure de cet avant-bec. Ces trois courbes servent de directrices à deux droites assujetties à passer par l'axe de la voûte, et qui, dans leurs positions correspondantes, déterminent toujours un plan, puisqu'elles ont un point commun sur la courbe de tête.

D'après ce système, l'obstacle que les tympans opposent au passage des eaux se trouverait beaucoup moindre, et l'étranglement n'aurait lieu qu'au passage de l'arête située dans l'axe longitudinal du pont.

Pour diminuer le cube de la maçonnerie des reins des voûtes en plein cintre, et favoriser l'écoulement des eaux de filtration, on peut, d'une part, donner à la chape de chaque arche une forte pente de chaque côté de la clef, et de l'autre évider les reins par un aqueduc compris entre les deux têtes du pont, et qui servirait à recevoir les eaux de filtration et même celles de la chaussée, lorsque celle-ci serait de niveau. Ces eaux sortiraient ensuite par des *conduites* placées dans le dernier projet sur le sommet de la pile, ce qui me paraîtrait préférable aux tuyaux verticaux qui traversent les voûtes. L'espace et le temps ne me permettent pas de donner plus de développement à ces premiers essais : ceux qui prendront la peine d'y jeter les yeux y suppléeront facilement.

THÉORIE.

VITRUVE.

EXPERIENCE

PONTS EN PIERRE.

Ier RECUEIL.

FRAGONARD DEL. ET SC.

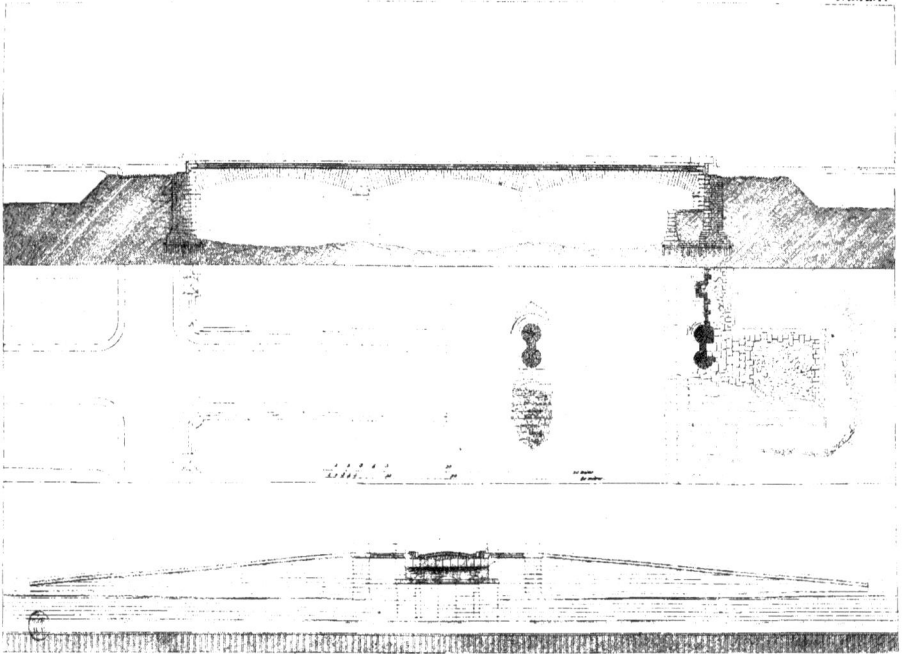

Coupe sur l'axe longitudinal.

Fig. 1

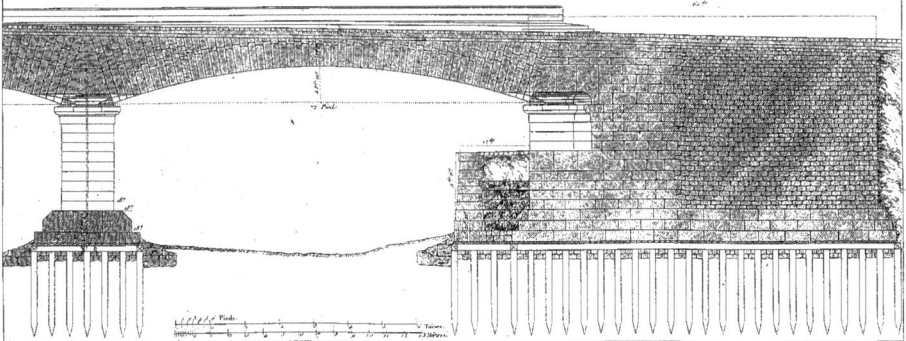

Dessin d'un chariot qui a servi au transport des pierres.

Décintrement des Ponts.

Fig. 2

Fig. 3

Fig. 4

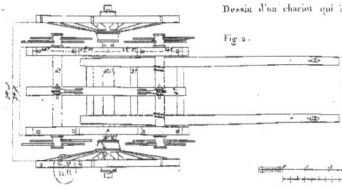

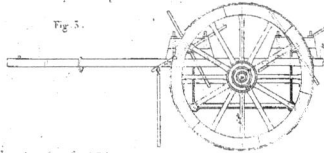

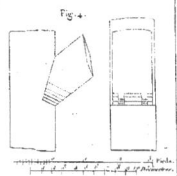

1.^{re}R.^ePL. 5.

Epure d'une des Voutes et du Cintre.

Fig. 1.

Plan de l'appareil d'une demi pile. Fig. 2.

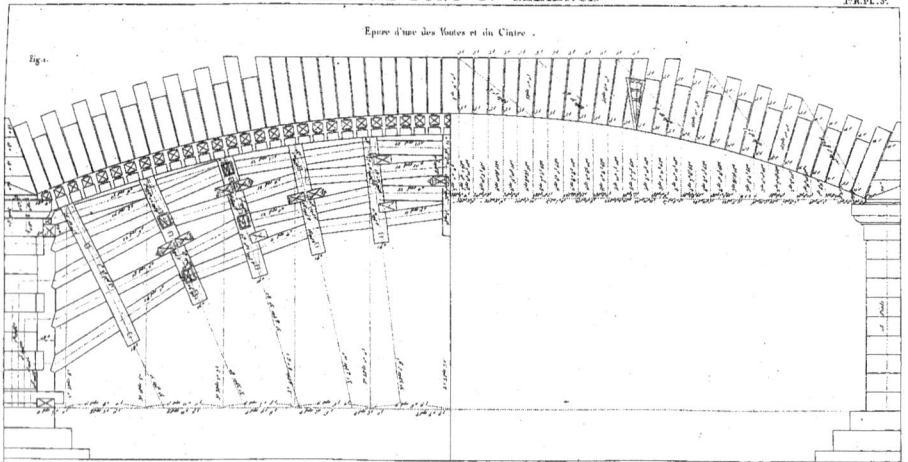

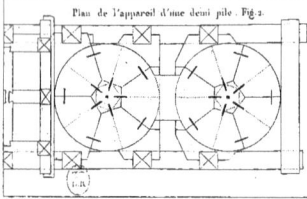

Coupe d'une partie du cintre pour faire connaître
le jeu des coins qui ont servi au décintrement.

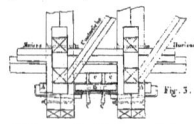

Fig. 3.

A. Cintre.
B. Bâtis qui contenait les
petits bouts des coins.

Coupe en travers. Fig. 4.

Echelle pour les Figures 1, 2, 3, 4.

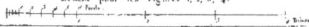

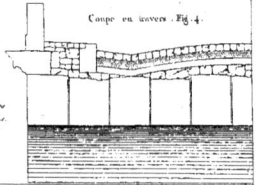

Effet de la Mine en 1814.

*Cette pile est de n^{o}.
en surplomb en
amont, et de al.^{e}
en aval.*

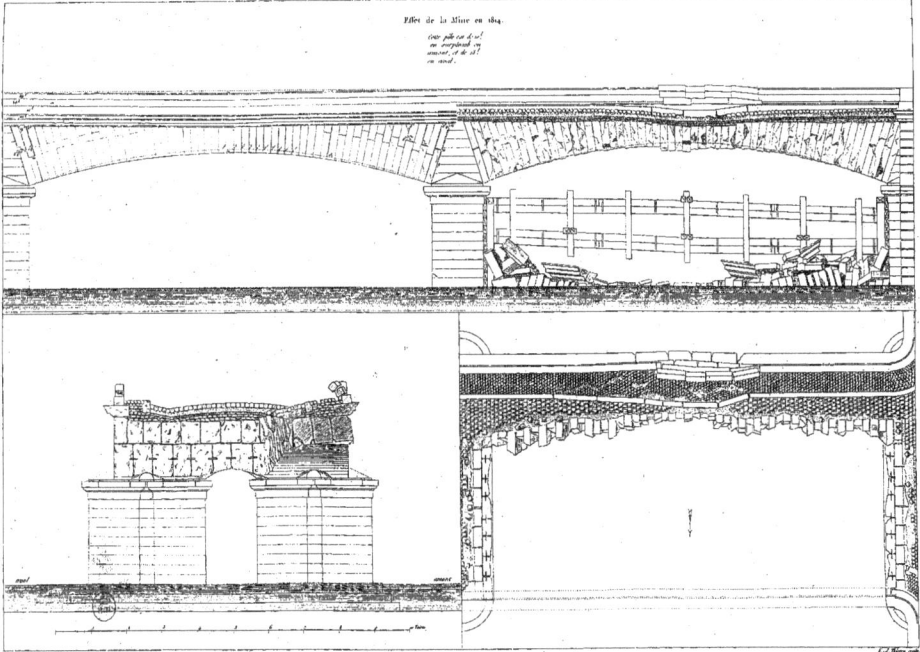

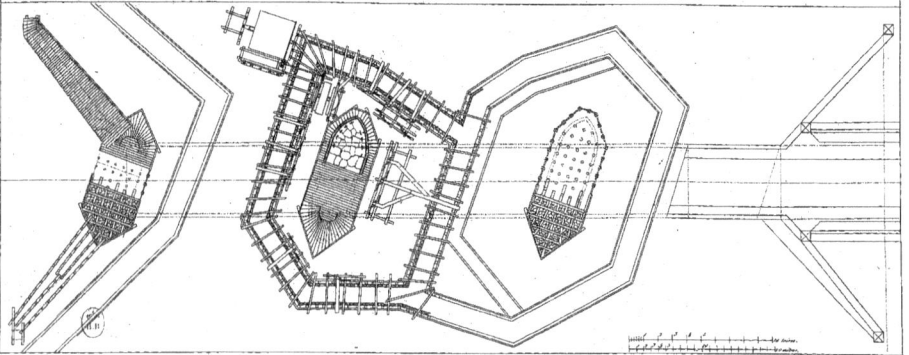

EPURE DU PONT DE TRILPORT.

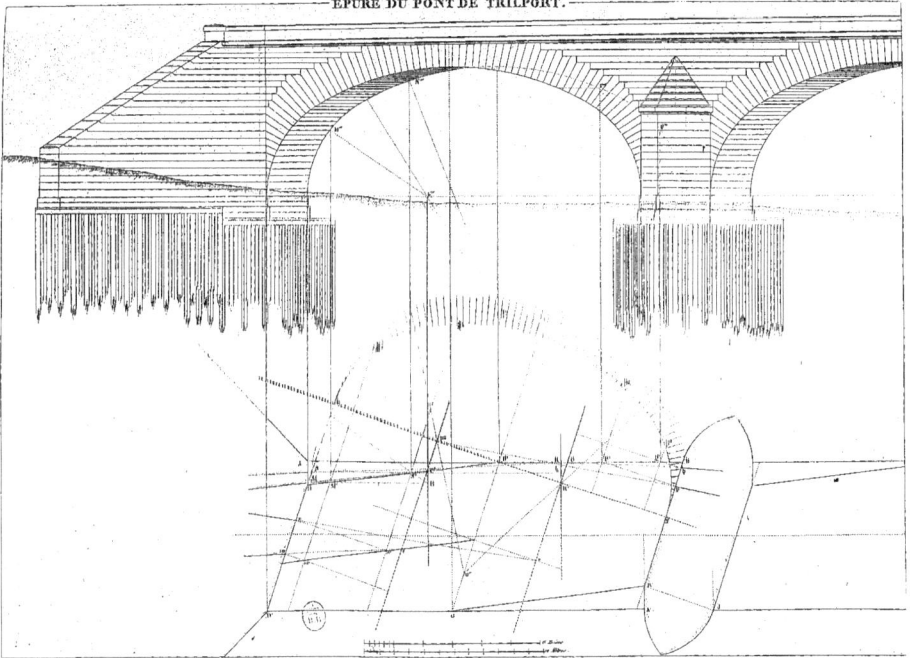

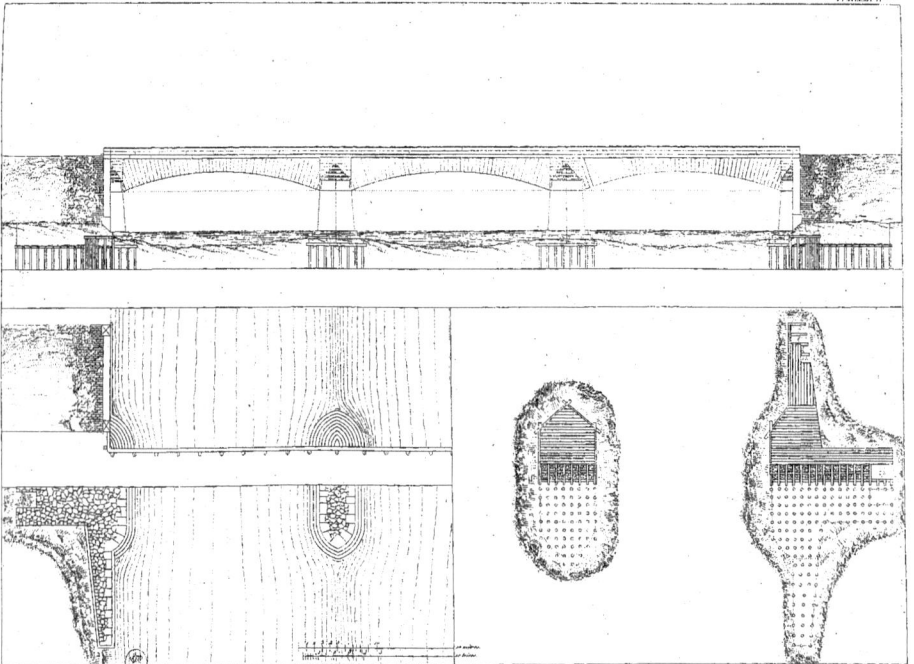

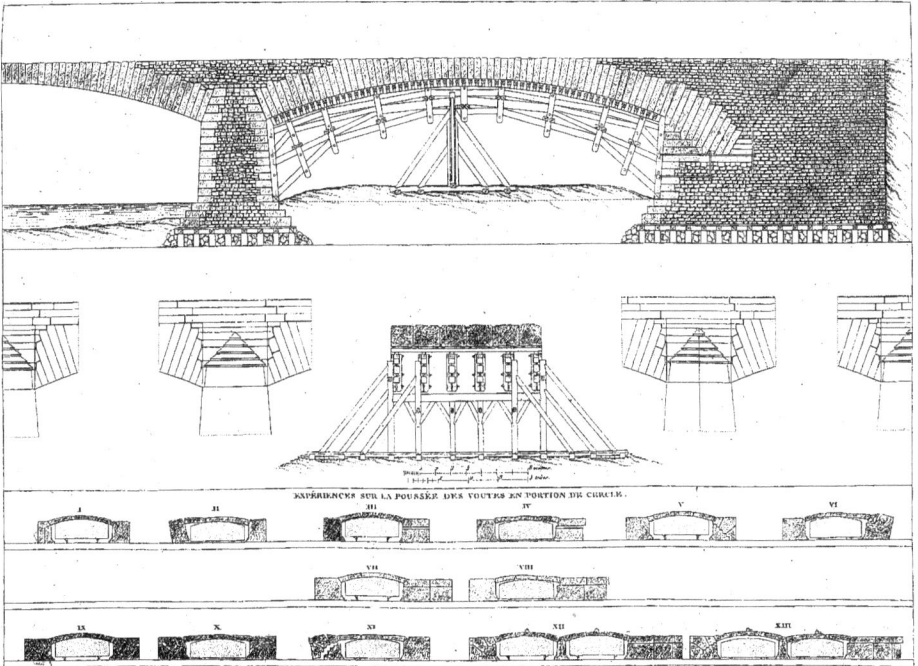

EXPÉRIENCES SUR LA POUSSÉE DES VOUTES EN PORTION DE CERCLE.

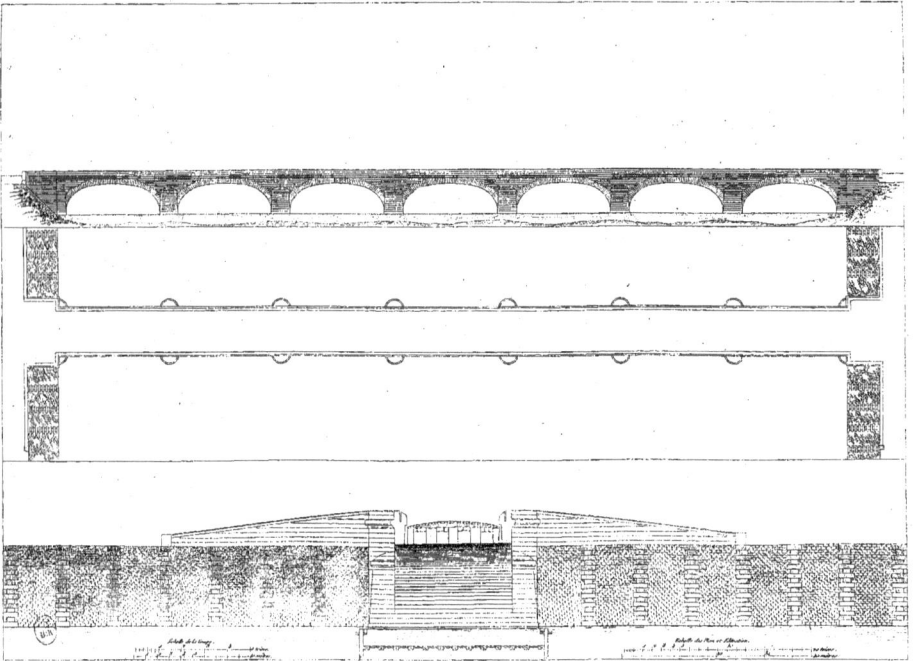

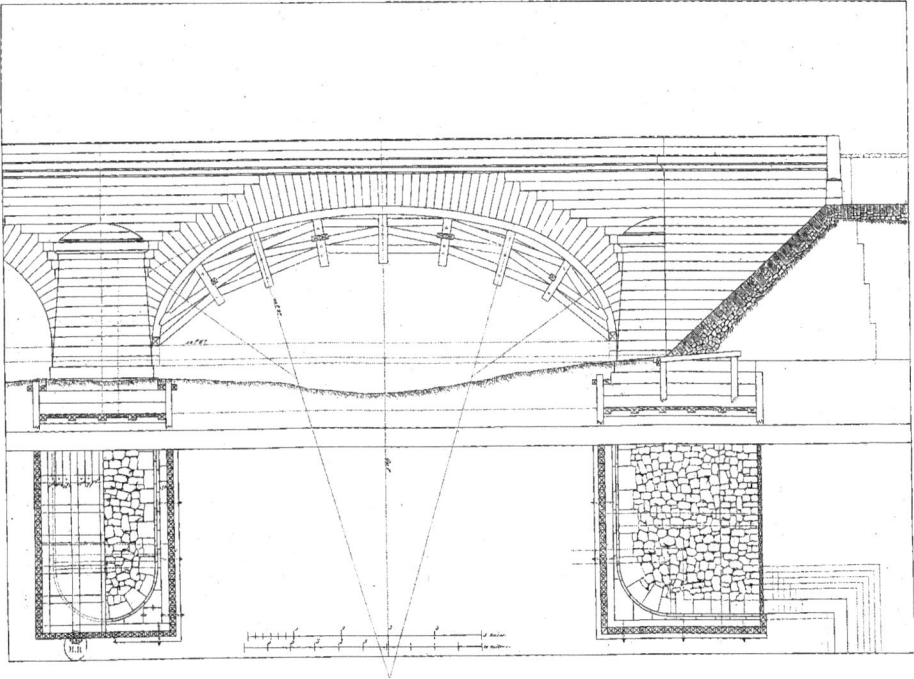

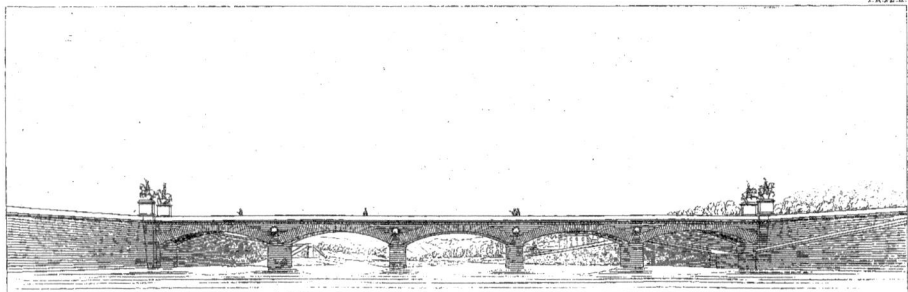

Vue du Pont de l'Ecole Militaire.

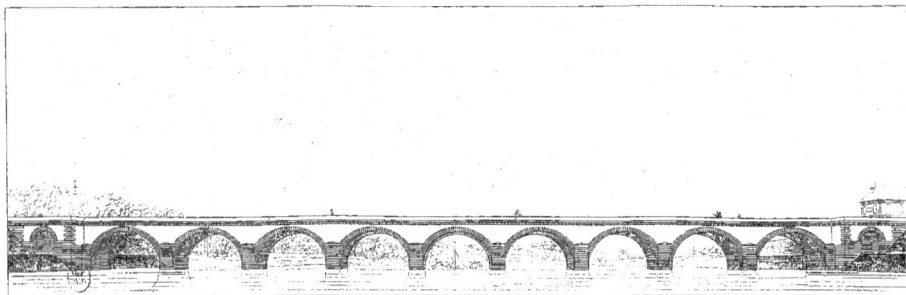

Vue du Pont de Sevres.

PONT DE L'ÉCOLE MILITAIRE
À Paris.

PONT DE SÈVRES.

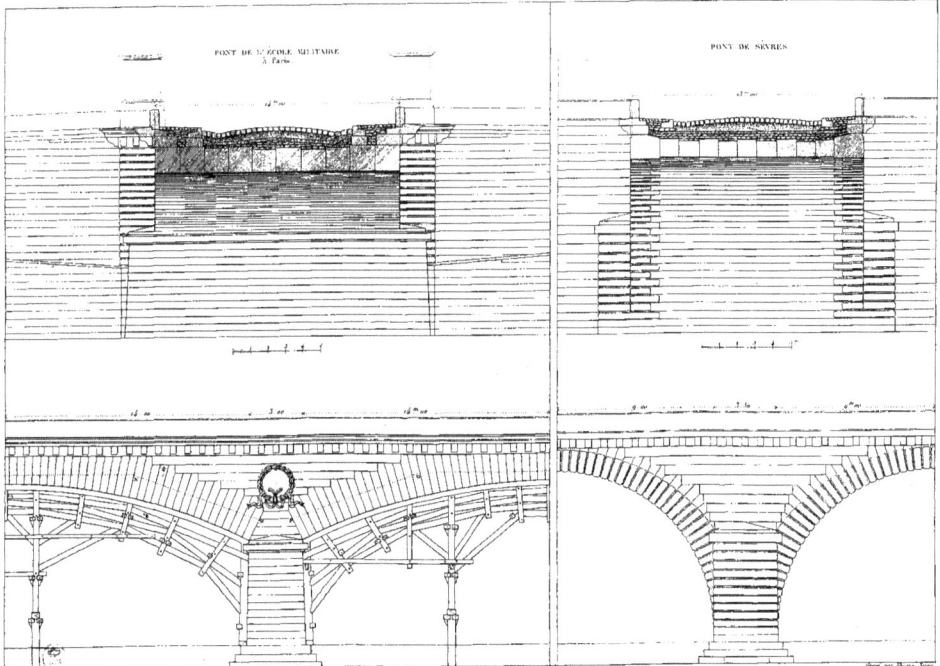

Dessiné par Thierry Frères.

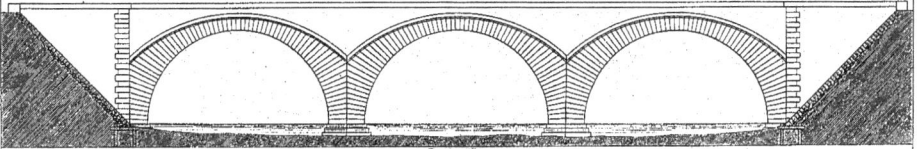

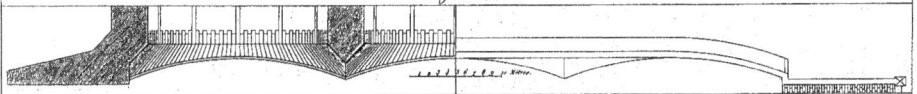

Projet N.º 1.

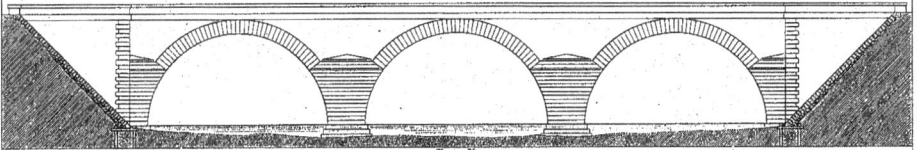

Projet N.º II.

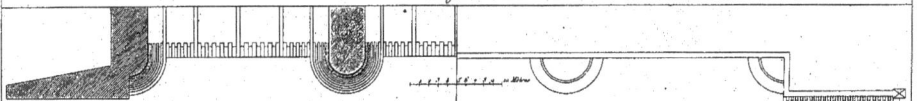

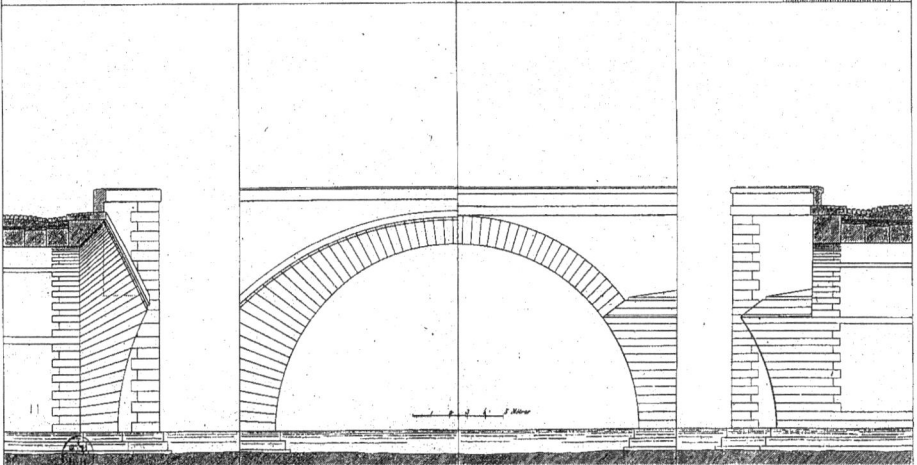

Projet Nº 3.

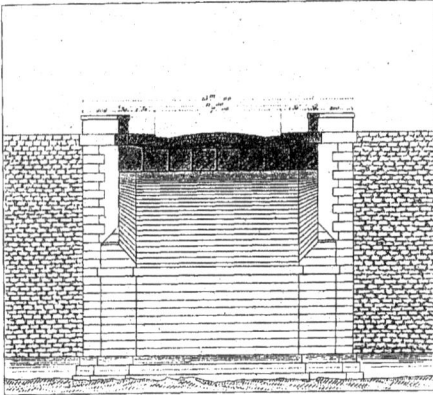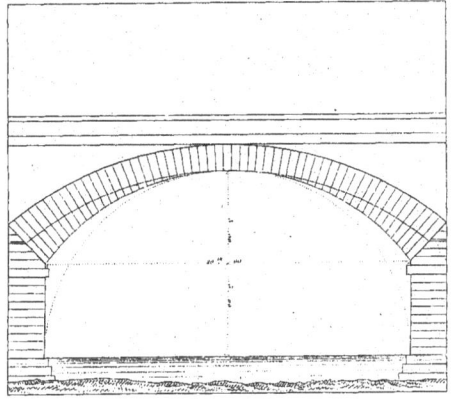

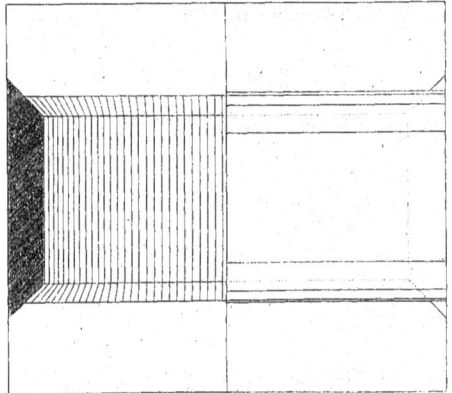

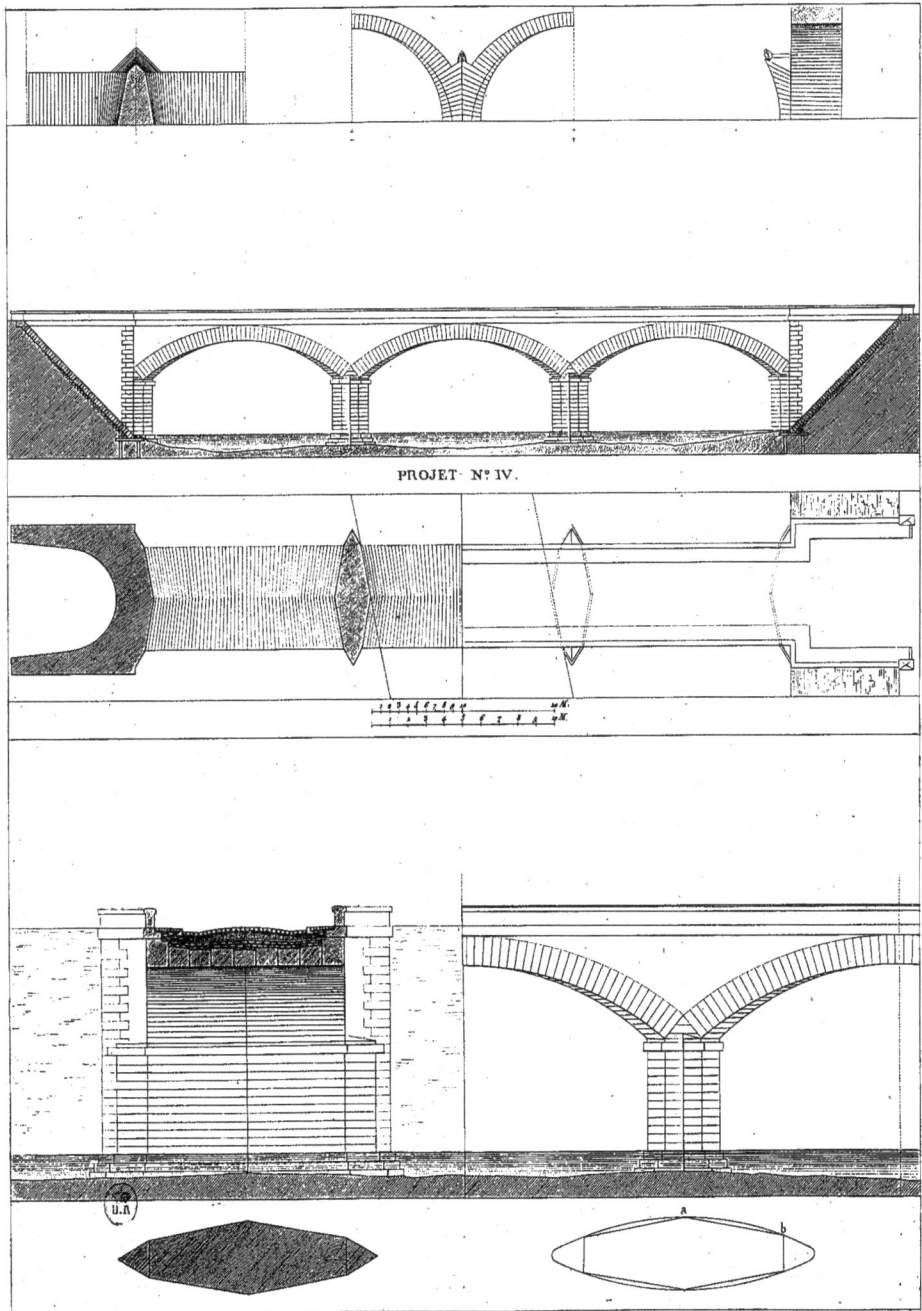

PROJET Nº IV.

ÉTUDES

RELATIVES

A L'ART DES CONSTRUCTIONS,

RECUEILLIES

Par L. BRUYÈRE,

OFFICIER DE LA LÉGION D'HONNEUR, INSPECTEUR GÉNÉRAL DES PONTS ET CHAUSSÉES, MAÎTRE DES REQUÊTES,
ET ANCIEN DIRECTEUR DES TRAVAUX DE PARIS.

L'Ouvrage sera divisé en douze Recueils, ainsi qu'il suit, savoir :

2.ᵐᵉ RECUEIL.

Chacun de ces Recueils, qui équivaudra à deux livraisons ordinaires, sera composé de douze à dix-huit planches, y compris le frontispice, et d'un texte explicatif.

A PARIS,

Chez BANCE aîné, Éditeur, rue Saint-Denis, n.° 214.

1828.

ÉTUDES

RELATIVES

A L'ART DES CONSTRUCTIONS,

RECUEILLIES

Par L. BRUYÈRE,

OFFICIER DE LA LÉGION D'HONNEUR, INSPECTEUR GÉNÉRAL DES PONTS ET CHAUSSÉES,
MAÎTRE DES REQUÊTES, ET ANCIEN DIRECTEUR DES TRAVAUX DE PARIS.

Nisi utile est quod facimus, stulta est gloria.
PHÈDRE, *fab. 17, liv. III.*

II.ᵉ RECUEIL.

GRENIERS PUBLICS ET HALLES AUX GRAINS.

TABLE DES PLANCHES DE CE RECUEIL.

GRENIERS PUBLICS
OU MAGASINS DE CONSERVATION.

Lorsque j'ai été appelé, par ma position, à m'occuper des greniers publics qui se construisaient à Paris, et de ceux que l'on projetait d'établir à Saint-Maur, mon premier soin fut de recueillir les plans des principaux édifices de ce genre, d'étudier les différens écrits qui ont paru sur cette matière, et surtout de consulter les personnes instruites chargées de l'administration des réserves. J'avais même commencé quelques expériences que plusieurs circonstances et mes infirmités ne m'ont pas permis de compléter. Mon travail est resté bien imparfait ; mais d'autres plus habiles pourront le continuer, et c'est pourquoi j'ai cru devoir en présenter les faibles résultats dans ce Recueil.

Personne n'ignore que les produits des récoltes étant très-variables, il y a, selon les années, abondance ou disette, et que cette dernière situation a déterminé les nations les plus anciennesà chercher les moyens de mettre en réserve l'excédant des récoltes dans les bonnes années.

Cette nécessité était plus impérieuse, lorsque les communications par terre et par eau étaient très-difficiles. Depuis que ces communications ont été perfectionnées, et que les peuples, plus éclairés, ont senti les avantages de la libre circulation des blés, les disettes ne sont plus aussi à craindre, sur-tout lorsque les causes de mauvaise récolte ne sont pas générales.

D'autre part, les améliorations dans la culture et la mouture ont beaucoup ajouté aux produits agricoles. Mais enfin le mal, quoique atténué, subsiste encore, et il est à propos d'en chercher le remède.

Je m'abstiendrai toutefois d'entrer dans aucune discussion sur les grandes questions d'économie politique relatives aux blés ; et il suffit, pour établir l'utilité de l'objet qui m'occupe, qu'il puisse exister des positions et des circonstances où il devienne nécessaire de former des approvisionnemens de grains, soit qu'ils aient lieu par ordre du Gouvernement, ou qu'on les abandonne à l'industrie particulière [A].

Dans les deux cas, il n'en résulte pas moins la nécessité d'employer des moyens de conservation et de connaître ceux qui doivent être préférés. Cet examen peut même être utile aux propriétaires et aux fermiers, quelque petite que puisse être la quantité de blés qu'ils auraient à leur disposition.

Je ne parlerai point des procédés employés dans quelques localités pour conserver les blés en épis, et qui consistent à séparer ceux-ci des tiges ou à former des gerbiers, &c. Ces procédés donnent le temps d'attendre le moment favorable pour battre, et contribuent à la conservation de la paille, mais ils exposent les produits des récoltes à des pertes de plusieurs espèces. D'ailleurs, il ne s'agit ici que de la conservation du grain dégagé de ses enveloppes et en état d'être livré au commerce.

Des Greniers ruraux.

Le moyen généralement pratiqué chez toutes les nations policées lorsqu'on opère sur de grandes quantités de grains, consiste à les déposer sur les aires de vastes greniers, par couches dont la hauteur varie de 40 à 80 centimètres, suivant l'état du blé. Il doit ensuite être remué périodiquement par le vannage, le pellage, ou par toute autre opération, sans quoi il s'échaufferait très-promptement, sur-tout s'il était humide, ce qui arrive toujours lorsqu'il vient d'être récolté, quelque favorable que soit la saison.

Cette méthode, à-peu-près universelle, a cependant beaucoup d'inconvéniens :

1.° Elle exige des bâtimens d'une grande étendue, et par conséquent très-dispendieux ;

2.° Elle donne lieu à des frais d'administration et de manutention qui augmentent sensiblement le prix du blé, lorsqu'il doit être conservé pendant plusieurs années ;

3.° Elle laisse le blé exposé aux rats, aux souris, aux oiseaux, et à la cupidité ou à la négligence des ouvriers employés aux manœuvres périodiques ;

4.° Elle ne garantit pas le grain des charançons et autres insectes ;

5.° Enfin, elle est insuffisante pour prévenir la fermentation, lorsque, par quelque cause que ce puisse être, les blés sont très-humides.

Greniers publics.

Les greniers publics construits dans les grandes villes, et connus sous le nom de *Greniers d'abondance* ou *de réserve*, ne diffèrent des greniers ruraux qu'en ce qu'ils se construisent avec plus de soin et se composent de plusieurs étages ; mais ils ont à très-peu près les mêmes inconvéniens pour la conservation des grains.

Ces greniers publics ont été trop souvent considérés comme des monumens qui devaient servir à l'embellissement des villes. Les convenances ont été quelquefois oubliées dans leur disposition et leur construction, en faveur de l'effet qu'on voulait produire ; enfin ces édifices, qui coûtaient des sommes considérables, ont été, pour la plupart, placés à une grande distance des moulins, ce qui a pour effet d'augmenter les frais de transport et ceux de manutention. Aussi ces greniers, et principalement les plus fastueux, ont rarement servi à contenir des grains, et sont employés aujourd'hui à d'autres usages.

Cependant il sera toujours nécessaire d'établir de semblables greniers, non plus dans les villes pour n'être que des édifices de parade, mais à portée des usines, soit pour servir d'entrepôts momentanés, soit pour y nettoyer les blés et leur faire subir les préparations qui doivent précéder la mouture.

On peut citer en exemple de ces établissemens utiles, les greniers publics de Corbeil, placés à 2 ou 3 mètres de distance seulement de six usines que fait mouvoir la petite rivière d'Essonne ;

Ceux qu'a élevés le propriétaire des moulins de Gray (Haute-Saone), qui emploie une partie de sa force motrice à faire mouvoir d'une manière très-ingénieuse des vis d'Archimède destinées à élever le grain d'étage en étage, et des cribles au moyen desquels le blé se trouve divisé selon sa grosseur, ce qui facilite la mouture.

Tels auraient été, et sans doute avec de plus grands avantages, les greniers qui devaient être établis sur le canal de Saint-Maur, conformément à la décision du 5 février 1812 et au décret du 28 mars de la même année.

En ce moment même, on vient de terminer deux constructions de ce genre, l'une à Saint-Denis et l'autre à Étampes, le tout aux frais de négocians propriétaires d'usines.

Il serait sans doute très-avantageux que l'industrie particulière cherchât à multiplier ces sortes d'établissemens. Le Gouvernement lui-même peut juger nécessaire d'en construire dans quelques circonstances. Je crois donc utile de faire connaître le programme que j'ai eu occasion de rédiger.

PROGRAMME d'un Grenier public.

Étendue. Dans les calculs qu'on est obligé de faire pour fixer les dimensions d'un grenier destiné à contenir une quantité de grains déterminée, il faut avoir égard aux considérations suivantes [B].

Un approvisionnement de réserve est formé de fromens de différens âges, et la durée de la conservation est de trois années. Cet approvisionnement se renouvelle par tiers chaque année.

La disposition à la fermentation dans les grains étant en raison de leur degré d'humidité et de leur masse, et les plus anciens étant toujours les plus secs, il s'ensuit que la hauteur moyenne des couches doit varier avec l'âge du blé. D'après ces principes, et à l'aide de l'expérience, on a pu fixer ces hauteurs ainsi qu'il suit :

Blé d'un an.............. 50 centimètres.
Blé de deux ans.......... 60.
Blé de trois ans.......... 70.

On doit laisser une distance d'environ 1 mètre du pied des couches au mur, et un espace vide de 4 à 5 mètres entre les couches, pour l'opération du pellage. Il faut ajouter à ces espaces ceux occupés par les escaliers, les treuils, les trappes et les salles de travail, et déduire le tout de la superficie de chaque étage. Le reste, multiplié par le nombre des étages et par la hauteur moyenne des couches, donnera le cube du blé que peut contenir un grenier [C].

Situation. Il convient, lorsque cela est possible, de placer les greniers près d'un canal ou d'une rivière navigable, afin de recevoir ou d'expédier les grains par eau, au moyen d'un port commode, ce qui diminue les frais de transport.

Par le même motif, ces greniers auront à leur portée un nombre suffisant de moulins dont le moteur pourra, dans certaines circonstances, être appliqué aux différentes machines qui servent à la manipulation des grains.

Cependant ces moulins ne doivent pas être placés dans le bâtiment même des greniers, ni en être trop près, à cause des dangers du feu, et parce que les deux services se nuiraient réciproquement ; la poussière des blés pouvant salir les farines, et le mouvement des eaux procurer aux grains une humidité contraire à leur conservation.

La crainte de ces inconvéniens conduira donc souvent à examiner s'il ne sera pas préférable de faire mouvoir toutes les machines du grenier par un manège. Il en résulterait peu d'augmentation dans la dépense, puisqu'on ne soustrairait rien dans ce cas à la force motrice destinée à la mouture [D].

Exposition. L'exposition des greniers doit être le plus généralement du nord au midi, parce que la différence de température suffit alors pour déterminer un courant d'air entre les ouvertures opposées. Il peut cependant exister des exceptions pour certaines localités où les vents du midi seraient trop humides.

Il est si important de pouvoir profiter des vents les plus secs pour aérer et dessécher les grains, que tout doit être sacrifié à une bonne exposition.

Étages des greniers. Pour diminuer l'étendue des greniers, on peut multiplier les étages ; et, comme il est facile d'élever les grains jusqu'au dernier à l'aide de machines, on y trouve l'avantage de pouvoir les faire descendre de crible en crible, ce qui les dessèche et les nettoie de la manière la moins dispendieuse [E].

L'étage inférieur ou rez-de-chaussée doit être assez élevé au-dessus du sol, pour être à l'abri de l'humidité et pour favoriser le chargement des sacs dans les voitures. Cette élévation du premier plancher peut permettre de pratiquer au-dessous des *fosses à grains*, et d'utiliser ainsi un espace presque toujours perdu dans la plupart des greniers. On indiquera ci-après le parti qu'on peut tirer de ces fosses.

En lambrissant l'étage du comble et substituant de fortes planches aux lattes ou voliges, on peut le rendre aussi propre que les autres à la conservation des grains.

L'expérience a prouvé qu'une hauteur de 2 mètres 50 centimètres suffit pour la courbe qu'on fait décrire au blé lorsqu'on le jette à la pelle. On doit donc adopter, pour tous les étages, une hauteur de 3 mètres.

Murs extérieurs et fenêtres. Il est bon que les murs de face soient épais, non-seulement sous le rapport de la solidité, mais encore pour empêcher la chaleur et l'humidité de pénétrer.

Les fenêtres doivent descendre jusqu'au niveau du plancher, afin que l'air circule dans la partie inférieure et frappe le pied de la couche de blé. On facilitera l'entrée de l'air en évasant ces ouvertures de l'intérieur à l'extérieur.

Elles seront grillées en fil de fer à cause des oiseaux, et garnies de volets qui en s'ouvrant viendront se placer sur l'épaisseur du mur.

Passage ou porche pour les voitures, escaliers. Lorsque le grenier est un peu considérable, il paraît naturel de placer l'entrée dans le milieu de sa longueur. Cette entrée doit être assez grande pour permettre aux voitures de traverser le bâtiment, ce qui donne le moyen de les charger ou décharger parfaitement à couvert. Pour éviter de diviser l'étage inférieur, on a quelquefois remplacé ce passage par un porche formant avant-corps, et sous lequel les voitures peuvent aussi se ranger, mais d'une manière moins commode.

Les escaliers paraissent devoir être placés près du passage des voitures ; mais pour ne pas interrompre les couches de blés, quelques personnes sont d'avis de les établir dans un avant-corps adapté à la face opposée à celle du porche, ou de les rejeter dans un des angles de l'édifice.

On trouvera des exemples de ces différentes dispositions dans les greniers que j'aurai occasion de citer.

Largeur intérieure et piliers. Il serait à désirer que les greniers eussent peu de largeur, afin de pouvoir dessécher les grains plus facilement par les courans d'air. D'un autre côté, comme il faut toujours réserver des passages le long des murs et ne pas trop augmenter la dépense, cette largeur intérieure ne peut pas être moindre que 12 mètres, ni excéder 20 mètres.

Dans tous les cas, on la divise par des piliers espacés de 4 à 5 mètres, de milieu en milieu [F].

Ces piliers doivent être en pierre, lorsqu'ils sont destinés à supporter des voûtes.

Les planchers paraissent convenir exclusivement à notre climat, où le blé, sur-tout lorsqu'il n'est pas très-sec, se conserve mal sur la terre cuite, la pierre ou le plâtre ; les piliers peuvent alors être en pierre, en bois ou en fer fondu.

Ceux en pierre font perdre de la place et ont besoin d'être revêtus en bois dans la hauteur de la couche de blé. Ils présentent d'ailleurs peu de solidité, lorsque l'édifice est très-élevé, parce que, d'une part, on est obligé de les affaiblir pour donner de la portée aux poutres, et que, de l'autre, ils ne sont liés aux murs que par ces mêmes poutres.

Les piliers en bois sont préférables sous plusieurs rapports. Ils ont l'inconvénient de receler les insectes ; mais il est commun aux piliers en pierre, à cause de leur revêtement, et l'on y peut remédier en ayant grand soin de remplir les gerçures avec du mastic, à mesure qu'elles se forment. Dans le système de construction suivi jusqu'à ce jour, les poutres et les sous-poutres sont pressées entre les poteaux supérieur et inférieur, ce qui produit un tassement qui peut être sensible dans le haut de l'édifice, ainsi que cela paraît être arrivé à Corbeil :

on pourra prévenir cet effet en employant des poteaux en forme de moises, au moyen desquels les bois-debout sont continus et les poutres indépendantes.

Les piliers en fer fondu et des arcs de même matière, substitués aux poutres ordinaires, réuniraient tous les avantages, si malheureusement leur prix n'était pas un peu élevé. J'offrirai un exemple des deux modes de construction en bois et en fer, *Planche 7*, et quelques détails plus en grand dans le VII.ᵉ Recueil.

Dépense des constructions. La dépense de tous les édifices entièrement consacrés à l'utilité publique ou particulière, doit être proportionnée aux résultats qu'ils sont destinés à produire. Cette loi commune s'applique plus particulièrement aux magasins de conservation; car on n'a pas besoin de faire observer que le spéculateur qui place des fonds dans la construction d'un bâtiment de cette espèce, doit en retirer l'intérêt au moyen du loyer. Le prix de celui-ci peut varier selon les localités; et il paraît être, pour les environs de Paris, de 4 à 5 francs par mètre cube pour une année. Les greniers qui viennent d'être construits à Saint-Denis par un particulier, peuvent contenir environ 1,400 mètres cubes, qui, au prix ci-dessus de 5 francs, donneraient un produit annuel de 7,000 fr. Ce produit représente un capital de 140,000 fr., somme à laquelle se sont élevées à-peu-près les dépenses de construction [G].

Bâtimens accessoires. Un grenier public, lorsqu'il a une certaine importance, est toujours accompagné de quelques bâtimens accessoires où l'on rejette tout ce qu'il est nécessaire d'éloigner de l'édifice principal. Tels sont l'entrepôt des machines, le travail des sacs, le dépôt des criblures, des grains infectés, &c. Il faut par-dessus tout en exclure les logemens qui exigent des cheminées, tels que celui du conservateur, du concierge, des bureaux, &c.

Magasin des issues. Ces magasins, de capacité à recevoir les sons et recoupes pendant environ deux mois, doivent être près des moulins, dans un lieu sec et d'un facile accès [H].

Après avoir exposé les conditions auxquelles il fallait satisfaire dans la construction d'un grenier public ou particulier, selon le système de conservation le plus en usage, je vais présenter quelques notices sur les principaux greniers connus, dont j'ai pu me procurer les dessins, ou sur lesquels j'ai obtenu quelques renseignemens.

Les erreurs commises dans la disposition de plusieurs de ces édifices, ont influé quelquefois sur le jugement du mode de conservation lui-même. Ce mode a des inconvéniens que je n'ai point dissimulés, mais je nombre desquels on ne doit point mettre l'oubli des principes établis par les hommes les plus instruits dans cette matière. Dans plusieurs écrits récens, où divers moyens de conservation ont été présentés, on a pris pour terme de comparaison la dépense présumée (et même exagérée) des greniers de Paris; et c'est par un faux raisonnement, car les circonstances qui leur sont particulières ayant seules donné lieu à leur grande dépense, on n'en pouvait rien conclure contre ce mode de conservation en général. D'autres greniers, placés dans un lieu convenable, fournissent la preuve que la dépense peut être réduite de manière que le loyer de l'édifice, payé par une rétribution annuelle, n'excède pas 5 francs par mètre cube de blé.

Je me trouve donc obligé, dans l'intérêt public et dans celui de la vérité, de rétablir les faits, et de joindre aux notices suivantes des observations dont je me serais dispensé si je ne les croyais utiles.

Greniers de Naples. Planches 1 et 3.

Ce vaste édifice, qui a 360 mètres de longueur et 17 de largeur intérieurement, est situé sur le bord de la mer, et pro-

duit un grand effet par sa position et son étendue. Il est composé d'un rez-de-chaussée et de trois étages voûtés, dont le dernier est couvert en terrasse. Ces trois étages peuvent recevoir environ 8 à 10,000 mètres cubes de blé, ce qui est bien peu pour un édifice de cette importance. Les fenêtres sont très-élevées au-dessus de l'extrados des voûtes, et rien n'annonce qu'on ait cherché à rendre ce monument propre à bien remplir sa première destination. Il m'a été assuré qu'il sert maintenant de caserne.

Greniers de Paris. Planches 1, 3 et 6.

Les travaux des greniers de Paris, ordonnés par un décret, ont été commencés en 1807; et M. Crétet, ministre de l'intérieur, en posa la première pierre le 26 décembre de la même année.

Ces greniers, composés de cinq pavillons formant avant-corps, et de quatre arrière-corps, ont 350 mètres de longueur totale. Suivant le projet primitif, ils devaient être élevés de six étages (y compris celui des combles) au-dessus du rez-de-chaussée, et contenir environ 25,000 mètres cubes de blé; approvisionnement qui, réuni à celui des farines à placer au rez-de-chaussée, était considéré comme pouvant suffire à la consommation de Paris pendant deux à trois mois.

Des caves ont été pratiquées dans toute l'étendue de l'édifice. Elles sont couvertes par des voûtes d'arrêtes supportées par quatre rangs de piliers. (Voir *Planche 6, Fig. 1* et *2*.) Le rez-de-chaussée devait être voûté de la même manière, et avoir 6 mètres 50 centimètres de hauteur.

Ces greniers se trouvent à l'embouchure du canal de l'Ourcq dans la Seine; mais ils sont éloignés des usines et à l'exposition du couchant. Un autre inconvénient est la nature du sol sur lequel les fondations ont été établies. Ce sol, dont une partie avait formé autrefois le lit de la Seine, étant très-vaseux du côté de la rivière, présentait une résistance inégale qui aurait exigé de grandes précautions; et faute de les avoir prises, l'édifice a éprouvé dans cette partie un mouvement très-sensible, malgré le peu de hauteur qu'il a maintenant.

Dans la position que ces greniers occupent et à l'époque où ils ont été entrepris, il était peut-être difficile que l'architecte ne fût pas entraîné à leur donner un caractère monumental. Il en est résulté de grands sacrifices d'argent et l'oubli de plusieurs convenances. Ainsi c'est probablement par la crainte qu'un édifice de cette étendue ne parût monotone, que cet architecte s'est déterminé à le diviser en avant-corps et arrière-corps. Cette division, malheureusement, n'était motivée par aucune convenance; et la saillie des avant-corps, insuffisante pour recevoir un porche ou pour contenir des escaliers, n'a procuré que des espaces inutiles où les couches de blé n'auraient pu s'étendre sans quelques inconvéniens.

Il était sans doute très-sage de chercher à diminuer l'humidité du rez-de-chaussée en construisant des voûtes au-dessous desquelles l'air extérieur aurait eu un libre accès; mais des caves étaient sans utilité pour l'établissement, et ne pouvaient être employées qu'à d'autres usages, ce qui a l'inconvénient de mêler les services. Dans tous les cas, il fallait se contenter de voûtes en berceau, et réserver les voûtes d'arrêtes pour le rez-de-chaussée, si toutefois il était convenable de le voûter.

L'expérience a prouvé dans quelle dépense excessive ont entraîné les voûtes d'arrêtes des caves, en raison des innombrables piliers et dosserets qu'il a fallu construire en pierres de dimensions égales, qu'il est toujours difficile de se procurer, et sur-tout en aussi grande quantité.

En dernière analyse, il y a eu erreur de la part de l'administration, et ensuite de la part de l'architecte; et ces erreurs sont résultées de ce que la question n'avait pas été suffisamment approfondie et de ce que le projet n'a pas été rédigé d'après des principes bien arrêtés. On a déjà dit que, dans la position choisie, on ne pouvait exiger une économie aussi sévère que celle qui dirige un spéculateur : mais la dépense a dépassé de justes limites, car on a employé 5 millions à élever l'édifice au point où on le voit ; et cette dépense aurait doublé si le projet primitif avait pu recevoir son exécution, puisque la dernière estimation était de 9,600,000 francs.

En 1814, époque à laquelle les travaux étaient suspendus, les constructions faites consistaient dans les fondations, les voûtes des caves et une partie des murs du rez-de-chaussée. Les voûtes restèrent long-temps exposées aux pluies, qui les pénétraient et auraient fini par les détruire. En 1816, le ministre de l'intérieur m'ayant fait connaître que les circonstances ne pourraient permettre d'assigner des fonds suffisans pour donner aux travaux une activité convenable, je me déterminai à lui représenter la nécessité d'établir promptement une couverture pour garantir les voûtes. J'ajoutai quelques considérations sur le peu d'utilité d'un approvisionnement de grains dans l'intérieur de Paris, et sur le besoin qu'on éprouvait de concentrer dans un même établissement les dépôts de farines disséminés dans les différens quartiers. Enfin, je terminai en proposant d'arrêter l'édifice à la hauteur actuelle ; et comme les fonds n'auraient pas permis d'achever assez promptement les murs extérieurs, j'indiquai le moyen d'établir la couverture sur des points d'appui provisoires, en se réservant de construire les murs un peu plus tard.

Ce parti a été adopté, et les travaux ont été exécutés avec succès [I].

J'avais eu, en le préférant, un autre motif sur lequel j'ai gardé le silence à cette époque ; c'était la nature du sol, dont j'ai rendu compte plus haut, et qui, à moins de changer les fondations d'une partie de l'édifice, rendaient l'exécution du projet très-hasardeuse, si ce n'est même impossible, à en juger par la continuation des effets du tassement [K].

Greniers dits d'Abondance à Lyon.
Planches 2 et 3.

Ces greniers, exécutés, selon Duhamel, d'après les dessins de M. Deville, ingénieur, et, selon d'autres, d'après ceux de M. de Cotte, architecte du Roi, ont 127 mètres de longueur et 16 mètres de largeur intérieurement ; leur hauteur totale est de 21 mètres. Ils se composent d'un rez-de-chaussée et de deux étages voûtés, non compris celui des combles. Les voûtes en arrête sont supportées par deux rangs de piliers ronds en pierre. Chaque étage a environ 5 mètres de hauteur.

Comme on ne peut former des couches de blé au rez-de-chaussée, qui est humide et ne reçoit d'air que d'un seul côté, on ne doit compter que sur trois étages, dont la superficie totale, déduction faite de l'espace occupé par les bases des piliers, l'escalier et les trottoirs le long des murs, est d'environ 4,500 mètres carrés. En supposant aux couches une hauteur réduite de 60 centimètres, ces greniers pourraient donc contenir 2,700 mètres cubes de blé, quantité qui n'est pas en proportion avec l'importance de l'édifice et les frais de sa construction, évalués par Duhamel à 500,000 francs, et qui s'élèveraient peut-être aujourd'hui à plus d'un million.

Ce bâtiment, d'un bel aspect et bien construit, est placé sur un quai qui borde la rive gauche de la Saône et près le pont de Serin. Exposé au sud-sud-ouest du côté du quai, il est adossé à une montagne escarpée qui le domine, et dont le pied est éloigné de quelques mètres seulement. Il se trouve ainsi entièrement privé des vents du nord, exposé à l'humidité de la montagne, et à une grande distance des moulins : on conviendra qu'il était difficile de trouver une position plus défavorable pour des greniers. Si on les examine en détail, on

remarquera qu'il n'existe aucun porche ou passage couvert pour le chargement ou le déchargement des grains, qu'aucune disposition n'a été prise pour faciliter le montage des grains et les autres manœuvres, que la trop grande élévation des étages n'a pas permis de les multiplier, et qu'enfin cet édifice est très-peu propre à l'usage auquel il est destiné. Je l'ai visité il y a cinquante ans, et plusieurs fois depuis ; je n'y ai jamais vu aucun approvisionnement de blé : il m'a paru employé comme magasin d'armes et d'équipemens militaires.

Greniers de Lille.

J'ai fait observer que des greniers publics étaient rarement bien placés dans l'intérieur des villes ; mais il faut excepter les villes frontières fortifiées, parce que toutes les autres considérations ne peuvent l'emporter sur la nécessité d'avoir un approvisionnement de blé ou de farine en cas de siège. La question serait de savoir si des constructions ordinaires doivent convenir alors, et si l'on ne devrait pas préférer celles qui sont à l'épreuve de la bombe.

Quoi qu'il en soit, les greniers de Lille, placés derrière les remparts et couverts par un comble en charpente, ont 64 mètres de longueur et 18 mètres 50 centimètres de largeur intérieure. Celle-ci est divisée en trois espaces égaux par deux rangs de piliers qui soutiennent les planchers. Le bâtiment est composé de caves voûtées, d'un rez-de-chaussée, de quatre étages ayant chacun environ 4 mètres de hauteur, et de trois autres étages pratiqués dans le comble. Les escaliers sont placés aux deux angles dans des avant-corps.

On remarquera que les fenêtres, très-multipliées, sont trop élevées au-dessus des planchers, qu'il n'y a aucun porche pour les voitures ; mais on ne peut juger cet édifice rigoureusement d'après les principes précédens, à cause de la situation particulière dans laquelle il se trouve.

Greniers ou Magasins de Subsistances à Berne.
Planches 2 et 3.

Ces magasins, construits en 1786, ont environ 85 mètres de longueur sur 20 mètres de largeur intérieurement. Ils sont composés d'un rez-de-chaussée voûté, ayant 5 mètres de hauteur, et de cinq étages, y compris celui du comble, qui ont chacun environ 3 mètres 75 centimètres de hauteur. L'édifice offre dans son milieu un passage destiné aux voitures, et auprès duquel on trouve l'escalier. Au-dessus du passage on a placé, dans l'étage le plus élevé, des treuils qui servent à monter ou descendre les sacs, en traversant les planchers intermédiaires par des trappes. Tout annonce que cet édifice a été sagement conçu.

Greniers de Corbeil. Planches 2 et 3.

Ils sont situés près d'un bras de la petite rivière d'Essonne, à son embouchure dans la Seine, et immédiatement à côté de six moulins plus anciennement établis. Ils ont, dans œuvre, 80 mètres de longueur sur une largeur de 15 mètres, divisée en quatre parties par trois files de poteaux. L'édifice comprend un rez-de-chaussée et sept étages, dont un dans le comble, lesquels ont chacun environ 3 mètres de hauteur. Il a été fondé sur grillage et plate-forme. Les murs ont 1 mètre 30 centimètres au-dessus des fondations, et 70 centimètres dans le haut. Ils sont construits en pierres de meulière, enduits au-dehors en mortier de chaux et sable, et en plâtre à l'intérieur ; les fenêtres sont grillagées et fermées à l'intérieur par des volets ; les piliers de bois sont couronnés par des semelles qui soulagent les poutres et leur servent de liaison ; les solives ont été recouvertes par des planches de sapin, qu'on a préféré au chêne comme plus favorable à la conservation des grains.

Les six moulins destinés à la mouture servent aussi à élever le blé au septième étage, d'où on le jette ensuite, pour l'aérer, en le laissant arriver jusqu'en bas à travers des cribles, des tarares, des bâtons de perroquet, &c.

En général, ces greniers, très-simples, ont été disposés de la manière la plus propre au service auquel ils étaient destinés, et n'ont pas cessé d'être de la plus grande utilité depuis le moment de leur construction jusqu'à présent. Ils peuvent contenir environ 5,000 mètres cubes de blé.

Greniers de Gênes. Planche 4.

Le plan de ces greniers offre une disposition qui place cet édifice au rang de ceux que l'on distingue dans la ville de Gênes. Ils se composent d'un rez-de-chaussée et de quatre étages voûtés: au-dessus, et dans le milieu du bâtiment, s'élève un cinquième étage où sont placées les machines qui servent à monter le blé. Deux passages qui se coupent à angles droits permettent d'opérer le chargement et le déchargement des voitures à couvert. Les quatre parties de ces greniers, consacrées au dépôt des grains, ont chacune 36 mètres de longueur sur 15 de largeur. Elles paraissent pouvoir contenir, dans les quatre étages et le rez-de-chaussée, environ 1,500 mètres cubes de blé.

Greniers de Strasbourg.

Ils ont 133 mètres de longueur sur 13 mètres 50 centimètres de largeur. Des moulins à bras occupent le rez-de-chaussée, qui est très-élevé. Le nombre des étages supérieurs est de cinq. Des poteaux en bois soutiennent les planchers, percés de 4 en 4 mètres pour faire descendre le blé d'étage en étage, ce qui remplace l'opération du pellage. Ces greniers peuvent contenir environ 10,000 mètres cubes de grains.

Greniers d'Étampes et de Saint-Denis.

J'ai déjà parlé de ces magasins, construits aux frais des propriétaires d'usines. Les premiers ont intérieurement 40 mètres de longueur sur 13 mètres 50 centimètres de largeur. Les escaliers sont dans un avant-corps placé au milieu de la longueur de l'édifice.

Les seconds ont 36 mètres sur 12 mètres, et sont formés d'un rez-de-chaussée et de cinq étages, y compris celui dans le comble. Un passage pour les voitures a été pratiqué dans le milieu de l'édifice, qui peut contenir environ 1,400 mètres cubes de grains.

———————

Tels sont les greniers ou magasins de conservation sur lesquels j'ai pu me procurer des renseignemens un peu exacts. Il en existe encore beaucoup d'autres sans doute, mais que je ne connais pas d'une manière assez complète. Parmi ces derniers, on pourrait peut-être regretter ceux de Rome; mais cet exemple serait peu utile, en raison de la différence du climat et des habitudes.

Résumé. Il résulte de ce qui précède et de l'examen des principaux greniers, que ce mode de conservation a des inconvéniens qui lui sont inhérens, comme le ravage des souris et des insectes, les frais de manutention, &c., et qui nuiront toujours aux succès, sur-tout lorsqu'il s'agira de conserver les grains des années d'abondance jusqu'aux temps de disette.

Mais les greniers seront toujours utiles comme entrepôts, et pour donner aux blés les préparations qui doivent précéder la mouture.

Quant aux dépenses de construction, il est prouvé, par l'exemple de ceux exécutés par des propriétaires d'usines, notamment à Saint-Denis et à Étampes, qu'on peut, en écartant tout ce qui n'est pas prescrit par le besoin et les convenances, les réduire de manière que le mètre cube de blé puisse être logé moyennant une redevance annuelle de 4 à 5 francs. Pour se faire une idée complète des frais de conservation, il faut y ajouter ceux de manutention et d'administration, qui

peuvent s'élever annuellement à 11 francs par mètre cube, total 16 francs, et par hectolitre 1 franc 60 centimes.

A ce prix, la conservation pendant cinq ans seulement coûterait 8 francs par hectolitre, non compris les intérêts de la valeur du grain.

Cette dépense, et les autres inconvéniens de ce mode de conservation, en ont fait essayer d'autres. Parmi tous ceux qui ont été proposés ou pratiqués, le plus remarquable est celui des fosses souterraines, employées par les peuples les plus anciens. Les auteurs latins qui ont écrit sur l'agriculture, tels que Pline, Varron, Columelle, Hirtius, et même quelques historiens, nous ont transmis des détails sur ces fosses, qu'ils nomment *Sires* et *Horrea defossa*, et qui étaient en usage chez les *Thraces*, les *Cappadociens*, les *Scythes*, les *Hircaniens*, les *Espagnols*, les *Africains*, les *Perses*, &c. En Europe, ce moyen est encore employé par quelques peuples modernes du nord, mais plus particulièrement par ceux du midi. Les Chinois, qui s'occupent beaucoup de la conservation du riz et du blé, connaissent aussi l'usage des fosses, qu'ils nomment *Kiao* ou *Tcou*. (Les Espagnols leur donnent le nom de *Silos*; les Orientaux et les Africains, celui de *Matamores*) [L].

C'est sur-tout en Afrique, en Espagne, en Sicile et en Italie que l'on conserve une partie des blés de cette manière. Les voyageurs Joseph Towsent et Bourgoin donnent des renseignemens sur les *silos* de Burjasos et Nules en Espagne, construits par les Romains et les Maures. On trouvera dans le mémoire publié en 1783, dans le Journal de Physique, par M. le baron de Servières, et dans un écrit récent de M. de Lasteyrie, des recherches très-étendues sur cette matière; mais comme les différences que présentent les circonstances politiques, les climats et la nature du sol, ne permettraient pas de rien conclure des exemples que je viens de citer, je crois inutile d'en étendre la nomenclature. Je me bornerai à faire connaître quelques constructions de ce genre, et à rendre un compte exact des expériences que j'avais commencées pour savoir si les fosses auraient à Paris le même succès que dans les pays méridionaux [M].

Greniers souterrains de Naples. Planche 5.

J'ai déjà parlé des grands greniers de Naples; il paraît qu'on leur préfère les fosses dont je présente les dessins, et dans lesquelles le blé se conserve très-bien. On remarquera qu'il a été construit au-dessus un édifice à rez-de-chaussée, à l'abri duquel on peut préparer le grain avant de l'enfouir, remplir ou vider les fosses sans craindre la pluie. Cette couverture, reconnue nécessaire à Naples, serait *indispensable* dans notre climat.

Les fosses de Naples contiennent 10 à 12,000 mètres cubes de grains, quantité supérieure à celle que pourraient renfermer les grands greniers de la même ville.

Greniers de Livourne. Planche 5.

Ces fosses, construites en maçonnerie comme les précédentes, diffèrent de celles-ci en ce qu'elles ne sont point souterraines, et que les voûtes n'ont d'autre couverture qu'un pavage, disposé de manière à ne pas laisser pénétrer les eaux pluviales, et à faciliter leur écoulement à l'extérieur. Ces fosses peuvent contenir environ 3 à 4,000 mètres cubes de blé.

Greniers ou Fosses d'Amboise. Planche 6, Fig. 3.

Ces greniers sont pratiqués dans un roc calcaire, faisant partie du côteau dit *des Violettes*, dont le pied est baigné par la Loire. Ils consistent en plusieurs souterrains, dont les principaux, divisés en quatre étages (ou caves situées les unes au-dessus des autres), sont percés sur deux lignes parallèles, et sont espacés de cinq mètres. Dans la masse de rochers qui les sépare, on a pratiqué un escalier ou rampe droite, dont les premières marches étaient au niveau de la Loire, et les dernières à celui des terres cultivées, et qui communiquait avec les caves supérieures de droite et de gauche. Plusieurs des caves étaient carrelées, et leurs murs couverts par des enduits de mortier de ciment; d'où l'on peut présumer qu'elles étaient destinées, aussi bien que les fosses dont je parlerai ci-après, à renfermer des grains : les autres étaient probablement réservées pour le vin.

Ce que l'on remarque particulièrement, ce sont les fosses, dont quatre seulement sont connues. Leur ancien propriétaire prétendait, il y a trente ans, y avoir trouvé des grains de blé bien conservés, ce qui prouverait qu'elles avaient servi, dans un temps ou dans un autre, à recéler des dépôts de blé. Ces quatre fosses, de même dimension, communiquent avec les caves supérieures et inférieures par des ouvertures percées dans les voûtes, et qui servaient incontestablement à remplir et à vider les fosses. La manière dont celles-ci sont construites est sur-tout digne d'intérêt.

Elles sont cylindriques, sur 4 mètres 10 centimètres de hauteur, et couronnées par une voûte sphérique de 2 mètres 10 centimètres de rayon; chaque fosse a été établie dans une excavation de même forme, creusée dans le rocher. Elles sont toutes revêtues en maçonnerie de briques de 22 centimètres d'épaisseur; et l'espace vide, de 22 centimètres, laissé entre la maçonnerie et le rocher, est rempli en sable et gravier très-fin. Le parement du rocher, ainsi que la surface en maçonnerie de briques, avaient été préalablement enduits d'une forte couche de mortier fin, bien poli; en sorte que les fosses se trouvent entièrement isolées dans le rocher. Leur capacité est de 76 mètres cubes, et de 304 pour les quatre ensemble. Leur établissement, suivant une tradition conservée dans le pays, est attribuée à Jules César. Millin, qui en parle dans son Voyage du midi de la France, ne dit rien de leur origine, qui pourrait n'être pas aussi ancienne qu'on le suppose; je ne serais pas même éloigné de penser qu'elles ont été construites par des religieux minimes, dans la propriété desquels elles se trouvaient. Je dois tous les renseignemens qui précèdent à l'amitié de M. Cormier, ingénieur en chef à Tours, qui a bien voulu, sur ma demande, faire lever le plan de ces fosses.

Fosses ou Poires d'Ardres. Planche 6, Fig. 4.

Bélidor rapporte, dans le premier volume de son Architecture hydraulique, qu'il existe, sous le terre-plein d'un bastion de la ville d'Ardres, petite place forte près de Calais, neuf magasins, construits dans un grand souterrain, et destinés à conserver le grain de la garnison en cas de siège. C'est sur le modèle de ces magasins, connus sous le nom de *Poires d'Ardres,* qu'il dit avoir rédigé les plans et profils, *Fig. 4, Planche 6.*

Selon cet auteur, chaque poire doit être isolée, afin que l'air, circulant autour, puisse tenir le blé plus sec; et il ajoute qu'on peut les construire ailleurs que dans des caves, et les placer entre deux planchers.

Chaque cylindre ou poire a 2 mètres 70 centimètres de diamètre, et 4 mètres de hauteur; l'ouverture de la calotte supérieure est de 50 centimètres. Elle sert à introduire le blé, et l'ouverture inférieure de 16 centimètres est fermée par un clapet à cadenas. Le blé s'y conserve très-bien pendant plusieurs années, quand il a été enfermé bien sec. On attribue la construction de ces poires aux Espagnols, à l'époque où ils étaient les maîtres du pays.

EXPÉRIENCES faites à Paris à l'Abattoir du Roule.

Ces expériences ont été faites de concert avec M. Busche, directeur de la réserve, en présence de M. le comte de Chabrol,

préfet de la Seine, et d'un grand nombre de personnes notables, qui ont signé les procès-verbaux constatant le dépôt des grains et la reconnaissance de leur extraction, faite deux ans après le dépôt. Je ne puis donner qu'un extrait très-succinct de ces procès-verbaux, qui ont été dressés avec le plus grand soin; mais il doit suffire pour l'objet que j'ai en vue.

1.re Expérience. Dépôt, le 21 juin 1819, dans un puits circulaire de 1 mètre 14 centimètres de diamètre, creusé à une profondeur de 2 mètres 60 centimètres, dans un terrain de sable fin, un peu argileux; le fond et les parois revêtus en maçonnerie de moellons de 33 centimètres d'épaisseur, le tout couronné par une dalle en pierre de Volvic, évidée en son milieu, et laissant une ouverture de 65 centimètres de diamètre; l'intérieur du cylindre revêtu en feuilles de plomb d'un quart de ligne, jusqu'à la hauteur de 1 mètre 41 centimètres, et rempli de blé de l'année précédente en bon état, recouvert par une feuille circulaire de plomb, sur laquelle celui de la paroi a été rabattu. Couche de sable sur cette première couverture, chaux ensuite; seconde couche de sable; le tout fermé par une pierre bien scellée, sur laquelle on a remblayé pour rétablir l'ancien pavage, de manière que le blé enfoui se trouvait à 1 mètre 14 centimètres du sol, abrité lui-même par une grande voûte.

Extraction du 14 août 1821. Sable sans traces d'humidité; chaux friable, mais non entièrement éteinte; feuille de plomb supérieure, humide du côté où elle touchait le grain; traces d'humidité sur la paroi intérieure du plomb, le long de la jonction, qui n'avait eu lieu que par recouvrement et sans soudures. Le long de cette jonction, grain adhérent et dans un état de putréfaction; dans la partie supérieure, et au centre, blé avarié, mauvaise odeur, charançons; en s'approchant du fond, amélioration; enfin, au fond, blé dans son état naturel, sans apparence de charançons. Thermomètre à l'extérieur, 14 degrés; intérieurement, 16°, 15°, 14° 1/2, et au fond 13° 3/4. Le poids moyen du grain, au moment du dépôt, était, par hectolitre, de 76 kilogrammes; et lors de l'extraction, il a été trouvé, savoir, très-avarié 70, au centre 74,5; au fond 76,50.

2.e Expérience. Dépôt, 23 juin 1819. Fosse à 2 mètres 40 centimètres de profondeur, sous la même voûte que le puits de l'expérience précédente; forme carrée, d'environ 1 mètre de côté, sans revêtement; feu allumé dans l'intérieur pour dessécher les parois, celles-ci garnies de nattes en paille; la fosse remplie de grains, recouverts par une natte en paille; terre et pavage rétablis. Blé à 1 mètre 15 centimètres au-dessous du sol.

Extraction du 14 août 1821. Paille du dessus détériorée, humide, grain adhérent; à la surface et au centre, grain rougeâtre, moisissures, traces de charançons; les parties adhérentes à la paille de la paroi, moins épaisse au centre; vers le fond, état ordinaire, sans charançons vivans, un léger goût de renfermé; au fond, humidité considérable, blé adhérent, paille gâtée; en général cependant l'avarie était moindre que dans la première fosse, et un tiers de la couche était assez bien conservé et ne contenait pas de charançons.

3.e Expérience. Dépôt, 21 juin 1819, sous une voûte semblable à celle des expériences précédentes. Fosse de 2 mètres 64 centimètres de hauteur, sur un plan carré de 1 mètre 46 centimètres de côté, couverte par une dalle fixe, percée d'un trou carré, se fermant par une dalle mobile. Construction de la fosse : Fouille de 4 mètres de profondeur, fond garni par un radier de maçonnerie de moellons, recouvert par un rang de briques posées de champ; parois revêtues de briques, sur 11 centimètres d'épaisseur, posées avec mortier hydraulique, le tout enduit avec mortier de chaux et ciment pouzzolane. Ces murs ayant manifesté quelque humidité, malgré l'enduit, il a été fait un contre-mur en briques, posées à sec, alternativement de champ et à plat, ce qui a laissé un vide entre les deux revêtemens. Le fond également garni de briques à sec, et laissant le même vide. Dans cet état, la fosse remplie sur la hauteur de 2 mètres 40 centimètres ; grain recouvert par une natte en paille, couche de chaux vive, pierre de la trappe scellée et rechargée de sable, et pavé au-dessus.

Extraction du 14 août 1821. Sable sec, chaux entièrement éteinte, natte de paille assez bien conservée ; grain à la surface chaulé, avec traces d'insectes, dont quelques-uns vivans ; au-dessous, blé adhérent aux parois de la fosse, sur 20 centimètres d'épaisseur, goût d'humidité, odeur de soutrait, couleur foncée ; au centre, mêmes symptômes, œil meilleur ; en s'approchant du fond, couleur terne, tendre au toucher, traces du ravage des charançons ; au fond, blé adhérent ; en général, avaries très-grandes.

Il a été fait dans le même local plusieurs autres expériences qui n'offrent rien d'assez remarquable pour être rapporté. Le blé, renfermé dans des fontaines de grès, avec couvercle en plomb, ou dans de grandes bouteilles de même matière, et autres vases, s'est bien conservé, sur-tout dans ceux à col étroit et bien fermés (quoique non hermétiquement) ; mais il n'était pas exempt de charançons vivans.

Au reste, on a employé le même blé dans toutes les expériences précédentes, et il contenait les charançons ou leurs germes avant d'être enfermé, puisque ces insectes se sont manifestés dans la portion restée dans les greniers.

Fosse à Blé pratiquée dans les Caves des Greniers de Paris (au point *A* du plan). Planche 6, Fig. 5.

Cette fosse a été placée, un peu à dessein, dans une position défavorable. Trois de ses côtés sont formés par les murs mêmes des caves, le quatrième seulement a été construit après coup. Les deux murs épais qui forment l'angle extérieur de l'édifice, sont appuyés contre les terres, et sont restés, ainsi que la voûte, exposés plusieurs années aux pluies ; en outre, les eaux du comble tombent sur le sol qui les environne : ces murs étaient donc pénétrés d'humidité et pouvaient la communiquer à tout ce qui leur serait adhérent.

Il a été construit, dans le fond de la fosse, une aire de maçonnerie ordinaire, au-dessus de laquelle ont été élevés des revêtemens latéraux en briques sèches de 11 centimètres d'épaisseur, et à une distance de 11 centimètres des murs. L'espace vide a été rempli en sable très-sec. Sur l'aire en maçonnerie, on a construit des tasseaux en briques pour supporter un carrelage de même matière et isolé du fond. Voir *Fig. 5.*

Un peu au-dessus de la naissance de la voûte et sur les contre-murs en briques, il a été établi un châssis en charpente pour recevoir un plancher qui devait terminer la fosse, mais sur lequel on est convenu depuis de déposer une seconde couche de grains. En conséquence, le revêtement de briques a été continué sur les pignons, & quelques planches ont été placées sur les parties de la voûte qui offraient des traces d'humidité ; enfin, il a été pratiqué une ouverture dans cette voûte, et posé un châssis en pierre dont le vide était rempli par une dalle mobile.

Expérience. Dépôt, 30 mars 1820. Extraction, 3 septembre 1821. Chaux placée sur le paillasson qui couvrait le blé, totalement éteinte. Paillassons humides du côté du blé et pourris près des gros murs sur une largeur de 5 centimètres ; le centre en bon état.

État de la couche de blé au-dessus du plancher : surface supérieure et centre formant une couche chaulée et ayant de l'odeur. Vers les parois de l'est et de l'ouest, non revêtues en planches, grain adhérent à la voûte ainsi qu'aux briques qui étaient dérangées ; ce même grain germé et décomposé sur une épaisseur de 13 centimètres. Plus bas, mêmes effets, mais blé moins avarié, quelques traces de vers et d'insectes : cessation des avaries en approchant du plancher ; les avaries dues au dérangement des briques, et notamment à l'humidité de la voûte, restée pendant plusieurs années exposée à la pluie.

État de la couche au-dessous du plancher : planches légèrement humides ; grain à la superficie et au centre, jusqu'à 80 centimètres de profondeur, en très-bon état ; un peu frais vers les paremens ; quelques charançons morts, un seul vivant ; murs en briques secs. Plus bas, près des gros murs, à l'ouest et au nord, blé avarié sur une épaisseur de 10 centimètres jusqu'au fond de la fosse ; humidité apparente. Des côtés sud et est, où les murs sont à l'air libre, blé en bon état, ainsi que dans le centre et le fond de la fosse ; point de charançons ; quelques petits insectes. Le centre du plancher en briques parfaitement sec.

On fait observer, dans le procès-verbal, qu'il n'y aurait probablement pas eu d'avarie, si la fosse, au lieu d'avoir été construite dans l'angle formé par les gros murs de l'édifice, eût été isolée au centre d'un berceau de caves, de manière à permettre la circulation de l'air.

Depuis les expériences que je viens de citer, il en a été fait beaucoup d'autres, dans les mêmes vues, par M. le comte Dejean, M. Ternaux, M. de Lasteyrie et quelques autres ; mais je ne connais que très-imparfaitement leurs résultats. M. le comte Dejean a fait renfermer des blés et des farines dans des récipiens en feuilles de plomb de 2 millimètres d'épaisseur, dont les joints étaient soudés. Dans ces récipiens hermétiquement fermés, le blé a été trouvé un an après très-bien conservé ; une partie avait une odeur laiteuse attribuée à ce que le grain n'était pas sec. On a trouvé des charançons morts et d'autres vivans dans le blé qui avait été renfermé étant charançonné. Ces expériences ont présenté une circonstance assez notable ; c'est que le plomb s'étant trouvé avoir un trou de la grosseur d'une forte épingle, cette ouverture a suffi pour donner accès à l'humidité, et le grain environnant s'est aggloméré en forme de boule de la grosseur d'une pomme.

M. le comte Dejean remarque que, d'après ses expériences sur les blés et les farines, la conservation ne serait pas moins parfaite, si le vase n'était pas entièrement rempli, pourvu qu'il fût fermé hermétiquement afin d'empêcher les influences hygrométriques et celles de la température.

Les expériences de M. Ternaux ont été faites sur sa propriété à Saint-Ouen, dans des fosses en terre qui n'avaient d'autre revêtement que de la paille. Le blé parait avoir été assez bien conservé dans le centre ; mais il n'en était pas de même de celui qui touchait à la paille, et qui, dans les fosses de cette espèce, est toujours plus ou moins avarié lorsque le dépôt a une certaine durée.

Les fosses en maçonnerie construites à l'hôpital Saint-Louis, et dont M. Lasteyrie s'est servi pour ses expériences, ne paraissent pas avoir donné des résultats satisfaisans, sur-tout dans les parties dont la maçonnerie n'était revêtue d'aucun enduit, soit en bitume, soit en mortier avec chaux de Senonches [N].

Il résulte des expériences précédentes, comme de tout ce qui a été écrit sur cette matière, que, dans notre climat, trois causes principales se sont opposées jusqu'à ce jour à l'entier succès des fosses souterraines.

La première est l'état du blé, qui est très-rarement assez sec pour être renfermé et ensuite abandonné dans les récipiens, fussent-ils imperméables, et à plus forte raison dans les fosses souterraines.

La seconde, la manière dont on a construit ou proposé de construire ces fosses, parce qu'elle ne les garantit pas entièrement de toute humidité, condition sans laquelle il est impossible de réussir.

La troisième est la difficulté de détruire dans le blé, et préalablement à son enfouissement, les charançons, leurs œufs, et ceux des autres insectes; l'expérience ayant prouvé qu'ils pouvaient vivre et se reproduire dans les récipiens hermétiquement fermés.

Ce serait en vain qu'on se livrerait à de nouvelles tentatives, tant qu'on n'aura pas fait disparaître entièrement les trois causes dont je viens de parler, et qui s'opposent à la conservation des grains. C'est donc vers ces trois points que toutes les recherches doivent être dirigées; et, en attendant que d'autres s'en occupent, je hasarderai quelques idées, après avoir exposé ce qui s'est pratiqué jusqu'à ce jour.

Les Romains, selon Varron et Columelle, exposaient le grain qu'ils voulaient conserver à l'ardeur du soleil, au plus fort de l'été. Ils avaient, pour cet usage, des aires, et près de celles-ci des hangars pour mettre le grain momentanément à l'abri en cas de pluie. Ce procédé avait l'avantage non-seulement de dessécher le blé, mais encore de faire périr les insectes. Il est également pratiqué dans la Chine, l'Italie, la Sicile, l'Espagne, et dans tous les pays où le soleil a une grande force. Dans les contrées moins favorisées, et même en France, il est indispensable d'avoir recours à l'art, comme on le fait dans les serres chaudes, et d'employer la chaleur du feu. Je vais rendre compte des tentatives plus ou moins heureuses qui ont été faites, et de ce qui reste encore à faire.

Étuves. Quelques savans Italiens, et nommément Vallisnieri, ont proposé de mettre les grains dans un four pour les dessécher et détruire les insectes. Ce moyen, employé avec succès dans plusieurs expériences et recommandé plus tard par Parmentier, n'est pas praticable pour une grande quantité de grains. Inthierry paraît être le premier qui ait construit une étuve pour les dessécher; elle a ensuite été perfectionnée en France par Duhamel, auquel on doit de nombreuses expériences à ce sujet.

En examinant les étuves qu'Inthierry et Duhamel avaient employées et le résultat de leurs essais, on remarque que le blé, quoique déposé par couches de 6 à 7 centimètres seulement sur des tablettes ou renfermé dans des tuyaux prismatiques de 14 centimètres d'épaisseur, n'est point desséché également; que la chaleur, lorsqu'elle s'élève à 80 degrés dans le haut de l'étuve, n'est souvent que de 40 dans la partie inférieure, et que les grains de la superficie d'une couche sont quelquefois grillés, et ceux qui se trouvent au dessous à peine desséchés.

On observe encore que les charançons résistent souvent, parce que ces animaux trouvent le moyen de se loger dans l'intérieur de la couche de blé ou de se réfugier dans les angles et dans le bas de l'étuve, tandis qu'il ne leur faut qu'une chaleur moitié moindre et à laquelle ils ne puissent se soustraire, pour les détruire.

Quoique ces premières étuves fussent loin d'être parfaites, elles ont servi à prouver que les blés desséchés convenablement, ayant perdu la faculté de germer, sont à l'abri de toute fermentation et peuvent être conservés pendant un grand nombre d'années dans des récipiens fermés et exempts de toute humidité, sans avoir besoin d'être remués comme on le fait dans les greniers ordinaires; qu'enfin la chaleur de l'étuve peut suffire pour détruire les insectes.

Les inconvéniens des étuves connues, auxquels on doit ajouter celui d'être un peu dispendieuses pour les petits propriétaires, et d'exiger un temps assez long (vingt-quatre heures au moins), ont sans doute empêché que ce moyen ne fût généralement adopté.

Ils avaient été sentis par M. Parmentier, et cependant voici ce qu'il finit par dire : « *Quoique le succès de l'étuve connue* » *dépende de plusieurs circonstances difficiles à saisir et à*

» concilier, ayons-y toujours recours lorsque nous aurons de » grandes provisions à garder, ou que l'on destinera les grains » et leur farine à passer les mers, ou bien lorsqu'ils auront » été noyés d'eau sur pied, ou qu'ils seront disposés à passer » à la germination; aussi ne saurions-nous trop inviter les ci- » toyens qui se sont déjà occupés de l'étuve, à chercher à lui » donner le degré de perfection dont elle est susceptible. »

En adoptant l'opinion de Parmentier, j'ajouterai que c'est dans une dessication parfaite des grains, ainsi que dans la destruction des insectes et de leurs germes, que consiste toute la question de conservation; car lorsque les grains seront bien desséchés sans être altérés, il sera possible de trouver des récipiens exempts d'humidité dans lesquels ils puissent être garantis des influences météorologiques et de nouvelles attaques de la part des animaux.

Les objections faites contre les étuves dont je viens de parler, m'ont conduit à penser qu'on obtiendrait un succès complet avec une chaleur modérée, pourvu qu'on entretînt le blé dans un mouvement continuel, afin que chaque grain pût participer également à la chaleur, et se trouver constamment dans un bain d'air chaud, qui se renouvellerait à chaque instant, jusqu'à l'entière dessiccation [O].

J'aurais désiré faire quelques expériences assez en grand pour confirmer ce que je soupçonnais; mais ma position ne me l'ayant pas permis, je me suis borné à quelques essais en petit, qui cependant ne me laissent aucun doute sur les avantages qu'on trouvera à étuver les blés en les tenant en mouvement.

Je me suis d'abord servi de brûloirs de café ayant différentes dimensions, que j'ai remplis de blé dans la moitié de leur capacité, et dont le dernier contenait 10 kilogrammes. En dix minutes le blé a été desséché complètement, sans avoir éprouvé de changement sensible à l'œil; le grain craquait sous la dent, et aucun de ceux qui ont été semés n'a germé. Cette expérience, répétée plusieurs fois sous mes yeux, a donné constamment les mêmes résultats. Je me suis procuré ensuite du blé charançonné; et l'ayant soumis à la même épreuve, les insectes ont tous été détruits dans les premières minutes et long-temps avant la dessiccation du grain. Leur prompte destruction était due sans doute à la chaleur; mais elle aurait été insuffisante, sans le mouvement imprimé au blé. Je ferai observer, à cette occasion, qu'il est bien reconnu maintenant par tous les agronomes que toutes les recettes indiquées, telles que les odeurs fortes des plantes, les vapeurs sulfureuses, &c., sont impuissantes pour détruire les charançons.

Le moyen employé dans les expériences précédentes était bien grossier, mais c'était le seul que j'eusse à ma disposition. J'ai fait depuis substituer à la tôle du cylindre une toile métallique, qui produisait un bien meilleur effet, parce que le grain n'était plus exposé à être grillé par la tôle, si par hasard elle se chargeait d'une trop grande chaleur, et qu'en même temps l'eau contenue dans le grain et réduite en vapeur s'échappait facilement.

N'ayant pu continuer ces expériences, j'ai cherché à exprimer à-peu-près, *Planche Fig. 1.*, la manière dont j'exécuterais ce mécanisme très-simple, pour le rendre propre à dessécher une grande quantité de grains.

J'ai supposé une étuve de 2 mètres de longueur sur un mètre de largeur, couverte par une voûte cylindrique, le tout construit en briques. Un prisme à base carrée A, mobile autour de son axe, construit en bois ou en fer à claire-voie et revêtu d'une toile métallique, est mis en mouvement par une manivelle, un pignon et une roue dentée. Sa capacité est d'environ 1 mètre cube, afin qu'en le remplissant de grains à moitié, il puisse contenir 5 hectolitres. J'ai adopté la forme carrée pour sa base, parce qu'elle facilite la sortie du grain lorsqu'on veut le vider par l'ouverture longitudinale correspondante à l'un des angles formés par deux faces consécutives. Cette ouverture, de même longueur que le cylindre, peut s'ouvrir ou se fermer à volonté au moyen d'une coulisse. Elle est accompagnée de deux rebords évasés, en tôle, pour favoriser l'entrée du grain qui s'échappe de la trémie placée au-dessous de la voûte. L'ouverture de celle-ci, égale en longueur à celle du prisme, sert en même temps à livrer passage à la vapeur qui sort du blé. On peut la fermer et l'ouvrir plus ou moins, selon le besoin, au moyen d'un petit cylindre horizontal en bois, qu'il sera facile de faire monter ou descendre à volonté, en le suspendant par ses extrémités à deux tiges mobiles.

Lorsqu'on vide le cylindre, le blé tombe en *B* sur deux plans inclinés à 45 degrés, et peut y rester encore soumis à l'action de la chaleur pendant le temps qu'une nouvelle charge de grains est mise en mouvement dans le cylindre, après quoi on le laisse sortir de l'étuve par les deux ouvertures pratiquées dans les murs latéraux en briques.

J'ai indiqué sur la même planche, *Fig. 2* et *3*, deux autres mécanismes, susceptibles d'être contenus dans une étuve de mêmes dimensions que la précédente. L'un, *Fig. 2*, consiste dans la réunion de deux vis d'Archimède, inclinées en sens contraire, avec enveloppe en toile métallique, et qui servent à transporter le blé d'un premier réservoir dans un second, et de celui-ci dans le premier; ce qui se répète jusqu'à l'entière dessiccation, après laquelle le grain s'échappe par une ouverture de la paroi latérale.

L'autre mécanisme, *Fig. 3*, se compose de châssis superposés, inclinés alternativement en sens contraire, et garnis de toile métallique. Ces châssis, suspendus à des charnières, s'appuient à leur partie inférieure sur des traverses horizontales. Une roue à cames, qui soulève et laisse retomber deux tiges fixées aux châssis, fait éprouver à ceux-ci des secousses continuelles, qui font elles-mêmes couler lentement le blé fourni par la trémie placée au-dessus de la voûte. L'inclinaison donnée aux châssis doit être assez faible pour que le blé n'arrive à la partie inférieure qu'au bout de vingt minutes, temps que l'on regarde comme nécessaire à la dessiccation du blé dans cette situation.

Ces trois procédés, suivant lesquels le blé est soumis au frottement de toiles métalliques, offriraient par conséquent l'avantage de le nettoyer en le desséchant, et de lui enlever les mauvaises odeurs qu'il pourrait avoir contractées.

D'après quelques expériences malheureusement trop en petit, je pense que le premier moyen et le dernier seraient préférables à cause de leur simplicité, qui les met à la portée des habitans de la campagne [P].

Lorsque l'étuve est échauffée, on peut, par le premier moyen, dessécher complètement, en trente minutes, les 5 hectolitres de blé contenus dans le cylindre mobile, ce qui donne 50 hectolitres pour une journée de dix heures. La dépense, qui se compose de deux journées d'ouvriers et de la valeur d'une petite quantité de combustible, sera d'environ 6 francs, ou de 12 centimes par hectolitre de blé [Q].

Je ne dirai rien des moyens de produire la chaleur; le meilleur serait sans doute les calorifères ordinaires, perfectionnés depuis quelques années, et qui, pour des étuves semblables, devraient avoir des dimensions très-petites.

J'ai fait observer précédemment que trois causes principales s'étaient opposées jusqu'à présent à la conservation des grains : 1.º leur dessiccation imparfaite ; 2.º la faculté que plusieurs insectes ont de vivre et de se reproduire dans les récipiens les mieux fermés ; 3.º les difficultés que présentent le placement et la construction des récipiens, lorsqu'on veut concilier l'économie avec la condition expresse de les préserver de toute humidité.

Les deux premières causes ne subsisteront plus en employant les procédés que j'indique, ou tous autres par lesquels on aura satisfait à la condition de tenir le blé constamment en mouvement pendant le temps nécessaire à sa dessiccation et à la destruction entière des insectes.

Le blé, dans cet état, pourrait être déposé dans les greniers ordinaires par couches plus épaisses, mais les charançons l'attaqueraient de nouveau, quoique beaucoup plus difficilement ; il serait exposé aux rats, aux souris, aux oiseaux ; enfin, il reprendrait sa première humidité, et pourrait fermenter si on ne le remuait de temps en temps.

De là naît la nécessité de renfermer le blé étuvé dans des récipiens bien clos et à l'abri de toute humidité.

Ce que j'ai déjà dit des fosses souterraines existantes, et les résultats des expériences que j'ai rapportées, serviront à justifier les opinions que je vais essayer de développer.

Le moyen de conservation qui devait se présenter le premier à la pensée des habitans des campagnes, assez pauvres pour ne pouvoir construire des greniers, ou plutôt à ceux qui redoutaient, soit le passage des armées, soit les effets de l'oppression, a été d'enfouir leurs récoltes ; mais ce moyen était dicté par la crainte et par la nécessité, qui n'admettent aucun calcul. Ces malheureux cultivateurs se déterminaient ainsi à courir les risques de perdre une partie de leur provision pour sauver le reste ; tandis que les peuples très-civilisés se proposent de conserver de grandes quantités de grains, sans en rien perdre ; et, à moins de circonstances favorables extrêmement rares, on ne peut atteindre ce but en se servant de fosses en terre, sans autre revêtement que de la paille [R].

Les fosses souterraines en maçonnerie ont été employées avec avantage dans des climats où les blés sont très-mûrs et très-secs, et dans un sol à l'abri de toute humidité. Mais en France, leur construction exigerait de grandes précautions ; et comme elles ont été négligées, l'expérience jusqu'à présent ne leur a pas été favorable. Je pense cependant encore qu'on pourrait tenter de nouvelles expériences avec succès, en se rapprochant des dispositions des fosses d'Amboise ou des poires d'Ardres, et en employant les procédés que je vais indiquer :

1.º Établir sur le sol une aire de maçonnerie, dont le dessus, enduit en mortier de chaux hydraulique, serait recouvert, avant d'élever aucun mur, d'une chape de bitume naturel ou factice et d'un carrelage, le tout afin d'intercepter l'humidité venant du sol ;

2.º Isoler entièrement les fosses des terres environnantes, au moyen d'une galerie ;

3.º Placer ces fosses à couvert sous quelque édifice, tel qu'une grange, une halle, des greniers publics, &c. ; ou, lorsqu'on n'a pas cet avantage, élever au-dessus une couverture, comme à Naples, qui est indispensable pour préparer, renfermer et extraire les blés à l'abri de la pluie ;

4.º Enduire tous les paremens intérieurs des murs et des voûtes, avec un mortier hydraulique bien lissé, non comme un préservatif parfait contre toute humidité, mais à cause de la dureté qu'il acquiert en très-peu de temps ; ce qui permettrait, si l'expérience en prouvait la nécessité, d'y appliquer quelques couches d'un vernis imperméable [S].

Si le sol n'était pas favorable, et en même temps pour plus grande sûreté contre l'humidité, il serait préférable d'établir les fosses à rez-de-chaussée, et même au-dessus.

J'ai présenté, dans les *Planches 6, 7, 8, 14* et *15*, quelques applications des moyens que je viens de proposer.

Caves des Greniers de Paris. Planche 6, Fig. 1.re

On les a utilisées jusqu'à présent en y renfermant quelques vins ; mais il conviendrait bien mieux, si cela était possible, de les faire servir à contenir des grains ; et c'est dans cette vue que j'avais fait établir en *A* une petite fosse d'essai. Il résulte de cette expérience dont j'ai parlé plus haut, qu'avec les moyens employés, qui étaient loin d'être parfaits, le blé s'est bien conservé dans le fond et du côté des murs à l'air libre, et qu'il s'est détérioré seulement près des gros murs appuyés contre les terres. Je pense donc qu'on pourrait établir, dans toute la longueur de l'édifice, des fosses qui occuperaient seulement les trois allées intérieures entre les piliers, et laisser les deux autres intervalles pour former une galerie continue, servant à isoler les fosses des murs de face. Les petits murs de division qui sont indiqués sur le plan, ne seraient élevés qu'après la construction de l'aire et de la chape en bitume que j'ai proposées.

Quoique le succès de ce projet ne me paraisse pas douteux, il faudrait ne l'adopter qu'après avoir construit, avec toutes les précautions recommandées, une nouvelle fosse d'épreuve, placée isolément entre quatre piliers, et dans laquelle on aurait déposé du grain étuvé par le meilleur procédé.

Si l'expérience réussissait, les quatre-vingt-cinq fosses donneraient les moyens de mettre en réserve 9,000 mètres cubes de grains.

Projet de Greniers publics avec Fosses à rez-de-chaussée. Planche 7.

Ce projet a été rédigé dans la supposition où il serait exécuté aux frais d'une ville en état de faire quelques sacrifices : mais comme ce cas n'est pas le plus général, j'ai indiqué, même planche, *Fig. 4* et *5*, les parties principales d'un autre projet, occupant la même superficie, et d'une construction moins dispendieuse. Ce second projet diffère essentiellement du premier, en ce que les fosses du rez-de-chaussée ont plus de hauteur, qu'il présente deux passages pour les voitures, placés aux extrémités du bâtiment, que les piliers et les poutres sont en bois, que la corniche en pierre, les refends du soubassement et ceux des angles ont été supprimés. Ces différences, sans diminuer les avantages de l'édifice, et en augmentant même la capacité des fosses, produisent une diminution d'environ un quart dans la dépense totale.

Les quatre étages, semblables dans les deux projets, peuvent contenir environ 3,000 mètres cubes de blé ; les fosses du premier projet, 2,000 mètres ; et celles du second, 4,000.

Magasins de conservation. Planche 8.

On voit dans le haut de cette planche un projet de magasins ou fosses à rez-de-chaussée, comme celles de Livourne, garanties par une couverture comme celles de Naples. Pour diminuer l'influence des variations de température, elles sont enveloppées par une galerie, dans laquelle les escaliers sont placés, et qui peut servir à entreposer les objets nécessaires au service.

Chacune de ces fosses peut contenir 100 mètres cubes de blé, et le magasin entier 1,000 mètres cubes, y compris 100 mètres qui resteraient en dépôt dans le grenier supérieur. La dépense totale pouvant s'élever à 60,000 francs, le loyer de chaque mètre cube reviendrait à 3 francs.

Dans la même planche, on trouve l'intention d'un grand magasin de conservation composé de trois étages de récipiens en maçonnerie, voûtés, au nombre de cent soixante, et séparés dans le sens de la longueur de l'édifice par quatre étages de galeries, qui en occupent le milieu. La galerie inférieure

sert au stationnement des voitures pendant leur chargement et leur déchargement. Les grains, parvenus dans les galeries supérieures par des ouvertures pratiquées dans leurs voûtes, sont versés à droite et à gauche dans les récipiens en pente.

On vide ceux-ci, lorsqu'il est nécessaire, par des ouvertures inférieures qui débouchent dans les galeries du pourtour, d'où le grain est reporté dans celle du milieu, pour être descendu et chargé dans les voitures.

Ces récipiens, ainsi élevés au-dessus du sol, seraient à l'abri de toute humidité. Ils pourraient être remplis et vidés avec une grande facilité, et contenir ensemble environ 20,000 mètres cubes de grains, c'est-à-dire, presque autant que les greniers de Paris, tels qu'ils devaient être exécutés. Un semblable édifice n'occuperait cependant qu'une superficie de 2,200 mètres carrés, ou un peu plus du quart de celle des greniers de Paris. La dépense des constructions, presque entièrement en maçonnerie de moellons, ne s'élèverait qu'à environ 800,000 francs, ce qui porterait le loyer d'un mètre cube de blé à 2 francs par an.

Petit Magasin de conservation. Planche 14.

Ce petit grenier conviendrait à tous les propriétaires et fermiers. On peut augmenter ou diminuer sa capacité ; mais je l'ai supposée de 100 mètres cubes ou 1,000 hectolitres, quantité qu'on peut considérer comme le terme moyen des produits d'une ferme, déduction faite de ce qu'il faut réserver pour la consommation journalière et pour les semences.

Cette construction extrêmement simple est formée de quatre murs et de deux voûtes en plein cintre, pour lesquels on peut employer toute espèce de matériaux. Quelques fers placés convenablement achèveraient de donner à ce petit édifice toute la solidité nécessaire. Il est inutile d'ajouter que les sacs seraient élevés au moyen d'une poulie extérieure jusqu'au grenier, où les ouvriers monteraient à l'aide d'une échelle ; que le blé sortirait naturellement par les ouvertures inférieures, &c.

La dépense, évaluée d'après les prix moyens des départemens, serait d'environ 5 à 6,000 francs, ce qui porte le loyer d'un mètre cube de grains, de 2 francs 50 centimes à 3 francs par an.

Ainsi, en conservant des blés étuvés dans des récipiens fermés, tels que ceux dont je viens d'indiquer quelques exemples, les prix de location annuelle seraient fort au-dessous de celui des greniers ordinaires.

On épargnerait en outre les frais de manutention, qui s'élèvent chaque année à 11 francs par mètre cube, ceux d'assurance contre les incendies, et l'on aurait seulement à déduire de la somme de ces bénéfices les frais d'étuvage, évalués à 1 franc 20 centimes par hectolitre.

Il est temps de terminer cet article, déjà trop long sans être complet. Si l'état de ma santé peut me le permettre, je reviendrai sur ce sujet intéressant, et je ferai connaître ce que le temps et de nouvelles observations auront pu m'apprendre.

Il ne me reste plus qu'à exprimer un vœu ; c'est de voir les savans et les artistes s'occuper du perfectionnement des étuves, ainsi que des magasins de conservation, et l'autorité accorder des encouragemens aux premiers propriétaires ou fermiers qui feraient construire des étuves et de petits magasins conformes à ceux qui auraient été établis préalablement aux frais du Gouvernement pour servir de modèles.

HALLES AUX GRAINS.

CES halles sont destinées spécialement à la vente des grains de toutes les espèces ; mais comme elle n'a lieu qu'en certains jours de la semaine et à des heures déterminées, elles servent, dans les intervalles, à la vente d'autres marchandises ou produits agricoles, tels que le fil, le chanvre et la toile. C'est encore sous ces halles que se tiennent, en quelques villes, les foires périodiques. Enfin, elles peuvent servir aussi, dans plusieurs circonstances, de lieu de rassemblement pour les habitans. Il en résulte que le programme d'un édifice de cette espèce doit varier selon les besoins et les usages de chaque localité. Il a d'ailleurs beaucoup de rapports avec celui des marchés, qu'on trouvera dans le IV.ᵉ Recueil.

Les premières halles aux grains, construites dans les bourgs et villages où se tiennent des marchés, consistaient dans une vaste couverture en charpente, portée par deux ou quatre rangs de piliers en pierre ou en bois, et sous laquelle les grains, les vendeurs et les acheteurs étaient à couvert. Quelques villes ont donné ensuite l'exemple de constructions plus monumentales, et en même temps rendues plus complètement utiles par l'addition d'un étage pour le dépôt des grains en attendant le marché suivant, et par celle de caves faisant l'office de serres pour le fil, le chanvre, la toile et autres marchandises qui s'accommodent des lieux frais.

On trouvera, dans les *Planches 9, 10, 11, 12* et *13*, des dessins relatifs à treize halles de dispositions très-variées, exécutées dans les principales villes de France; et dans les *Planches 14* et *15*, des projets de halles avec magasins de conservation.

Halle aux Blés de Paris. Planche 9.

Cet édifice, construit par l'architecte Camus de Mézières, fut commencé en 1762. Lorsqu'il fut achevé, on reconnut que la place destinée aux blés et farines était insuffisante, et l'on chercha à utiliser la cour au moyen d'échoppes fort incommodes. On conçut depuis la pensée de couvrir cette cour, qui a environ 39 mètres de diamètre , par une coupole en bois, selon le système de Philibert Delorme. Ce projet, proposé par MM. Legrand et Molinos, architectes, fut exécuté avec succès. Mais cette couverture étant devenue, quelques années après, la proie des flammes, plusieurs architectes présentèrent des projets pour sa reconstruction devenue indispensable.

Parmi les écrits publiés à ce sujet, le plus remarquable est un mémoire de M. Rondelet, où il expose les principes qui doivent diriger dans la construction des voûtes sphériques, discute la question de préférence à accorder à l'un des moyens proposés , et se décide en faveur d'une voûte en maçonnerie. Des craintes inspirées par des mouvemens manifestés dans quelques parties de cette halle, firent adopter une coupole en fer fondu, projetée et exécutée par M. l'architecte Bellanger, qui a eu pour collaborateur M. l'inspecteur Brunet.

J'espère pouvoir revenir sur cette construction importante dans le VII.ᵉ Recueil.

Halles de Lyon, Alençon, Vesoul, Carcassonne, Chaumont, Issoire, Haguenau, Amsterdam, Nantes, Amiens et Corbeil. Planches 10, 11 et 12.

Je n'ai pas, sur ces différentes halles, des renseignemens assez nombreux pour fournir la matière de notices particulières ; mais j'espère que les dessins suffiront pour faire connaître leurs dispositions.

Nouvelle Halle du Mans. Planche 13.

La charpente de l'ancienne halle étant en mauvais état et l'aspect de cet édifice produisant un effet désagréable, MM. les officiers municipaux résolurent d'en faire construire une nouvelle; et M. de Châteaufort, maire de cette ville, où j'avais résidé plusieurs années comme ingénieur , me fit l'honneur de me consulter sur cette construction et sur le choix d'un architecte. Je cherchai à répondre à cette marque de confiance, et j'indiquai M. Lusson, inspecteur du marché Saint-Germain, né dans le département de la Sarthe. Il fut agréé, et je lui remis un plan exact de la place de la halle, des profils du sol , un programme, et tous les renseignemens nécessaires qui m'avaient été adressés par M. le maire.

La première difficulté était de déterminer la forme et la situation de la nouvelle halle.

Toutes les fois que les localités le permettent, un parallélogramme rectangle est la forme qui convient le mieux au plus grand nombre des édifices, et sur-tout aux halles et marchés; mais la place du Mans, quoique assez vaste, est fort irrégulière, comme on peut le voir par le plan; les rues qui y aboutissent ne présentent aucune direction favorable au placement d'un édifice rectangulaire; enfin , ce qui est plus embarrassant encore, c'est que le sol de cette même place est en pente.

Après avoir comparé différens projets, la forme circulaire , malgré quelques inconvéniens, a obtenu la préférence , et l'édifice a été établi au centre de la place. Je crois, d'après les motifs précédens et la connaissance des localités, que l'on a pris le meilleur parti; mais, je le répète, ce n'est point cette forme qu'il faut adopter dans toute autre circonstance.

La halle est maintenant en construction, et doit coûter 160,000 francs. Je ne doute pas qu'elle ne fasse honneur au talent de l'architecte, et l'on en peut juger par les dessins, qui me dispensent d'entrer dans de plus grands détails. Je dirai un mot seulement sur la charpente qui couvre le centre, et à laquelle j'ai pris quelque part.

Il s'agissait de couvrir un espace circulaire, en ménageant des jours latéraux au-dessus du comble des bas-côtés, et en laissant une ouverture au sommet. Par conséquent il fallait éviter d'employer les moyens ordinaires et tout l'appareil des tirans, des poinçons, des contre-fiches, &c. La première idée qui se présentait, était une coupole sphérique selon le système de Philibert Delorme; mais ce système ne pouvait s'ajuster convenablement avec les jours latéraux dont je viens de parler.

Une voûte conique me parut, ainsi qu'à M. Lusson, préférable dans cette circonstance, et voici comment la charpente doit être exécutée : Des arbalétriers en ligne droite s'appuient à leur pied sur une ceinture horizontale composée de trois rangs de courbes bien boulonnées, et dont les pièces sont liées dans chaque rang par des assemblages à traits de Jupiter et par des plates-bandes en fer, ce qui s'oppose à tout écartement. Ces arbalétriers moisent à leur sommet une autre ceinture horizontale formée de deux rangs de bois, et qui laisse l'espace nécessaire au jour du milieu, couvert par une lanterne vitrée. Pour empêcher que les arbalétriers, quoique doubles, ne viennent à fléchir dans leur longueur, ils sont soutenus par deux autres ceintures intermédiaires, faisant l'office de pannes. Les dessins, *Planche 13*, achèveront de faire connaître exactement cette construction, qui exige du soin et de la précision dans son exécution.

Projets de Halles aux Grains avec Fosses et Magasins de conservation. **Planches 14 et 15.**

Je termine ce Recueil par deux projets de halles aux grains que j'ai supposé devoir être exécutés aux frais d'une grande ville. Dans le premier projet, la halle se compose d'un rez-de-chaussée voûté et d'un étage au-dessus pouvant servir de dépôt. J'ai indiqué, sous le rez-de-chaussée, des fosses pour la conservation d'une certaine quantité de grains. En prenant les précautions nécessaires et lorsque la nature du sol est convenable, il y aurait plusieurs avantages à placer les fosses dans le lieu même destiné à la vente. Elles seraient ainsi à couvert sans nouveaux frais, et fourniraient aux administrateurs locaux, lorsque le cas l'exigerait, les moyens de garnir le marché, de s'opposer au monopole et de calmer les inquiétudes; enfin, elles serviraient à éviter des frais de transport. Ce sont ces mêmes motifs qui m'ont conduit à ajouter, dans le second projet, un premier étage entièrement occupé par des magasins de conservation. Ces magasins seraient construits en bois, et revêtus intérieurement de feuilles de métal qui s'opposeraient à l'introduction des souris et des insectes, et qui, par le moyen de la soudure, formeraient un récipient hermétiquement fermé. Les feuilles de plomb ont déjà été employées avec succès; mais lorsqu'elles ont une faible épaisseur, on peut craindre les effets produits par les changemens de température et ceux de la maladresse des ouvriers. Le zinc aurait à-peu-près les mêmes inconvéniens. D'ailleurs, l'emploi de ces deux métaux donnerait lieu à une assez forte dépense. Je ne parlerai pas de la fonte de fer, avec laquelle on peut former des récipiens, mais dont l'emploi n'est pas applicable aux revêtemens. Je pense qu'il serait préférable sous plusieurs rapports, et sur-tout sous celui de l'économie, de faire usage du fer blanc, qui peut être soudé comme le plomb et le zinc, et qui, étant appliqué sur du bois et à l'abri de toute humidité, aurait une très-longue durée. Il n'est pas besoin de dire que ces magasins, compris entre deux planchers, peuvent être remplis et vidés avec la plus grande facilité et de la même manière que les poires d'Ardres, qui doivent être considérées comme le type des récipiens destinés à conserver le blé.

L'étage supérieur sous le comble servirait aux manœuvres nécessaires pour préparer le grain avant de le renfermer, et recevrait ensuite du blé en couche.

Cet édifice contiendrait donc, comme on vient de le voir, des fosses à grains, un dépôt de fil, chanvre, toiles et autres produits dans la galerie qui entoure ces fosses, une halle pour la vente, des magasins de conservation et un grenier ordinaire. Les fosses pourraient recevoir 1,000 mètres cubes de grains, les magasins 3,700, et le grenier 700; total, 6,000 mètres. Le loyer de cette quantité de grains, au prix moyen de 4 francs par mètre cube, serait de 24,000 francs par an; somme qui représente un capital de 480,000 francs, avec lequel on paierait et ferait au-delà la dépense totale de l'édifice, y compris la partie affectée à la vente; ce qui prouve qu'on peut trouver une grande économie en réunissant ainsi, par de sages combinaisons, la conservation et la vente des grains.

En m'occupant des halles aux grains, j'ai été conduit à parler encore des moyens de conservation; le vif intérêt que présente cette question m'a fait hasarder différentes idées que je n'ai pu développer suffisamment : mais j'espère que le moment n'est pas éloigné où quelques personnes instruites, qui s'occupent du même objet, feront connaître les perfectionnemens dont il est susceptible [T].

NOTES.

[A] Il paraît que les étrangers achètent quelquefois nos grains lorsqu'ils sont à vil prix, pour les conserver et nous les revendre lorsqu'ils ont acquis une plus grande valeur. Si ce genre de spéculation peut leur être avantageux, il le serait encore plus pour nous, qui n'aurions ni frais de transport à faire, ni avaries à craindre. On peut citer, en faveur des magasins de conservation, les sacrifices énormes que le Gouvernement a été obligé de faire pour se procurer des grains, et notamment en 1816, 1817 et années antérieures.

[B] J'ai adopté pour unité le volume et non le poids du blé, parce qu'il se vend à l'hectolitre, et que d'ailleurs il s'agit de la capacité des magasins destinés à le contenir. On a reconnu que le poids du grain varie beaucoup, suivant sa qualité. Le poids moyen d'un mètre cube de blé peut être évalué à 750 kilogrammes.

[C] Ce que j'ai dit sur la durée d'un approvisionnement de réserve, a lieu généralement, mais peut cependant varier : il en est de même de la hauteur des couches, qui dépend, non-seulement de l'âge du grain, mais encore de son état plus ou moins humide.

[D] Le moyen de tout concilier serait, lorsque les localités le permettraient, de pratiquer une petite dérivation du cours principal en la couvrant, et l'employant uniquement à faire mouvoir les machines et monter les sacs. On peut en voir un exemple en A et B, dans le projet que j'ai eu occasion de rédiger pour Saint-Maur, et dont on trouvera une petite esquisse sur le plan des abords du canal de ce nom, V.ᵉ Recueil.

[E] En multipliant les étages, on trouve économie dans la construction, facilités pour nettoyer les grains, et en outre un air plus propre à leur dessication.

[F] Lorsque les étages sont nombreux, les poteaux du rez-de-chaussée ont un très-grand poids à supporter; et dans ce cas, il convient de ne pas trop les écarter, puisque les poids, pour un même nombre d'étages, croissent comme les carrés des distances d'axe en axe, et par conséquent dans le rapport de 16 à 25, si l'on compare des distances de 4 et 5 mètres. Il convient aussi d'avoir égard, en fixant l'écarissage des poteaux, à la hauteur de l'étage, et il y a beaucoup d'avantage à réduire cette dernière.

[G] Je n'ai point fait entrer dans mon calcul les frais d'entretien et les impositions, dont il faut cependant déduire le montant du prix du loyer.

[H] Il est assez ordinaire que les *issues* soient cédées au meunier, ou que du moins elles restent au moulin.

[I] Les greniers de Paris, dans leur état actuel, peuvent contenir 45,000 sacs de farine, ce qui équivaut à la consommation de cette ville pendant un mois.

[K] Si l'on avait le projet d'élever quelque jour une partie de cet édifice (qui serait nécessairement celle du milieu, pour éviter le sol vaseux), il faudrait être bien sûr de l'égalité de résistance du sol; il y aurait ensuite à examiner si cette position conviendrait pour y rassembler une grande quantité de grains; s'il ne serait pas plus économique, vu l'éloignement des usines, d'employer la somme qu'on destinerait à élever, non sans quelque danger, l'édifice actuel, à construire de nouveaux magasins dans une meilleure position et suivant un autre système.

[L] Voici la traduction du passage de Varron :
« Quelques peuples sont dans l'usage de pratiquer leurs greniers »sous terre. Dans la Cappadoce et la Thrace, ce sont des grottes »qu'ils appellent *Sires* [σιρούς] : d'autres peuples, comme ceux de »l'Espagne citérieure et particulièrement sur le territoire de Carthage »(c'est-à-dire Carthagène) et des Osques, conservent le blé dans des »puits. Ils ont la précaution d'en couvrir le fond de paille, et »d'empêcher l'air et l'humidité d'y pénétrer, si ce n'est dans les mo-»mens où il en faut retirer pour l'usage, car le charançon ne peut »subsister où l'air ne pénètre pas. Le blé ainsi serré se conserve »cinquante ans, et le millet plus de cent. Quelques-uns ont la cou-»tume d'élever leurs greniers de manière que le plancher soit isolé »de terre, comme cela se pratique en quelques parties de l'Espagne »citérieure et de la Pouille. Dans ce cas, le blé se trouve *ventilé*,

» non-seulement à l'aide des fenêtres latérales du grenier , mais encore » par des ouvertures pratiquées dans le plancher. » (M. Varronis *de Re rusticâ* , lib. I.°, cap. LVIII.)

Pline , *Hist. nat.* lib. XVII , cap. LXXIII , ne fait que répéter en abrégé ce que Varron dit dans le passage précédent.

Columelle ne fait que redire plus brièvement encore ce que Varron dit des *Sires*.

[M] M. Petit-Radel , membre de l'institut , a observé au pied du mont Circello en Italie , dans les ruines d'un camp retranché et entouré de murs en pierres carrées , sans ciment , des fosses qu'il croit être du genre de celles que Varron appelle *Sires*. Ces fosses, pouvant avoir 6 pieds de diamètre , sont pratiquées dans l'épaisseur des murs, et elles ont la forme d'un cône tronqué. M. Petit-Radel , au premier abord , les prit pour des citernes ; mais n'y trouvant ni enduit , ni ciment , il conjectura qu'elles avaient été destinées à contenir le blé de la garnison. Il pense que ces monumens datent du temps de Tarquin , qui réduisit les Circéiens sous son obéissance , suivant Denys d'Halicarnasse.

On lit dans Lambrécius , préfet de la bibliothèque de Vienne en Autriche, lib. VI, pag. 316, qu'on conserve, parmi les curiosités de cette bibliothèque , un coffre qui fut trouvé plein de blé en 1664. Les dates des actes réunis à cette cassette constatent que le blé y avait été renfermé trois cent trois ans auparavant.

On trouve dans le Voyage en Sicile et à Malte, par Brydone, traduit par Demeunier, tome II, pag. 328, l'article suivant :

« Le blé a toujours été le premier article du commerce de la Sicile » et ce qui fait la richesse de l'île. Ces insulaires s'adonnent à plusieurs » autres branches de trafic, qui cependant ne pourraient pas être » comparées à celle-ci , s'ils vivaient sous un gouvernement libre, et » si l'importation était permise. Leur manière de conserver le grain » paraîtra un peu singulière à nos fermiers. Au lieu de l'exposer , » comme nous , en plein air , ils ont grand soin de le tenir soigneuse- » ment renfermé. Ils ont creusé en plusieurs endroits où le sol est sec , » sur-tout près d'Agrigente, de grandes cavités ou cavernes dans le » rocher. Ils y font un trou au sommet par où ils versent leur blé » lorsqu'il est extrêmement sec ; après l'avoir comprimé fortement , ils » bouchent le trou pour le préserver de la pluie , et on nous assure » que de cette manière le blé se conserve plusieurs années. »

Extrait de l'Histoire de P. S. Dumont, pendant son esclavage en Afrique.

« L'un des travaux qui me semblaient les plus rudes, était l'occupa- » tion aux *Matamores*. Ce sont de vastes souterrains renfermant du » blé pour le conserver. Il y en a de la grandeur d'un champ. On » les creuse jusqu'à la profondeur de 80 pieds. Ils sont larges à pro- » portion de leur longueur. Le fond en est planchéié ainsi que les » parois. On met des nattes sur les planches et d'autres planches sur » les nattes. On emplit ces immenses réservoirs jusqu'à la hauteur de » 70 pieds , ou, si l'on veut , à 10 pieds du niveau du sol. Alors , » même précaution que dans l'intérieur , c'est-à-dire , qu'on les ferme » avec des poutres, des planches, des nattes, et des planches encore » par-dessus. On les couvre de terre , sur laquelle on laboure et l'on » sème , comme sur tout autre terrain. Le blé s'y garde douze à quinze » ans, aussi frais qu'à l'époque où il fut déposé.

» Quand le cheik livre ses grains au commerce , il nous fait vider » ces établissemens ; le travail dure ordinairement deux ou trois mois. » Chacun de nous reçoit sur le dos un sac de 140 livres , qu'il faut » transporter en traînant sa chaîne , jusqu'à cinq ou six lieues de là par » les montagnes. Hommes, chevaux, mulets, *bouffanos* [bufles], » tout se confond et tout porte charge. En arrivant à la dernière mon- » tagne , sur le penchant de laquelle sont posées des nattes , chacun » vide son sac , et le grain coule du sommet au bas de la montagne.

» J'ai encore très-bien présente à la mémoire une famine qui se fit » sentir il y a dix-huit ans dans toutes les terres du Levant. Soixante » Adouars , les esclaves et les bêtes de somme , au nombre de trois » mille (hommes et animaux compris), furent employés deux mois » consécutifs à transporter le grain des *Matamores* à la dernière mon- » tagne. Le tas devint si haut qu'il en rasait la cime. Chose inouïe ! le » lendemain, quand nous revînmes verser notre dernière charge après » laquelle on attendait, le grain avait disparu ; on voyait la plaine » couverte d'une innombrable quantité de chevaux , de mulets , de » chameaux , d'éléphans , &c. , qui avaient tout enlevé en moins de » vingt-quatre heures. »

[N] La Feuille de commerce, du 15 août 1822, contient quelques détails sur une expérience pour la conservation des grains , faite par M. Delacroix, notaire à Paris. 135 hectolitres de blé avaient été déposés dans un silo ou puits creusé dans une masse calcaire, revêtu d'un enduit pareil à celui trouvé à Herculanum et jugé imperméable. L'entrée de ce silo est pratiquée dans une carrière. Toute espèce de contact avec l'air extérieur avait été soigneusement interdit par un couvercle en bois, un lit de paille et une pierre scellée. Un an après le dépôt, le blé a été reconnu s'être conservé sans aucune avarie. Les charan- çons contenus dans le blé enfoui étaient encore vivans, mais il parais- sait qu'ils n'avaient fait aucun tort aux grains.

[O] Les deux moyens pour opérer la dessiccation sont le renou- vellement de l'air et de la chaleur. On sait que le premier suffit, en employant périodiquement la pelle ou le ventilateur et beaucoup de temps ; mais il laisse aux grains la faculté de germer, et aux insectes celle de vivre. Le concours des deux moyens bien combinés peut seul satisfaire à toutes les conditions, sans altérer la qualité du blé et de la farine. On observe que, dans les étuves ordinaires, le blé étant en repos, il faut une trop grande chaleur pour parvenir à le dessécher, et il en résulte que la farine perd sa blancheur. Mais lorsque le blé est mis en mouvement, et que l'air, en se renouvelant continuellement, peut entraîner la vapeur à mesure qu'elle se forme, il ne faut qu'une chaleur très-modérée que l'on apprendra à régler par l'expérience. Je ne pense pas qu'il faille élever la température de l'étuve à plus de 60 degrés, sauf à employer un peu plus de temps. Cette chaleur, tou- jours à l'aide du mouvement, suffira également pour détruire les cha- rançons, leurs œufs, et à plus forte raison les autres insectes. Le blé ainsi desséché et privé de la faculté de germer, n'a plus rien à redouter des changemens de température ; il faut seulement le renfermer dans des récipiens à l'abri de l'humidité , des insectes et des influences hygrométriques trop sensibles.

[P] Le second moyen que j'indique exige l'emploi de deux vis d'Archimède ; mais on pourrait n'employer qu'une seule vis inclinée de 30 à 40 degrés. Le grain qu'elle élèverait descendrait ensuite sur un plan incliné parallèle, pour être remonté de nouveau. Cette ma- nœuvre serait répétée aussi souvent qu'il serait nécessaire ; et , comme l'inclinaison du plan pourrait ne pas suffire, on se servirait du mou- vement circulaire de la vis pour produire une espèce de trépidation qui aiderait à faire descendre le grain.

[Q] Il serait plus exact d'ajouter aux frais d'étuvage l'intérêt de la dépense de première construction ; mais cet objet est de peu d'impor- tance , sur-tout lorsqu'il s'agit d'une grande quantité de blé.

[R] Certains blés qui nous arrivent par Odessa et qui paraissent de même nature que ceux d'Afrique , ont un aspect glacé , une demi- transparence, une couleur rougeâtre, et sont sur-tout très-durs , de manière à casser sous la dent comme le *riz*, ce qui leur a fait donner quelquefois le nom de *riz jaune*. Ce blé, naturellement sec , paraît plus facile à conserver que celui qu'on cultive en France, ce qui pour- rait servir à expliquer le succès des moyens de conservation employés par quelques peuples.

[S] Les enduits de mortier faits avec la chaux hydraulique ne sont pas perméables ; les nombreux réservoirs qui en sont revêtus, et qui contiennent l'eau très-parfaitement , en fournissent la preuve. Mais cet enduit n'en est pas moins susceptible de se charger d'une quantité d'humidité qui pourrait peut-être nuire aux grains. Il est vrai que cet effet ne sera pas , très-probablement, à craindre , si les murs sont à l'air libre, ainsi que je l'ai proposé , et non pas appliqués contre les terres. Cependant, on pourrait y ajouter , si cela était reconnu indispensable , ce que j'appelle un vernis imperméable , ou bien une couche de mastic, connu sous le nom de *mastic de Dilh*, et plus an- ciennement sous celui de *mastic Corbet*. Il entre également dans tous les deux de l'huile et de la litharge, et ils ne diffèrent qu'en ce que, dans celui de Corbet , on ajoute du sable tamisé et en poudre très-fine , et dans l'autre du sable très-fin et de la poussière de pierre calcaire. Ce mastic revient à un très-bas prix lorsqu'on prend la peine de le prépa- rer soi-même. Il n'a pas une très-longue durée lorsqu'il est exposé aux intempéries , et sur-tout au soleil ; mais il serait inaltérable dans les fosses, et n'aurait d'autre inconvénient que son odeur, qui se dissipe à la longue , et à laquelle il serait possible de remédier.

[T] M. Busche, directeur de la réserve des grains, et M. Clément , chimiste distingué , se proposent , à ce qu'il paraît , de publier le résultat de leurs recherches sur la conservation des grains, qu'ils con- sidèrent sous des points de vue différens.

GRENIERS PUBLICS
ET
HALLES AUX GRAINS.

II.ᵉ RECUEIL.

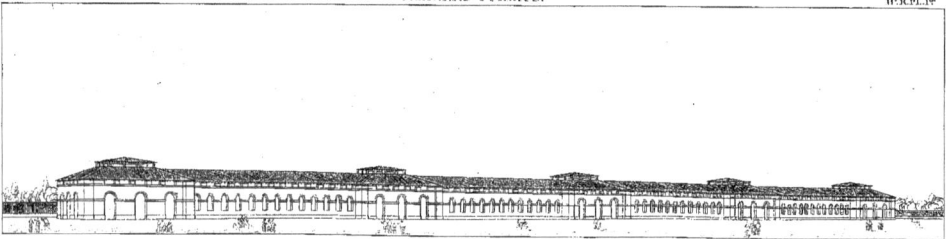

Paris.

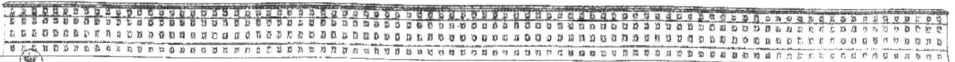

Naples.

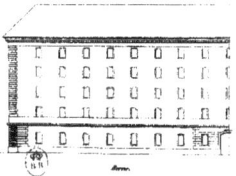

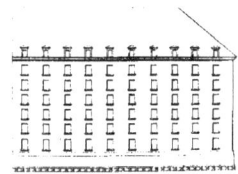

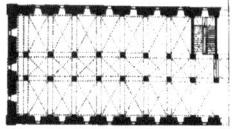

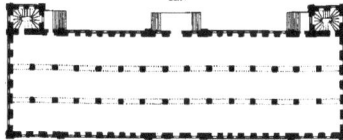

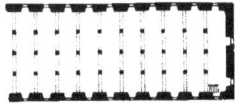

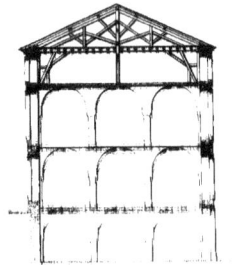

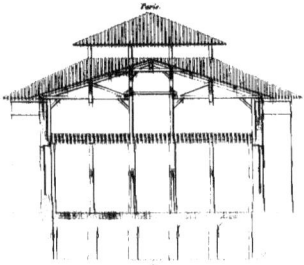

Paris.

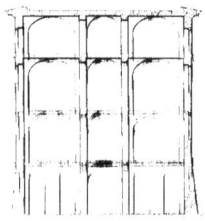

Lyon.

Avon.

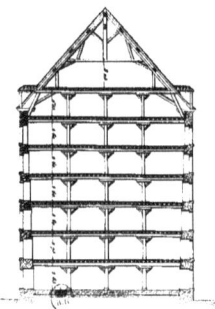

Verdun.

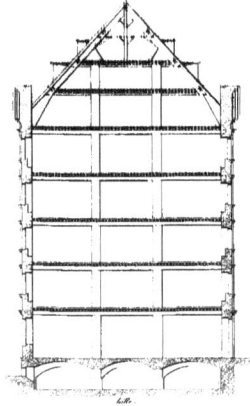

Lille.

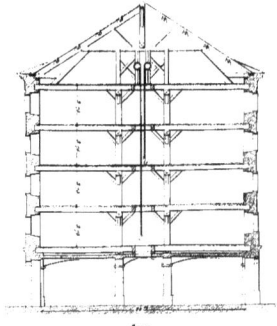

Arras.

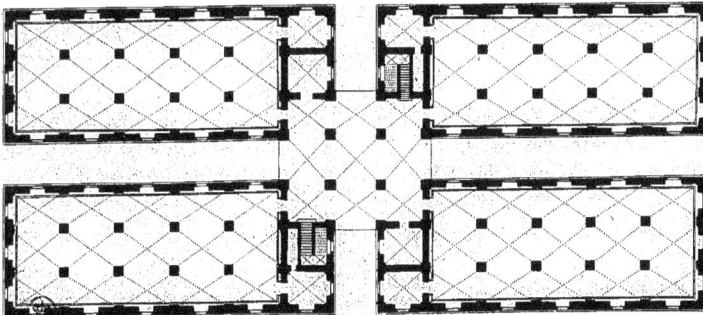

GRENIERS PUBLICS (Gênes)

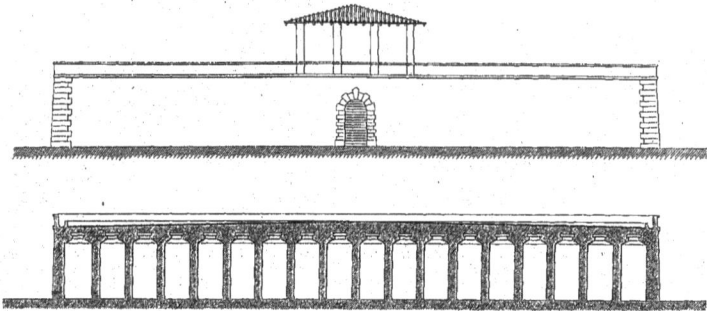

Livourne.

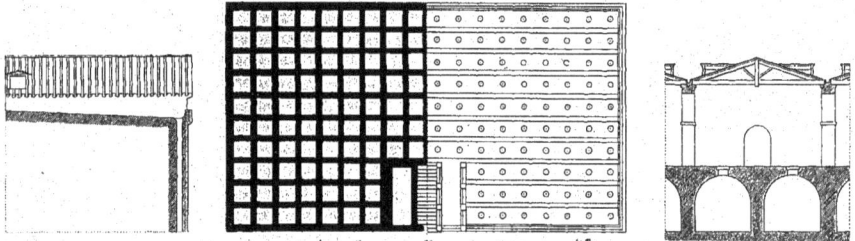

Naples. *Naples.*

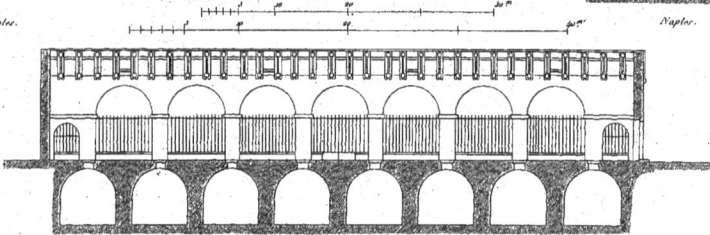

Naples.

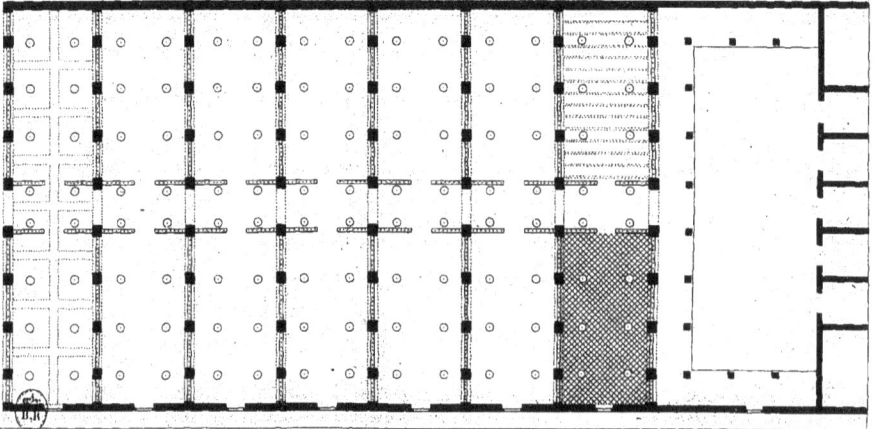

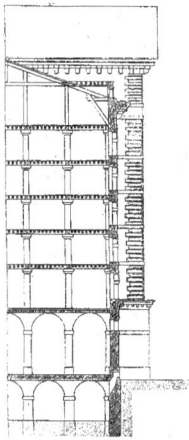

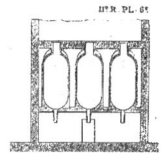

Fig. 4.

Fig. 2.

Fig. 3.

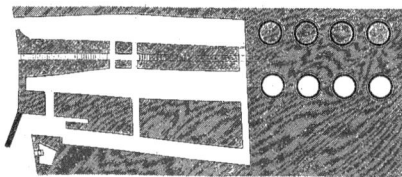

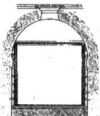

Fig. 1. Plan des Caves des Greniers de Paris.

2. Coupe double Greniers tels qu'ils auraient été projetés.

3. Greniers d'Abondance attribués à Jules César.

4. Foires dédoublée.

5. Fosse à grains pratiquée au point A. du Plan des Caves des Greniers de Paris.

Fig. 5.

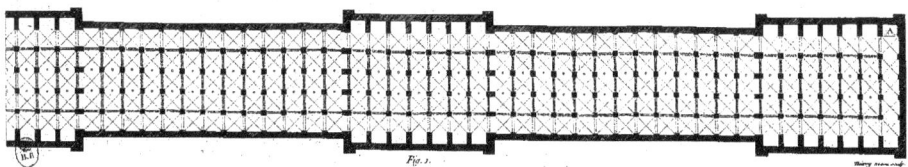

Fig. 1.

Thierry scan sculp.

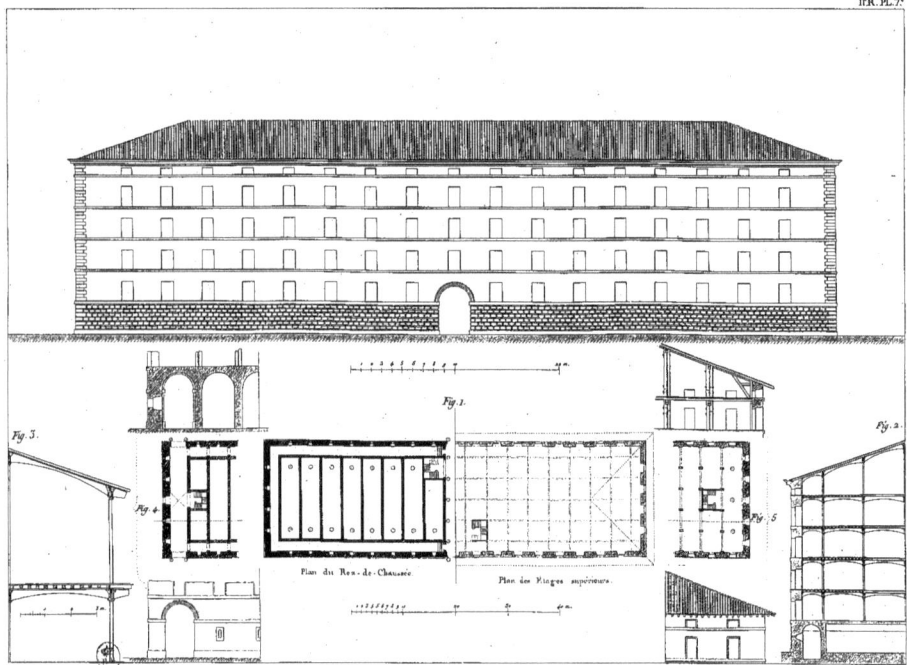

Fig. 1.

Fig. 3.

Fig. 4.

Fig. 2.

Fig. 5.

Plan du Rez-de-Chaussée.

Plan des Étages supérieurs.

PROJET DE GRENIER PUBLIC.

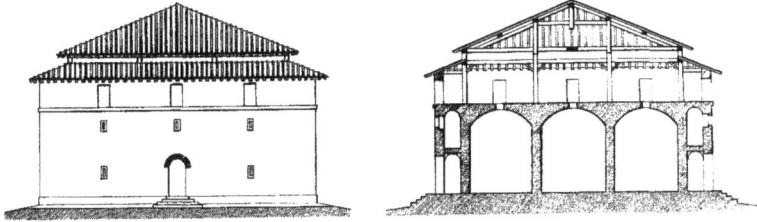

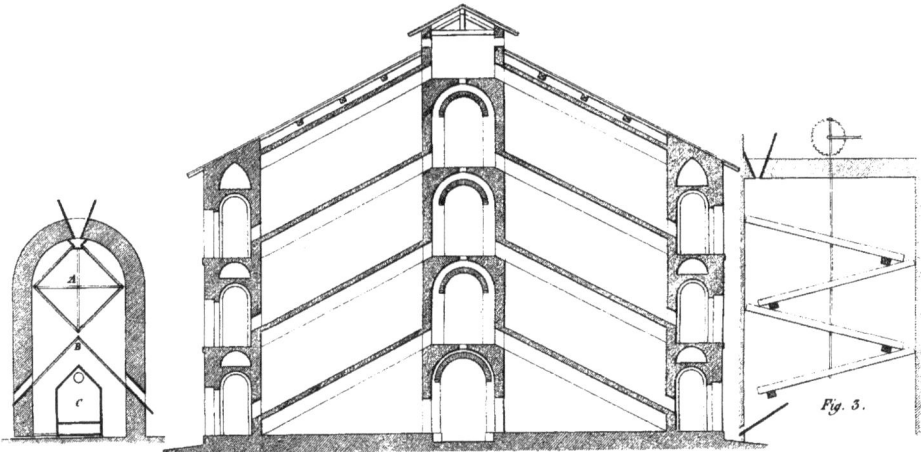

Fig. 1.

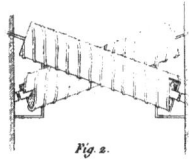

Fig. 3.

Fig. 2.

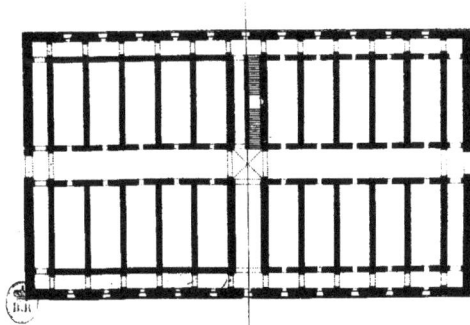

PROJETS DE MAGASINS DE CONSERVATION.

Thierry neveu sculp

Halle aux Grains (Paris)

Echelle de l'élévation

Echelle du Plan

HALLES AUX GRAINS.

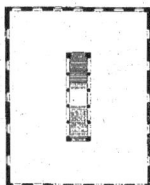

1.er Étage.

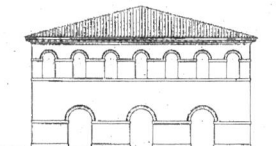

Lyon.

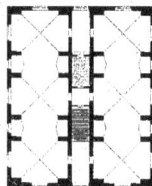

Rez de Chaussée.

Abancon.

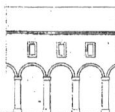

Varzal.

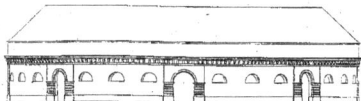

Meaux.

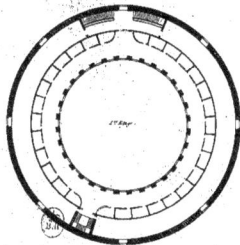

1.er Étage.

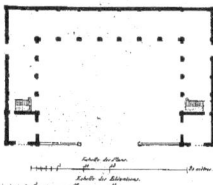

Échelle des Plans.

Échelle des Élévations.

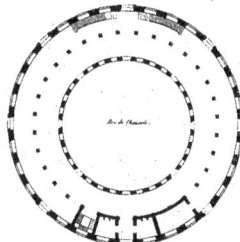

Rez de Chaussée.

HALLES AUX GRAINS.

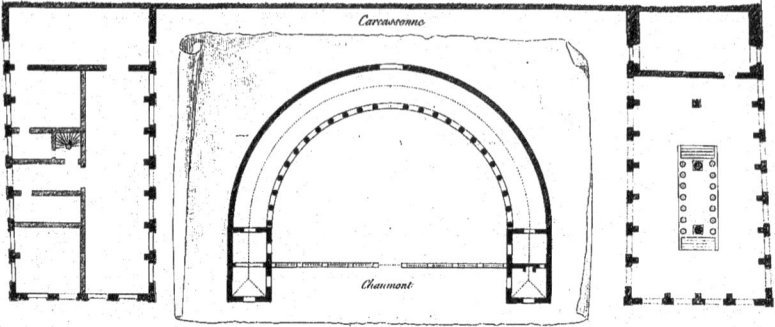

Carcassonne.

Chaumont.

Haguenau.

Chatelet.

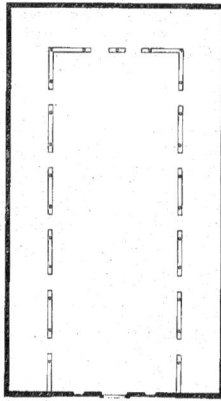

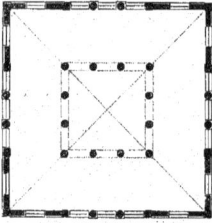

Lezière.

Vire.

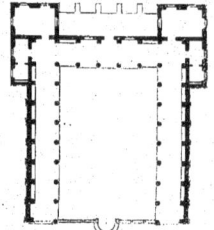

Amsterdam.

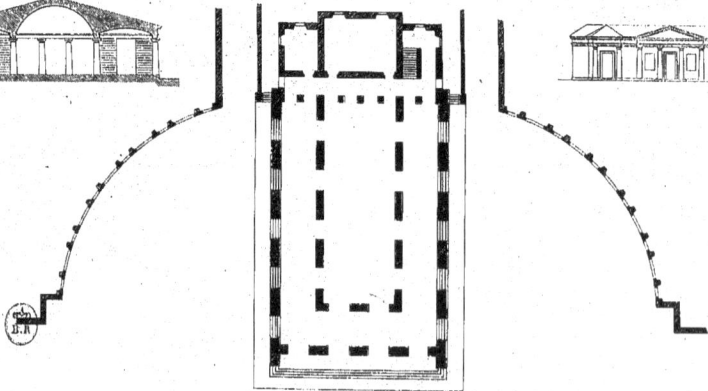

Reims.

Corbeil.

Nantes.

Corbeil.

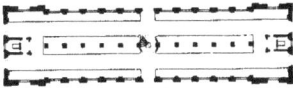

Rez de Chaussée.

1.ᵉʳ Étage.

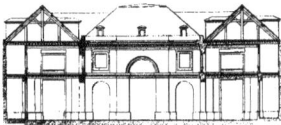

Amiens.

Amiens.

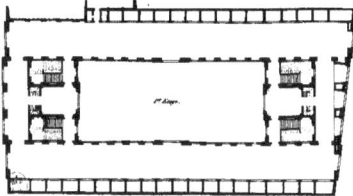

1.ᵉʳ Étage.

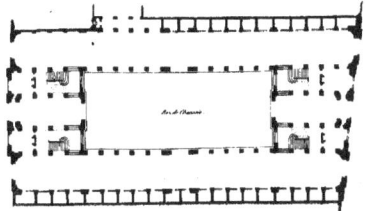

Rez de Chaussée.

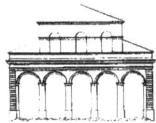

Échelle des Plans.

Échelle des Élévations.

A.   Ancienne Halle.
B.   Nouvelle Halle.

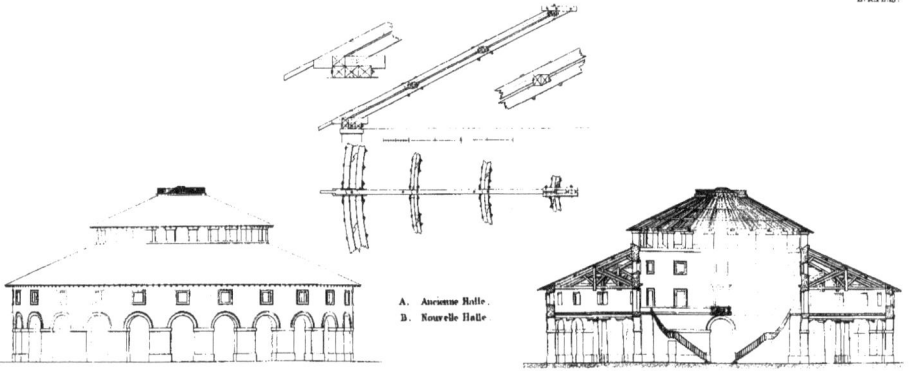

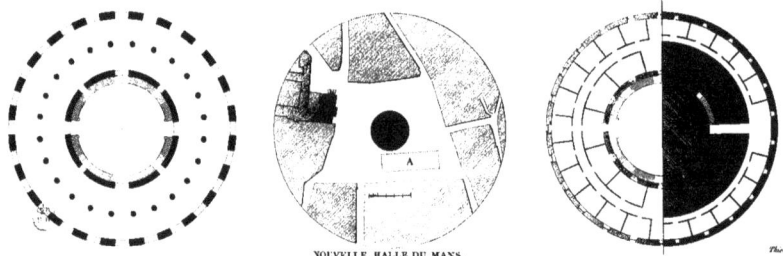

NOUVELLE HALLE DU MANS.

Thierry nepos sculp.

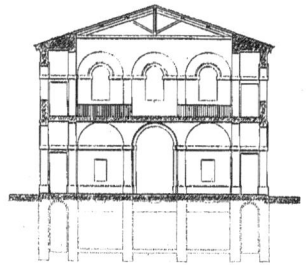

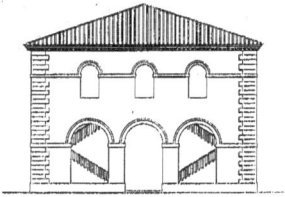

Projet d'une Halle aux Grains.

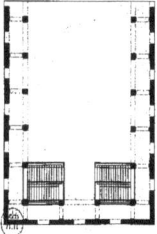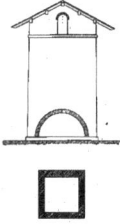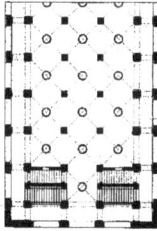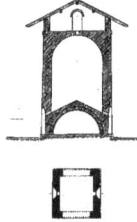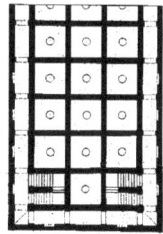

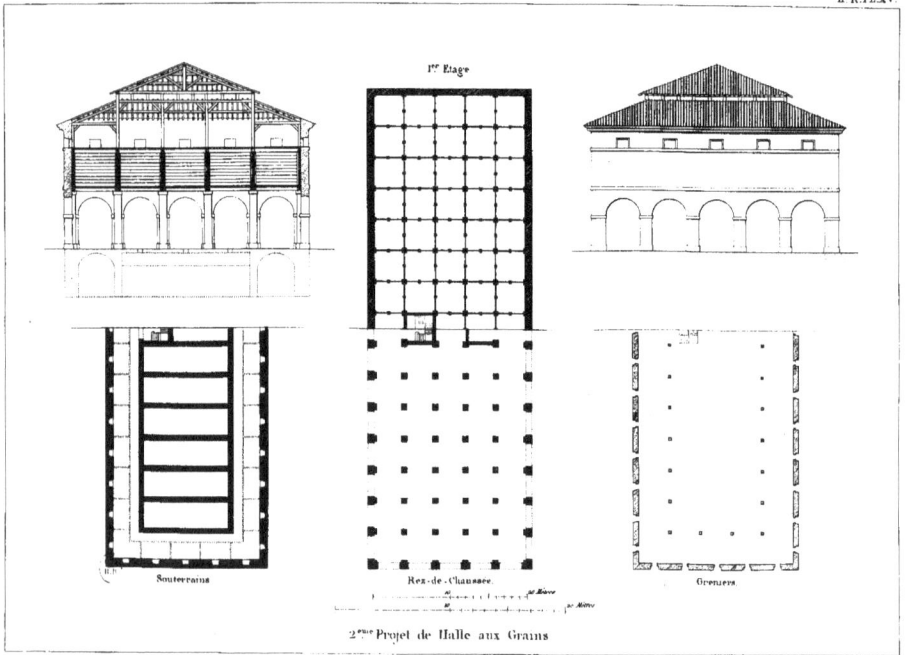

1ᵉʳ Étage

Souterrains

Rez-de-Chaussée.

Greniers

2.ᵐᵉ Projet de Halle aux Grains

ÉTUDES

RELATIVES

A L'ART DES CONSTRUCTIONS,

RECUEILLIES

Par L. BRUYÈRE,

OFFICIER DE LA LÉGION D'HONNEUR, INSPECTEUR GÉNÉRAL DES PONTS ET CHAUSSÉES, MAÎTRE DES REQUÊTES, ET ANCIEN DIRECTEUR DES TRAVAUX DE PARIS.

L'Ouvrage sera divisé en douze Recueils, ainsi qu'il suit, SAVOIR :

3.ᵐᵉ RECUEIL.

Chacun de ces Recueils, qui équivaudra à deux livraisons ordinaires, sera composé de douze à quinze planches, y compris le frontispice, et d'un texte explicatif.

Le premier Recueil a paru le 1.ᵉʳ décembre 1822, et les suivans de deux en deux mois.

A PARIS,

Chez BANCE aîné, Éditeur, rue Saint-Denis, n.° 214.

1823.

ÉTUDES

RELATIVES

A L'ART DES CONSTRUCTIONS,

RECUEILLIES

Par L. BRUYÈRE,

OFFICIER DE LA LÉGION D'HONNEUR, INSPECTEUR GÉNÉRAL DES PONTS ET CHAUSSÉES,
MAÎTRE DES REQUÊTES, ET ANCIEN DIRECTEUR DES TRAVAUX DE PARIS.

Nisi utile est quod facimus, stulta est gloria.
Phèdre, *fab. 17, liv. III.*

III.ᵉ RECUEIL.

PONTS EN FER.

TABLE DES PLANCHES DE CE RECUEIL.

PONTS EN FER.

Dans l'origine des sociétés, la terre étant couverte de forêts, les ponts durent être construits en bois. Les anciens peuples, et notamment les premiers Romains, se contentèrent long-temps de ce système de construction, ainsi que l'attestent quelques bas-reliefs antiques et les rapports des historiens.

Plus tard, les Romains ont fait construire des ponts en ma-çonnerie dont il reste encore de nombreux vestiges; mais rien ne paraît prouver qu'ils aient jamais pensé à construire des ponts en fer. Leur goût pour l'architecture monumentale devait les éloigner de ce genre de construction, qui suppose d'ailleurs un degré de perfectionnement dans la métallurgie auquel ils n'étaient pas parvenus.

C'est dans l'Italie moderne et en France que cette idée paraît avoir pris naissance; mais il y avait loin des premiers projets, restés sans exécution, aux ponts construits de nos jours par les Anglais, qui peuvent être regardés comme les créateurs de ce nouveau moyen.

Les ponts en fer, encore en petit nombre et d'une exécution toute récente, ont déjà donné lieu à d'intéressantes recherches, parmi lesquelles on doit citer le travail manuscrit de M. La-mandé, fait à l'occasion de son projet pour le pont de l'École militaire; le chapitre III du Traité des ponts de M. Gauthey, et un Mémoire sur la résistance du fer par M. l'ingénieur Duleau. Il reste à désirer que les résultats obtenus par l'exécu-tion des grands travaux de ce genre en Angleterre, et qui malheureusement sont trop peu connus, fournissent les moyens de diriger les ingénieurs dans la composition des projets.

A la vérité, dans un pays tel que la France, qui abonde en matériaux propres à la maçonnerie, il est peu probable qu'il se présente des occasions fréquentes d'exécuter des ponts en fer; cependant il n'est aucun moyen qui ne puisse trouver une application utile dans certaines circonstances; et loin d'en proscrire aucun, il convient de les étudier tous et de chercher à bien connaître leurs avantages ou leurs inconvéniens.

Ces motifs m'avaient conduit à rassembler (il y a déjà un grand nombre d'années) les dessins et les renseignemens que j'avais pu me procurer, et qui depuis ont été publiés en grande partie. On les retrouvera probablement encore, mais avec un nouvel intérêt, dans l'ouvrage de M. Dupin sur les travaux de l'Angleterre, si impatiemment attendu. Quoi qu'il en soit, comme la plupart des planches de ce Recueil étaient gravées depuis long-temps, et qu'elles l'ont été avec soin, j'ai cru devoir les conserver. Ceux qui prendront la peine de jeter les yeux sur quelques projets dont je me suis occupé dans les momens bien courts dont j'ai pu disposer, pourront en même temps comparer les différens systèmes des principaux ponts exécutés.

Pour faciliter cette comparaison, j'ai rassemblé dans la pre-mière planche, et sur une même échelle, le plus grand nombre des ponts dont je présente quelques détails dans les planches suivantes.

Comme on trouve dans l'ouvrage de M. Gauthey ce qui concerne les premiers ponts en fer projetés en France, je me dispenserai d'en parler, et je me bornerai à la description som-maire de quelques-uns de ceux en fer fondu construits en Angleterre et en France depuis environ cinquante ans, et dont les principaux sont, pour l'Angleterre, ceux de Coalbrookdale, de Sunderland, de Staines, du Vauxhall, de Southwark; et pour la France, ceux du Louvre ou des Arts, du Jardin du Roi, &c.

Pont de Coalbrookdale sur la Severn. Planche 2.

Il a été commencé en 1773 par deux maîtres de forge célèbres, MM. John Wilkinson et Abraham Darby, et c'est le premier pont de fer fondu exécuté en Angleterre. Il consiste en une seule arche de 30 mètres 63 centimètres d'ouverture et de 15 mètres de flèche, composée de cinq fermes distantes

entre elles de 1 mètre 49 centimètres. Chaque ferme est formée d'une courbe principale de 21 centimètres de largeur sur 133 millimètres d'épaisseur, et de deux autres arcs concen-triques de 146 millimètres d'écarrissage, ayant leur naissance au même niveau, et dont le premier est fait de deux pièces qui s'assemblent au sommet de l'arche. Les trois courbes sont réunies et maintenues à égale distance par des montans nor-maux fixés par des boulons sur ces mêmes arcs. Le pied de ces derniers porte sur une plaque en fonte de 10 centimètres d'épaisseur, établie sur un massif en maçonnerie. Cette plaque reçoit aussi le pied de montans verticaux assemblés par des traverses. Le plancher est formé de plaques en fonte qui sup-portent une chaussée composée de scories et d'argile.

On remarque dans les deux culées établies sur un rocher calcaire de nature très-variable et présentant de nombreuses fractures, plusieurs lézardes qui paraissent dues aux inégalités de résistance du sol, mais qui n'ont aucune influence sur la solidité de l'arche.

Pont de Sunderland. Planches 3 et 4.

Il est établi sur la rivière de Wear, dans le comté de Durham, et formé d'une seule arche en portion de cercle de 72 mètres d'ouverture et 10 mètres 36 centimètres de flèche. Sa construction, commencée en septembre 1793 et terminée en août 1796, a été entreprise par M. Rowland Bourdou, membre du Parlement, d'après les projets et sous la direction de l'ingénieur Wilson. Sa grande ouverture et son élévation, de 31 mètres au-dessus des eaux de la rivière, ont été motivées par la nécessité de donner passage aux bâtimens de commerce de 2 à 300 tonneaux. L'une des rives présentait un roc escarpé sur lequel il était facile d'établir la culée; on a été obligé d'élever la seconde entièrement en maçonnerie.

Cette grande arche est composée de six fermes espacées de 1 mètre 86 centimètres, et les fermes sont divisées en voussoirs évidés (1).

L'ensemble de ces voussoirs juxtaposés offre trois arcs con-centriques de 153 millimètres de largeur sur 87 millimètres d'épaisseur, réunis par des montans normaux de 38 centi-mètres de longueur et 51 millimètres de largeur. Chaque châssis ou voussoir n'a que 736 millimètres de longueur sur 1 mètre 524 millimètres de hauteur : ils sont maintenus et assemblés par des arcs en fer forgé, encastrés dans des rai-nures pratiquées de chaque côté des arcs en fonte, auxquels ils sont fixés par des boulons à écrou. Les fermes sont liées entre elles, dans le sens du voussoir, par des entretoises for-mées par des tuyaux de 102 millimètres de diamètre ; ces entretoises sont placées alternativement à l'extrados et à l'in-trados, et portent à leurs extrémités deux branches en retour percées de trous correspondans à ceux des arcs et destinés à recevoir des boulons.

Les tympans sont remplis par des cercles qui vont en dimi-nuant de diamètre jusqu'au sommet, et qui portent les pièces transversales du plancher en charpente. Ce dernier est garanti par une couche de ciment composée de goudron et de chaux, et il est recouvert d'une chaussée en gravier.

Cette grande arche, qui a été établie sur un échafaudage très-léger, a coûté environ 625,000 francs (2).

Ce pont et ses détails ont été gravés en Angleterre avec

---

(1) On attribue à Payne la première idée du système des voussoirs, dont il a fait l'application à l'une des constructions dépendantes des forges de MM. Walkers de Rotheram.

(2) On avait répandu le bruit, à Londres, que le pont de Sunderland avait éprouvé des avaries. Un ingénieur français, qui était alors en Angleterre, l'a visité en octobre 1821, et l'a trouvé en bon état, les courbes bien régulières, et les parapets parfaite-ment alignés. Il remarqua cependant qu'on avait placé, à la hauteur de l'arc interné-diaire, des entretoises en croix entre les fermes, de manière à former de grands con-trevens; que plusieurs bandes de fer forgé avaient été également placées en contrevens sur les arcs supérieurs, et d'autres petites bandes sur quelques voussoirs. Ces mesures de précaution sembleraient annoncer que la construction avait un peu souffert. Le même ingénieur attribuait les mouvemens qui pouvaient avoir eu lieu, à la convexité très-sensible du plancher, circonstance qui tend à diminuer beaucoup la stabilité, sur-tout pour une arche d'une aussi grande ouverture. Je reviendrai sur cette question un peu plus tard.

beaucoup de soin, en deux planches, d'après lesquelles on a tracé celles de ce Recueil.

Pont de Staines. Planche 5.

Ce pont, construit comme le précédent par M. l'ingénieur Wilson, est situé sur la Tamise, à 17 milles de Londres. Il est d'une seule arche en arc de cercle de 54 mètres 85 centimètres de corde et 4 mètres 88 centimètres de flèche, composée de six fermes espacées de 1 mètre 83 centimètres de milieu en milieu.

Les fermes sont divisées en voussoirs, formés de deux arcs concentriques de 15 centimètres de largeur sur 108 millimètres d'épaisseur, et de montans normaux. La longueur moyenne des voussoirs est de 1 mètre 474 millimètres (double de celle des voussoirs du pont de Sunderland), ce qui a permis d'adapter un cours d'entretoises à chaque joint. La forme de ces entretoises ou châssis transversaux en fonte est exprimée *Fig. 5.* Les voussoirs ont à chacune de leurs extrémités des entailles ou *mortaises*, dans lesquelles peuvent entrer des tenons mobiles. Au moyen de coins de fer chassés dans les lumières pratiquées tant aux abouts des voussoirs que dans les tenons, on parvient à rapprocher les voussoirs et à les amener à ne présenter qu'un joint insensible.

Les tympans sont remplis, comme au pont de Sunderland, par des cercles tangens entre eux et à l'archivolte, et sur lesquels repose la plate-bande qui porte le plancher; celui-ci est formé de plaques de fonte de 609 millimètres de largeur, garnies de contreforts destinés à augmenter la résistance, surtout dans le milieu.

Le reproche principal que l'on fait à ce système, c'est qu'il serait très-difficile et peut-être même impossible de remplacer certaines pièces si elles venaient à se rompre.

Après plusieurs réparations infructueuses, ce pont a fini par tomber : on a attribué sa chute à l'insuffisance d'une des culées *qui aurait glissé horizontalement sur sa base sans éprouver aucun dérangement* (3). Ce fait peut paraître douteux; mais dans tous les cas, il est fort à regretter qu'on n'ait pas de renseignemens détaillés et précis sur les causes de cet événement ; ils contribueraient sans doute à donner des lumières sur la composition des projets de ces sortes de ponts.

Ponts du Vauxhall et de Southwark à Londres.

Ces deux ponts, nouvellement construits sur la Tamise, sont les plus remarquables de ce genre, sur-tout le dernier. Malheureusement les dessins et les notices que je me suis procurés ne sont pas concordans et me paraissent trop peu exacts pour en faire usage. Je me bornerai donc à rapporter quelques dimensions principales de ces deux monumens.

Le pont du Vauxhall, construit par M. l'architecte Walker, est composé de neuf arches égales, d'environ 26 mètres d'ouverture, dont la forme se rapproche de celle d'un demi-cercle, et dont les arcs portent sur des retraites de piles en pierre qui s'élèvent ensuite jusque sous le plancher. Chaque arche ou travée est formée de dix fermes, entretenues entre elles par des tirans ou barres de fer. La longueur, d'une tête à l'autre, est de 11 mètres.

Le pont de Southwark, construit par M. John Rennie, commencé en 1814 et terminé en 1818, consiste en trois arches en fonte, s'appuyant sur des piles et des culées en granit d'Écosse.

L'arche du milieu a 73 mètres 15 centimètres de corde et 7 mètres 315 millimètres de flèche ; chacune des deux latérales, 64 mètres 8 millimètres de corde et 6 mètres 40 centimètres de flèche. L'épaisseur des piles est de 7 mètres 315 millimètres ; la largeur du pont, d'une tête à l'autre, de 12 mètres 80 centimètres.

Chaque travée est formée de huit fermes, qui présentent un archivolte plein en fonte de 2 mètres 134 millimètres de hauteur, composée de treize plaques ou voussoirs de 6 mètres 10 centimètres de longueur et 89 millimètres d'épaisseur.

Le pont est entièrement couvert en plaques de fonte avec rebords, et fortifiées par des traverses qui les divisent en cases. La corniche et les garde-corps sont également en fonte (4).

Le poids du métal employé dans la construction des trois arches, est de 5,664,519 kilogrammes.

On avait estimé que sa dépense s'élèverait à 8 millions, et celle des ouvrages accessoires à 4 millions.

Les ponts du Vauxhall et de Southwark ont été construits aux frais de compagnies, au moyen de la concession de péages temporaires.

Il a été construit en Angleterre plusieurs autres ponts de fer d'assez grandes dimensions. On cite ceux de Buildwash, de Bridgewater, d'Yarm sur le Tees, &c. &c., mais on n'en connaît pas exactement les dispositions; quelques-uns mêmes sont tombés après le décintrement, ce qui peut faire regretter encore davantage de ne pas connaître les détails de leur construction.

Quoique Paris ne se trouve pas dans les mêmes circonstances que Londres, on y a construit deux ponts en fer, celui du Louvre ou des Arts et celui du Jardin du Roi.

Pont du Louvre ou des Arts. Planche 6.

C'est le premier pont de fer construit en France. Les projets en ont été rédigés par M. de Cessart, inspecteur général des ponts et chaussées, et son exécution a été confiée à M. Dilon, qui a fait quelques changemens aux premières dispositions.

Il est composé de neuf arches de 17 mètres 34 centimètres d'ouverture entre les piles, qui ont 1 mètre 95 centimètres d'épaisseur au-dessus des retraites.

Les arches sont composées de cinq fermes, espacées de 2 mètres 435 millimètres de milieu en milieu. Chaque ferme présente un grand arc de fonte de 162 millimètres de largeur sur 81 millimètres d'épaisseur, formé de deux pièces assemblées au milieu de l'arche. Le pied de cet arc repose sur des supports en fonte encastrés dans la maçonnerie au sommet des piles. Sa corde est de 18 mètres 51 centimètres, sa flèche de 3 mètres 25 centimètres. D'autres arcs plus légers, qui viennent s'appuyer sur les premiers, soutiennent la partie du plancher correspondante aux tympans.

Du milieu de chaque pile s'élèvent des montans verticaux qui s'assemblent au sommet des petits arcs, et qui sont consolidés par des contre-fiches portées sur les grands.

Les fermes sont liées entre elles par des entretoises horizontales fixées sur ces grands arcs.

Dans l'origine, les cinq montans verticaux étaient entretenus par une seule traverse, et manquaient de contrevens dans leur partie supérieure. Un jour de fête publique, la foule qui s'appuyait sur l'une des balustrades s'étant subitement portée d'une tête à l'autre, il en résulta un mouvement de vibration très-prononcé, qui a fait prendre le parti d'ajouter quelques contrevens entre les montans verticaux.

En général, l'aspect de ce pont, à l'usage des gens de pied seulement, est agréable et porte un caractère de légèreté qui convient à sa destination.

Pont du Jardin du Roi. Planches 7 et 8.

Il a été commencé en 1800 et terminé en 1806 par M. Lamandé.

Il est composé de cinq arches, portées sur des piles en pierre de 3 mètres d'épaisseur au niveau des naissances placées à 6 mètres 80 centimètres de hauteur au-dessus des basses eaux. Leur forme est celle d'un arc de cercle, dont la corde est de 32 mètres 235 millimètres et la flèche de 3 mètres 235 millimètres.

Les fermes, au nombre de sept, espacées de 2 mètres 2 centimètres, sont divisées en châssis ou voussoirs de 1 mètre

---

(3) Mémoires sur les travaux publics de l'Angleterre, par M. Dutens.

(4) Il résulte des observations faites par le fils de M. Rennie, sur les effets de la température, qu'avant la pose du plancher en fonte, le milieu de l'arche principale s'est élevé verticalement de 0 mètre 00763 par chaque augmentation de 10 degrés de chaleur ; d'où l'on a conclu que le point zéro au 90.e degré du thermomètre de Farenheit, l'exhaussement de l'arc serait de 0 mètre 06858.

59 centimètres de longueur, composés de trois portions d'arcs concentriques de 68 millimètres d'épaisseur sur 135 millimètres de hauteur, liés par des montans normaux de même épaisseur que les arcs, et 6 centimètres de largeur.

Les tympans sont remplis par d'autres châssis en prolongement des premiers, et composés également de portions d'arcs réunis par des montans normaux.

Les fermes sont liées entre elles par des entretoises carrées et en fonte de 68 millimètres de grosseur, terminées en forme de T, dont les deux branches, traversées par des boulons, servent à lier les voussoirs contigus.

Les trottoirs de ce pont sont en dalles de pierre, et le plancher en bois est couvert par une chaussée en cailloutis.

Deux ou trois ans après sa construction, on s'aperçut, à la première arche du côté du Jardin du Roi, que plusieurs des montans intermédiaires qui relient dans chaque voussoir les arcs principaux, présentaient, sur-tout en approchant de la culée, des commencemens de fissure, et quelquefois même une séparation complète, aux angles des pans coupés qui raccordent ces petits montans avec les arcs. Les extrémités fracturées de quelques-uns se désafleuraient de 2 à 3 millimètres. Ces effets ont été attribués d'abord au dérangement ou à l'omission de quelques cales, et sur-tout aux défectuosités de la fonte (5).

Comme la rupture de ces petits montans ne pouvait compromettre la sûreté du pont, on attendit le résultat de nouvelles observations, et les mêmes effets commencèrent bientôt à se manifester dans les tympans à toutes les naissances des arches, mais toujours d'une manière moins sensible que près des culées, et sur-tout près de celle du Jardin du Roi. Il a fallu dès-lors les attribuer à une cause principale commune, sans qu'on ait pu cependant reconnaître jusqu'à présent aucune loi constante dans ces effets. Il n'y avait d'ailleurs rien d'alarmant, puisque les coussinets, les entretoises et les autres parties importantes du système étaient restés intacts.

Je ne parle de ces circonstances que dans l'intérêt de l'art et pour en rechercher les causes, seul moyen d'établir ce qu'il convient d'imiter ou d'éviter dans les constructions de ce genre.

Malgré tous les soins apportés dans la pose des voussoirs, et malgré la résistance des cales en cuivre, les arches ont éprouvé un certain tassement après le décintrement. Ce tassement n'a pu avoir lieu sans que quelques joints, et notamment ceux de l'extrados près des naissances, n'aient été sollicités à s'ouvrir; mais cette ouverture étant empêchée par les moyens employés pour lier les voussoirs, l'action qui tendait à faire prendre au système la nouvelle position d'équilibre, a dû se faire sentir sur les voussoirs eux-mêmes, dont quelques-uns étaient ainsi sollicités à changer de forme; et il est évident que les montans normaux dans la courbe, se trouvaient placés de la manière la plus défavorable pour résister à ce changement, puisque l'action, dans le sens des arcs, était perpendiculaire à leur direction (6).

Si l'on ajoute aux effets du tassement, ceux produits par les changemens de température et par les vibrations, au passage des fardeaux (7), on concevra facilement comment les montans normaux et quelques branches des tympans ont pu se rompre.

La direction même des ruptures semble indiquer qu'elles sont dues principalement à un abaissement de la clef. On peut ajouter que ces faibles montans présentaient déjà, avant leur pose, des commencemens de fissure à leur jonction avec les arcs, parce que l'une de leurs dimensions étant moindre que celle des arcs, la fonte s'est refroidie plus promptement dans ces montans que dans les arcs. *Le retrait* de la fonte, qui ne s'est opéré dans ces derniers qu'après le refroidissement des petits montans, a dû causer en effet à la jonction de ces pièces des commencemens de séparation, ou du moins une disposition à se séparer au moindre choc.

On peut ajouter à ces causes générales, les circonstances particulières provenant du plus ou du moins de perfection de la pose, des défauts assez multipliés de la fonte, &c. &c.

On a rétabli la liaison par des armatures, en doublant les montans rompus par des bandes de fer forgé.

Pont projeté dans l'axe de l'École militaire.
Planches 9 et 10.

LES cinq arches de ce pont devaient être construites en fonte, suivant un arc de cercle ayant 28 mètres de corde et 3 mètres 30 centimètres de flèche.

Chaque arche était composée de huit fermes, espacées de 2 mètres de milieu en milieu, et chaque ferme de quinze voussoirs de 1 mètre 9 (centimètres de longueur à l'intrados. Ces voussoirs ou châssis à claire-voie ont 75 millimètres d'épaisseur sur la tranche. Ils comprennent la hauteur de l'archivolte et une partie du tympan. Chacun est composé de deux arcs concentriques formant cet archivolte, de trois montans normaux à ces arcs, et de quatre traverses en croix de Saint-André. Tous les autres détails relatifs à ce pont sont exprimés sur les dessins.

L'expérience faite au pont du Jardin du Roi ayant appris que, pour la localité de Paris, il y a peu d'économie à construire des arches en fer, toujours moins solides et d'un aspect moins agréable que celles en pierre, il fut décidé, par un décret, que les arches du pont de l'École militaire seraient construites en pierre; et il en est résulté le beau pont dont on trouve les dessins dans le 1.er Recueil.

Pont sur le Crou près Saint-Denis.
Planche 11.

LE service de la navigation de la Seine ayant exigé la construction d'un pont sur le chemin de halage à l'embouchure de la petite rivière du Crou, M. le comte de Montalivet, alors directeur général des ponts et chaussées, voulut bien m'autoriser à faire l'application d'un système en fer forgé dont je m'étais occupé comme objet d'étude.

L'arche, exécutée en 1808, est en arc de cercle de 12 mètres de corde et 921 millimètres de flèche.

Elle est composée de trois fermes, espacées de 1 mètre 75 centimètres de milieu en milieu, et réunies par des entretoises terminées par des plaques circulaires dont le plan est perpendiculaire à la longueur de ces mêmes entretoises.

Les voussoirs de chaque ferme sont composés de six pièces, savoir : deux arcs concentriques distans de 75 centimètres (de milieu en milieu), ayant 6 centimètres de grosseur; deux montans normaux de même grosseur, communs aux voussoirs contigus; enfin deux autres pièces de 3 centimètres sur 6 centimètres, disposées diagonalement en croix de Saint-André et reliées dans leur milieu par un boulon. Les six pièces forment à leurs points de réunion, aux angles des voussoirs et de l'archivolte, des nœuds présentant la forme d'un cercle entier composé de parties ou ailes appartenant à chacune de ces pièces, et liées entre elles par quatre boulons qui les fixent en même temps aux plaques circulaires des entretoises.

Ces dernières sont en fer rond de 4 centimètres de grosseur, et les plaques circulaires ont, ainsi que les nœuds qu'elles recouvrent, 25 centimètres de diamètre.

Cette arche, destinée au passage des chevaux de halage, a servi pendant un certain temps au passage des voitures, sans avoir éprouvé aucune avarie.

La direction donnée au nouveau canal de Saint-Denis ayant obligé de changer l'embouchure du Crou, l'arche en fer a été démontée et replacée sur des culées construites dans le nouvel emplacement.

Le poids total des fers est de 9,074 kilogrammes, qui ont coûté 15,879 francs 50 centimes, à raison de 1 franc 75 centimes le kilogramme, y compris fourniture, façon, pose, frais d'échafauds et de cintres, &c.

---

(5) La nécessité de terminer les travaux avant l'hiver, avait mis dans l'obligation d'employer à cette arche des fontes rebutées pendant la construction des précédentes. En général, on a eu la plus grande peine à obtenir des fontes sans défaut.

(6) Une autre disposition avait été proposée par M. Lamandé; mais l'exemple des montans normaux, donné par les Anglais, leur fit accorder la préférence.

(7) Les ruptures dont il est question ne se sont manifestées que depuis le fréquent passage sur le pont, de voitures de pierres pesant 7 à 8,000 kilogrammes.

Pont projeté dans l'axe de l'Hôtel des Invalides.
Planche 12.

Le succès de l'expérience faite au petit pont de Crou sur l'emploi du fer forgé, me conduisit à m'occuper du projet d'une arche de grande dimension, à-peu-près dans le même système; et je supposai qu'elle pourrait être établie sur la Seine dans l'axe de l'Hôtel des Invalides, pour servir seulement au passage des gens de pied.

Je fus fort étonné d'apprendre quelque temps après que l'exécution de ce projet, dont je m'étais occupé comme d'un objet d'étude, avait été ordonnée par un décret.

Un grand nombre d'autres projets avaient été faits pour le même emplacement; mais ils obligeaient d'élever plus ou moins les abords, ce qui aurait nui à l'effet du monument de l'Hôtel des Invalides et à l'agrément de la promenade des Champs-Élysées.

Pour éviter de rien changer aux abords, je supposais que du sommet de l'arche projetée on descendrait sur les deux rives au moyen de marches très-larges et peu élevées; et j'aimais à penser qu'une arche de cette étendue, qui eût servi de cadre au paysage qui termine le beau coteau de Passy, ne pouvait nuire aux objets environnans. Cependant le pont, par sa grande élévation, devait encore dérober la vue de l'Hôtel des Invalides à ceux qui se trouveraient dans son axe du côté des Champs-Élysées.

Ce dernier motif et d'autres considérations m'ont fait partager facilement l'avis très-sage d'ajourner indéfiniment l'exécution de ce pont.

L'arche projetée, qui devait avoir 114 mètres d'ouverture, était composée de sept fermes, et chaque ferme de voussoirs disposés à-peu-près comme ceux du pont précédent. Les entretoises avaient aussi la même forme, et j'y avais ajouté des contrevens dans plusieurs sens; mais je n'entrerai pas dans de plus grands détails sur ce projet, dont je ne parle que parce qu'il fait partie de mes souvenirs.

M. Navier vient de présenter, pour cet emplacement, un projet de pont suspendu à des chaînes, qui permet d'établir le plancher presque horizontalement, et satisfait à plusieurs des conditions imposées par les localités. J'étais l'un des commissaires chargés de son examen, et j'ai éprouvé une vive satisfaction en partageant l'opinion de mes collègues sur le mérite de ce beau travail.

Projet N.º 1. Planche 13.

Quel que soit le système des ponts de charpente et le soin qu'on apporte à leur exécution, les travées, sur-tout lorsqu'elles ont de grandes dimensions, offrent dès les premières années un aspect fâcheux, parce que rien ne peut empêcher que les bois ne se compriment successivement à leurs abouts, ce qui produit l'abaissement du sommet de l'arche.

Indépendamment de ce motif, le peu de durée des bois et leur rareté croissante ont fait desirer depuis long-temps qu'on pût les remplacer, dans les parties principales des travées, par une matière plus résistante, et dont l'emploi n'augmentât pas trop fortement la dépense. Le fer forgé présentait le premier avantage; mais l'expérience a fait connaître que jusqu'à présent l'emploi de cette matière ne remplit pas la condition de l'économie.

J'avais espéré d'y satisfaire en m'occupant d'un système mixte dans lequel le bois fût employé seulement pour le plancher et pour ses supports, qui seraient appuyés sur une voûte en fer, portée elle-même par des piles en pierre. Tous mes essais ont servi à me convaincre que je n'atteindrais pas le but avec le parti des voûtes et des voussoirs en fer, et que le seul moyen de remplacer les bois dans la construction des travées, sans augmenter sensiblement la dépense, est celui des chaînes en fer, qui porteraient le plancher ou auxquelles il serait suspendu. Cette opinion se trouve maintenant appuyée par de grandes expériences faites aux États-Unis et en Angleterre; et je reviendrai sur cette importante question, après avoir terminé ce qui me reste à dire sur les ponts en fer.

De tous les essais infructueux dont je viens de parler, je n'ai conservé que le projet n.º 1, *Planche 13*; et encore n'est-ce qu'en faveur du moyen d'assemblage des voussoirs entre

eux et avec les entretoises, parce qu'il m'a paru susceptible d'être appliqué dans d'autres circonstances. Le dessin pourrait me dispenser de toute explication; j'y ajouterai quelques mots.

L'arche projetée a les mêmes dimensions que celles du pont du Jardin du Roi, et se compose comme elles de sept fermes, divisées en voussoirs, dont la hauteur est à-peu-près égale à la largeur, et dont chacun présente un évidement circulaire. Les bords extérieurs de ces voussoirs et ceux des cercles sont fortifiés sur les deux faces par des filets de 4 centimètres d'épaisseur, qui forment, y compris celle de la plaque du fond, une épaisseur totale de 12 centimètres. Ces voussoirs ne s'appuient les uns contre les autres que dans les angles, et laissent entre eux, dans la partie intermédiaire, un intervalle de 25 centimètres, rempli par les moises en bois qui servent à porter le plancher.

Les entretoises, formées de barres en fer forgé, n'ont d'autre façon qu'une entaille à chacune de leurs extrémités. Cette simplicité et leur peu de pesanteur permettent d'en placer deux à chaque joint de l'extrados et de l'intrados, qui laissent passer entre elles les moises pendantes.

Les voussoirs sont liés par des plaques en fer forgé, qui se logent dans les cases pratiquées aux angles et sur les deux faces de ces voussoirs. Des ouvertures ou *lumières* percées, tant dans les voussoirs que dans les plaques, permettent d'y introduire les entretoises entaillées, et de fixer toutes les pièces au moyen de petits coins de fer placés deux à deux et en sens contraire. Cet assemblage, dont j'ai fait exécuter les modèles, suffit pour réunir toutes les parties du système, et me paraît aussi solide que facile à exécuter.

Le nombre des voussoirs par ferme est de 21; total pour les 7 fermes 147, qui, à raison de 600 kilogrammes chacun, peseront ensemble.................. 88,200 kilog.

Le poids des entretoises et plaques en fer forgé serait environ de............... 21,800

Total général du poids des fers coulés ou forgés........................... 110,000 kilog.

En évaluant la fonte à 50 centimes le kilogramme, et le fer forgé à 1 franc, eu égard au peu de façon, la dépense pour cet article serait de.................. 66,000ᶠ 00ᶜ

Cette dépense, quoique moindre d'environ moitié que celle des arches du pont du Jardin du Roi et de celui qu'on avait projeté en fer pour l'École militaire, serait encore beaucoup trop élevée. Il serait possible d'ailleurs que le mélange apparent du bois et du fer ne produisît pas un effet satisfaisant; enfin, il est inutile de s'arrêter plus long-temps sur un système qui, sous le rapport de la dépense principalement, est très-inférieur à celui des chaînes en fer forgé, comme je l'ai déjà annoncé, et comme je le démontrerai plus tard.

Projets N.ᵒˢ 2 et 3. Planche 14.

La grande résistance et le prix des fers forgés ou fondus, a conduit naturellement les premiers auteurs des ponts de fer et ceux qui leur ont succédé, à imiter les grandes travées de charpente en adoptant le système des fermes, plus ou moins espacées et reliées entre elles par des entretoises qui remplacent les moises horizontales. Ces mêmes auteurs diffèrent seulement par la manière de disposer les parties de chaque ferme.

Dans les ponts de Coalbrookdale, du Vauxhall, en Angleterre, et dans celui des Arts, à Paris, chaque ferme est composée de deux portions d'arc qui se réunissent au sommet de l'arche. Ce parti ne pouvant convenir à des arches très-surbaissées ou d'une grande dimension, on a été obligé de multiplier les divisions et de former les fermes de voussoirs, dont la longueur était déterminée par la condition de pouvoir les transporter et de les mettre en place sans trop de difficultés; c'est ainsi que les ponts de Sunderland, de Staines, de Southwark et du Jardin du Roi ont été projetés et exécutés. Leurs voussoirs, excepté ceux du pont de Southwark, sont évidés et formés d'arcs concentriques, réunis par des montans normaux. Le projet du pont de l'École militaire diffère des précédens, en ce que les deux arcs concentriques sont reliés par des croix de Saint-André.

Il paraît bien reconnu maintenant que les montans normaux n'opposant pas un obstacle suffisant au changement de forme, ne sont pas solides, et qu'il convient de disposer diagonalement les parties conservées entre les quatre côtés des châssis.

Dans les différens ponts dont je viens de parler, les voussoirs sont d'égale hauteur et forment une espèce d'archivolte agréable à l'œil. Les tympans, ou les espaces compris entre l'archivolte et le plancher, sont occupés aux ponts de Sunderland et de Staines, par des cercles de fonte, tangens entre eux, et de différens diamètres; et, aux ponts du Jardin du Roi et de l'École militaire, par le prolongement des voussoirs. Il est à remarquer que des deux ponts dont les tympans ont été remplis par des cercles élastiques, l'un, le pont de Staines, s'est écroulé, et l'autre, celui de Sunderland, paraît avoir manifesté quelques mouvemens qui ont exigé des mesures de précaution. Cela ne prouve pas que le système des tympans ait été la cause de ces événemens; mais on peut dire qu'il ne pouvait contribuer à les prévenir. L'interposition de cercles élastiques entre le plancher et la voûte, avait probablement pour but d'atténuer l'effet des vibrations. Quoi qu'il en soit, le prolongement des voussoirs, employé par M. Lamandé, me paraît bien préférable : en même temps, je regarde comme indispensable de construire ces prolongemens avec la même solidité que les voussoirs eux-mêmes. La nécessité de remplir cette dernière condition, m'a conduit à penser que, sans s'arrêter à former un archivolte, les voussoirs devraient remplir tout l'espace compris entre l'arc de l'intrados et la ligne du plancher, sauf à diviser ceux voisins des naissances, s'ils étaient trop considérables. En prenant ce parti, il faudrait aussi évider les voussoirs, suivant une loi dont la régularité pût satisfaire les yeux, sans nuire à la solidité; c'est ce que j'ai tenté de faire dans les Projets n.ᵒˢ 2 et 3, *Planche 14.*

Dans celui n.ᵒ 3, les entretoises en fer forgé seraient terminées par des plaques circulaires, sur le modèle de celles du petit pont sur le Crou. *(Planche 11.)*

Dans le Projet n.ᵒ 2, les évidemens présenteraient des cercles de diamètre variable, qui laisseraient subsister entre eux des parties pleines, capables de s'opposer aux changemens de forme (8). Les entretoises en fer forgé seraient de simples barres, entaillées à la rencontre des voussoirs, dont l'assemblage serait exactement le même que celui du Projet n.ᵒ 1, *Planche 13.*

Les considérations suivantes pourront démontrer les avantages du prolongement des voussoirs jusqu'au plancher.

On sait que, dans les voûtes cylindriques en pierre, ayant pour génératrice un arc de cercle, et qui sont formées par des voussoirs, sans autre liaison que le mortier, les joints, lorsqu'il y a tassement, se compriment à l'extrados, près de la clef, et à l'intrados, près des naissances; que ces mêmes joints s'ouvrent au contraire à l'intrados, près de la clef, et à l'extrados, près des naissances.

Il existe une tendance aux mêmes effets dans les voûtes dont les voussoirs sont en fer, mais l'ouverture des joints est empêchée par la liaison des voussoirs entre eux. Il en résulte qu'il y a, en même temps, *tension* et *compression* dans les parties de ces voûtes, ce qui paraît constituer deux moyens de résistance.

La figure, *Planche 14*, servira à développer cette opinion. Soit *c b d* la courbe génératrice de la surface de la voûte à l'intrados; *a b*, la hauteur de la clef; *e f*, une horizontale, représentant la ligne du plancher; les lignes *a c* et *a d* pourront être considérées, ainsi que une voûte en pierre, comme indiquant la direction de la compression; mais (ce qui n'a pas lieu dans cette dernière, dont les voussoirs sont à-peu-près sans liaisons) il y aura tension suivant la direction des lignes *e b* et *b f*, tracées par les points où la compression tend à faire ouvrir les joints. Il est même évident que si la liaison de toutes les parties est solidement établie par les assemblages, et qu'en même temps le coussinet *f d* soit bien fixé à la culée, chaque moitié de l'arche pourrait se soutenir sans le secours de l'autre.

On peut donc regarder la tension et la compression comme deux résistances indépendantes l'une de l'autre, et pouvant se prêter un mutuel secours.

La première conséquence de ces faits, c'est que la tension suivant les lignes *e b* et *f b*, auxquelles on peut supposer tout le système suspendu, sera d'autant plus faible que l'extrémité *f* du tympan sera plus élevée au-dessus de l'intrados *b* de la clef, ce qui prouve clairement l'avantage de ne pas extradosser les fermes et d'en continuer le système jusqu'au plancher.

Ces considérations ne sont pas nouvelles et n'ont pas échappé aux ingénieurs anglais; mais la forte pente qu'ils ont sans doute été forcés de donner aux planchers de leurs ponts, de chaque côté de la clef, les a privés des ressources que les tympans auraient pu offrir pour la solidité des grandes arches qu'ils ont construites.

J'ajouterai que si le plancher étant horizontal, les voussoirs prolongés jusqu'à sa rencontre, la liaison de toutes les parties du système d'une part, et la position du centre de gravité de l'autre, favorisent la stabilité et s'opposent au déversement des fermes, ce qui peut dispenser, jusqu'à un certain point, de contrevens.

Il n'en est pas ainsi des fermes extradossées, ni même de celles où la ligne du plancher est en pente de chaque côté de la clef; et leur centre de gravité, étant plus élevé, par rapport aux points d'appui, que dans le premier système, une force moindre pourra le faire tourner autour de ces points d'appui.

Ponts suspendus.

Les ponts de corde de l'Amérique méridionale, des grandes Indes et de la Chine, ont donné la première idée d'un moyen de construction dans lequel les cordes ont été remplacées par des chaînes en fer. C'est dans les États-Unis de l'Amérique septentrionale, et depuis peu d'années, que ce système perfectionné a été employé à de très-grands ponts destinés au passage des voitures. Plus nouvellement encore, plusieurs monumens de ce genre ont été établis ou projetés en Angleterre et en Écosse par différens ingénieurs. Enfin un Français, M. Brunel, ingénieur civil en Angleterre, où il réside, vient d'en construire deux, destinés pour l'île de Bourbon.

M. Becquey, directeur général des ponts et chaussées et des mines, toujours occupé de ce qui peut contribuer aux progrès d'un art étroitement lié à l'utilité publique, voulant donner aux ingénieurs qui ne peuvent voyager, les moyens de connaître tout ce qui a rapport à ces sortes de ponts, fit choix, en 1821, de M. Navier, pour aller en Angleterre recueillir des renseignemens sur la construction des ponts suspendus. Cet ingénieur en chef, connu par de savans ouvrages, a complètement justifié le choix de M. le directeur général, et c'est ce que prouve le mémoire qu'il vient de publier, dans lequel il rend compte du résultat de sa mission. On y trouve une description historique des ponts suspendus exécutés en diverses contrées, et notamment en Angleterre, des recherches intéressantes sur leur établissement, enfin une théorie complète accompagnée d'un grand nombre d'expériences. Des planches dessinées et gravées avec soin forment le complément de ce travail, qui honore également son auteur et l'administrateur éclairé qui l'a demandé.

Je suis loin d'avoir la prétention d'y rien ajouter; je me propose seulement, dans cet article, de considérer la question sous le point de vue de l'économie, et pour les cas les plus ordinaires où il s'agirait de remplacer les travées en bois sans augmenter sensiblement la dépense. C'est dans cette seule intention et pour mieux fixer les idées, que j'ai esquissé deux projets de ponts portés sur des chaînes et composés de plusieurs travées.

Projet N.ᵒ 1. Planche 15.

J'ai supposé un pont de sept travées, ayant 20 mètres d'ouverture d'axe en axe des palées en charpente, et offrant ensemble un débouché d'environ 140 mètres, semblable à celui de la Seine.

Le plancher de 8 mètres 20 centimètres de largeur est supporté par cinq fermes ou doubles cours de chaînes, espacés de 2 mètres de milieu en milieu. Ces chaînes ont une courbure dont la flèche est de 82 centimètres. Les deux chaînes de chaque ferme laissent entre elles un intervalle de 24 centimètres pour le passage des moises pendantes, et sont formées d'anneaux oblongs d'environ 3 mètres de longueur et 10 centimètres de largeur. Les anneaux sont réunis au moyen de deux cylindres liés entre eux par des plaques ou petits chaînons figurés sur le dessin.

Les branches des anneaux ont 55 millimètres de largeur sur 16 millimètres d'épaisseur.

Il résulte de ces dimensions, que la section de chaque barre est de 896 millimètres carrés, et celle des vingt barres des cinq fermes, de 17920 millimètres carrés.

Il a été constaté sur un grand nombre d'expériences, faites tant en France qu'en Angleterre, que le fer tiré dans le sens de sa longueur peut résister, par chaque millimètre carré de sa section, à un poids de 42 kilogrammes avant de rompre, et à celui de 14 kilogrammes, sans que son élasticité en soit altérée; celle-ci ne commençant à se détruire que sous une tension de 21 kilogrammes par millimètre.

En s'arrêtant au poids de 14 kilogrammes généralement adopté, et justifié par l'exemple de plusieurs ponts, on trouve que les dix chaînes du pont projeté résisteraient à une tension de 250,880 kilogrammes, sans que le fer perdît de son élasticité, et à une tension trois fois plus considérable avant de rompre.

---

(8) Les bords supérieurs et inférieurs des voussoirs, et ceux des cercles évidés, seraient fortifiés par des filets, comme dans le Projet n.ᵒ 1, avec lequel il a beaucoup d'analogie. Il diffère cependant en un point très-essentiel, c'est que dans l'un, les tympans font partie du système général, tandis que dans l'autre, par des motifs d'économie, les tympans sont occupés par les moises seulement.

Pour calculer la tension que les chaînes éprouveront effectivement dans le projet dont il s'agit, il faut d'abord connaître le poids de chaque travée.

Poids d'une travée.		
1.° Fers des chaînes et des tirans dont il sera parlé ci-après..............................	5,500 kilog.	
2.° Bois du plancher, des moises et des madriers de champ, servant de supports et d'entretoises....................	41,500.	
3.° Poids des hommes dont la travée peut être chargée, à raison de trois hommes par mètre carré...................	33,000.	
TOTAL..........	80,000 kilog.	

Quant au rapport de la tension avec ce poids, il sera facilement déterminé par les considérations suivantes :

Une chaîne uniformément pesante, fixée à ses deux extrémités, affecte une courbe, connue sous le nom de *chaînette*; mais comme, dans les ponts suspendus, la plus grande partie de la charge est distribuée uniformément sur la ligne droite, tracée entre les deux points fixes, M. Navier a trouvé que cette courbe s'approche beaucoup de la parabole ordinaire, ce qui simplifie les calculs.

Si l'on suppose une parabole, et que l'on mène une tangente par un des points de suspension, la longueur de celle-ci, depuis le point de contact jusqu'à l'axe de la parabole (ou la tangente proprement dite), représentera la tension si l'on représente le poids de la travée par le double de la sous-tangente.

Dans le cas présent, on trouvera que la valeur de la tension est de 247,073 kilogrammes, et, par conséquent, à très-peu près égale à la résistance que les chaînes peuvent offrir, sans perdre de leur élasticité.

Dans le *Projet n.° 2, Planche 10*, la largeur de la rivière est divisée par quatre piles en cinq travées de 30 mètres d'ouverture, formées de sept doubles chaînes, disposées comme dans le Projet n.° 1, mais dont les fers auraient les dimensions nécessaires pour résister à la tension. Je n'entrerai dans aucun détail sur le calcul de celle-ci. J'ajouterai seulement quelques observations sur les mouvemens que les fardeaux mobiles peuvent produire sur des ponts de plusieurs travées, semblables aux précédentes, et sur les moyens de s'y opposer.

On peut supposer d'abord que les chaînes seront continues dans toute la longueur du pont, et fixées seulement aux deux culées. Dans ce cas, les piles ou palées ne serviraient qu'à les suspendre ou à les porter, et l'augmentation de tension produite par des fardeaux mobiles sur la partie des chaînes correspondante à une travée, pourrait se transmettre à toutes les autres, sans exercer aucune traction sur les piles.

Pour atténuer les effets de ce mouvement général, qui produirait l'abaissement successif de chaque travée et le relèvement des autres, on pourrait diminuer la flèche de la courbure primitive des chaînes, ou augmenter le poids fixe du plancher, ce qui forcerait d'augmenter en même temps le nombre des chaînes ou leurs dimensions, sans pouvoir jamais obtenir la même stabilité que dans le cas où les chaînes seraient fixées aux piles.

Mais dans cette dernière hypothèse, les piles ou palées devraient être en état de résister à la force de traction qui tendrait à les renverser. Pour obtenir cette résistance, il faudrait avoir recours à des moyens de construction dispendieux, ce qui est contraire aux vues dans lesquelles les ponts dont il s'agit ont été projetés.

La recherche des moyens de sortir de cette alternative et de concilier l'économie avec la solidité, mérite donc de fixer toute l'attention des ingénieurs.

En attendant le résultat de leurs méditations, je propose, pour les projets précédens, d'établir d'une pile à l'autre des tirans horizontaux, dont les extrémités seraient fixées à de fortes plaques en fer, attachées elles-mêmes aux palées et au plancher, et qui serviraient en même temps à réunir les chaînes de suspension. Ces tirans, au nombre de dix, seraient supportés dans leur longueur sur la saillie des madriers de champ que les moises pendantes embrassent, et ils seraient posés librement de chaque côté des moises du plancher.

Si l'on donne à ces tirans, qui formeraient un système continu d'une culée à l'autre, des dimensions capables de résister à l'augmentation de tension produite sur les chaînes d'une travée par le poids du plus grand fardeau mobile qu'elle soit destinée à supporter (celui de 33,000 kilogrammes pour le Projet n.° 1), il est certain que les piles ou palées n'éprouveront aucune traction (9).

On pourra donc par cette disposition, lorsqu'elle aura été bien étudiée, ou par toute autre meilleure, considérer chaque travée comme isolée de ses voisines, et les chaînes qui la supportent comme attachées à des points fixes, d'où il suit que ces travées n'auront à éprouver que de légers changemens de forme, et les vibrations dues à l'élasticité du fer, qui sont inséparables de tout système de pont suspendu.

La théorie et l'expérience s'accordent pour prouver que les ponts suspendus sont éminemment propres à franchir les plus grands fleuves sans points d'appui intermédiaires.

Je viens de faire entrevoir qu'on pourrait employer les chaînes avec le même succès pour les ponts composés de plusieurs travées de petites dimensions, et cela avec une grande économie dans la dépense, puisque je me suis assuré par des calculs suffisamment approximatifs, que le Projet n.° 1 s'exécuterait pour une somme de 170,000 francs, et celui n.° 2, pour celle de 340,000 francs.

Si l'expérience et de nouveaux calculs confirment ces résultats, on réservera les grandes travées pour certaines localités qui l'exigent impérieusement, et pour les abords de quelques grandes villes, où la réunion de monumens publics de toute espèce, et les idées qui sont toujours attachées à la grandeur des conceptions, constituent une sorte de convenance.

Je terminerai en citant deux localités remarquables où l'on pourrait établir des ponts suspendus.

La première est celle du confluent de la Saone et du Rhône près de Lyon, où un pont de pierre avait été construit sous l'axe de la belle chaussée Pérache, et a été détruit avant qu'il fût entièrement terminé. Ici l'obliquité de l'axe de la chaussée par rapport à la direction de la rivière, la nature du sol et la rapidité du courant à certaines époques, opposent des obstacles presque insurmontables à l'établissement de points d'appui intermédiaires. Le plancher du pont pourrait donc être suspendu à des chaînes fixées à une grande hauteur dans la montagne de la rive droite, et formant une courbe rampante de 120 à 150 mètres de longueur qui serait tangente à la grande chaussée.

La deuxième localité est celle dite *le saut du Rhône*, où il existe deux piles construites à ce qu'il paraît par les Romains, et deux culées avec murs en ailes. Les trois travées à construire seraient portées sur des chaînes, comme dans le Projet n.° 2, auraient chacune 33 mètres 78 centimètres d'ouverture, et pourraient coûter environ 60,000 francs, si l'on donne au plancher 7 mètres de largeur (10).

_____

(9) Les tirans, dont on peut blâmer l'emploi dans certains grands ouvrages en maçonnerie, appartiennent ici au système même de la construction.

(10) Les chaînes peuvent être placées de deux manières, savoir : au-dessus du plancher pour les travées d'une grande ouverture, et au-dessous du plancher pour celles qui n'excèdent pas 40 mètres, parce que la courbure des chaînes ne forme alors aucun obstacle à la navigation ou au passage des eaux. Cette dernière disposition, en permettant de multiplier les fermes, permet aussi d'employer, pour les planchers, des bois d'un moindre écarrissage.

(9 *bis*.) Les inconvéniens qui pourraient résulter des effets de la température sur les tirans tels que je te les ai proposés, m'ont fait penser à une autre disposition que le temps ne m'a pas permis d'insérer dans ce Recueil, et qu'on trouvera dans celui n.° VII.

─◄O►◄O►─

Vue du Pont de Sunderland.

PONTS EN FER.

III.ᵉ RECUEIL.

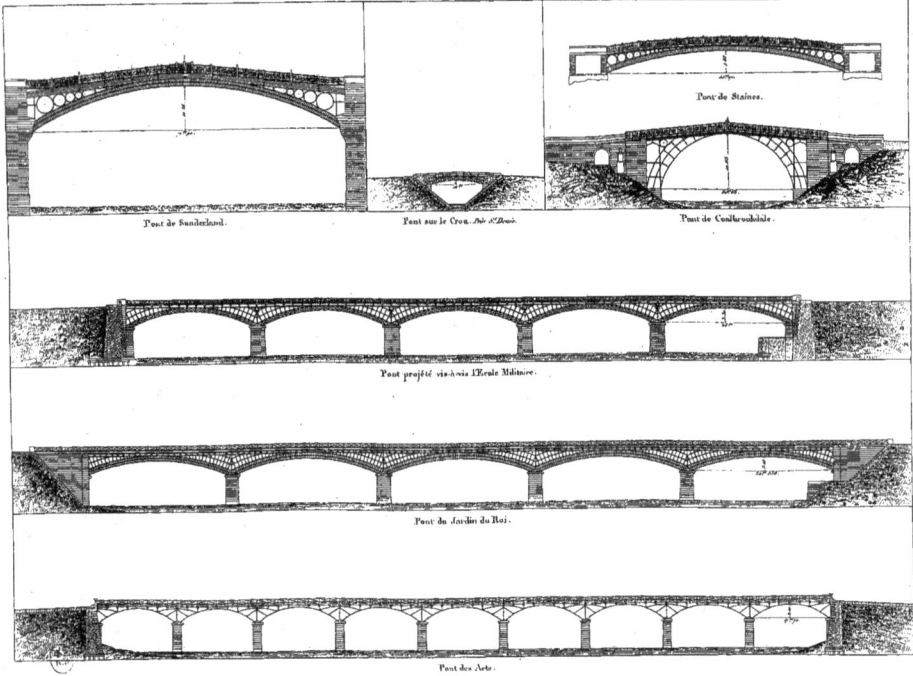

Pont de Sunderland.

Pont sur le Crou. Arts d'Ecosse.

Pont de Staines.

Pont de Coalbrookdale.

Pont projeté vis-à-vis l'Ecole Militaire.

Pont du Jardin du Roi.

Pont des Arts.

PONT DE COALBROOKDALE.

PONT DE SUNDERLAND.

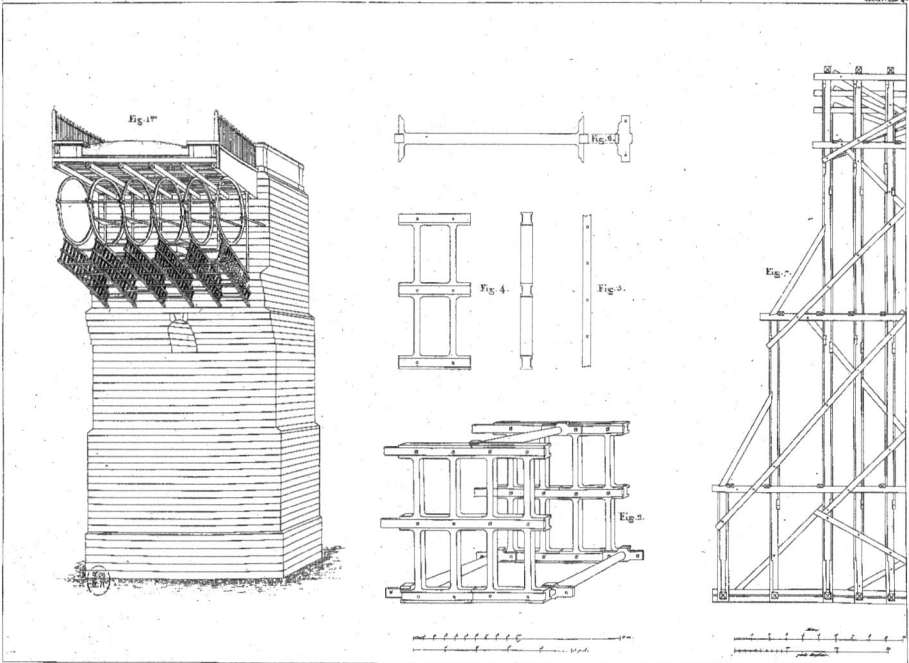

Fig. 1ᵉʳ.

Fig. 6.

Fig. 4.   Fig. 5.

Fig. 3.

Fig. 7.

DÉTAILS RELATIFS AU PONT DE SUNDERLAND.

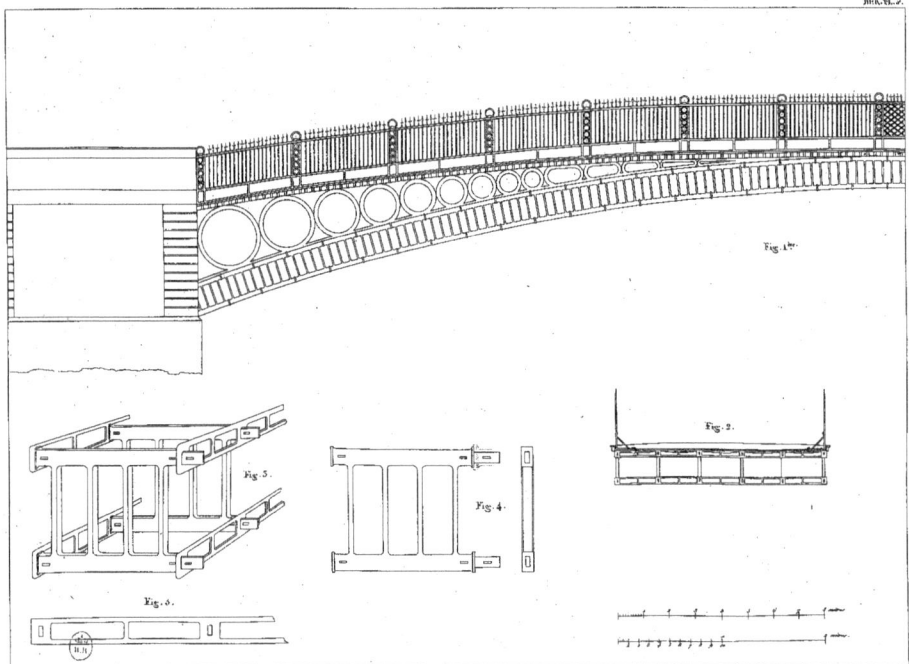

Fig. 1.

Fig. 2.

Fig. 3.

Fig. 4.

Fig. 5.

PONT DE STAINES.

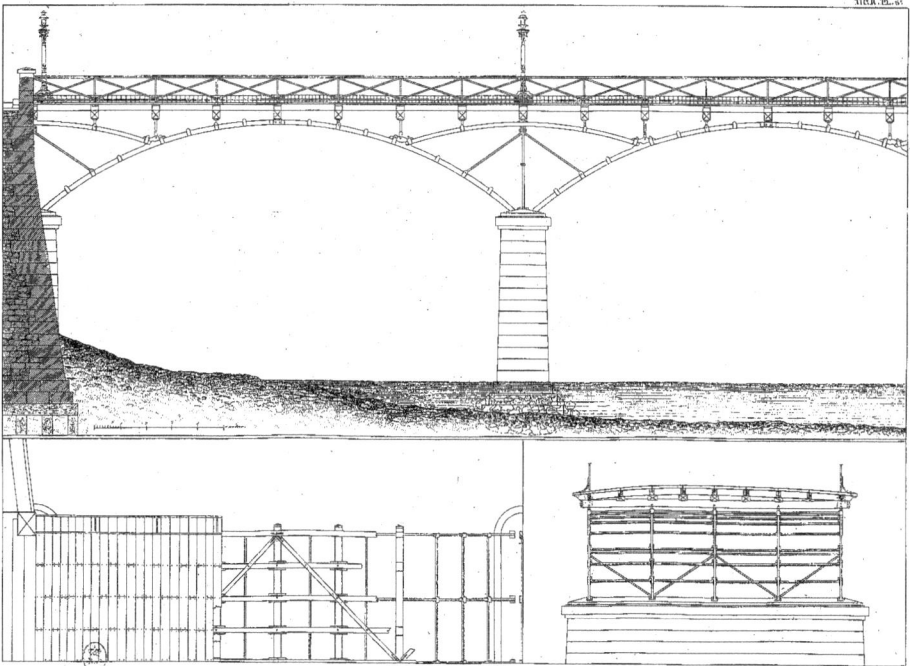

PONT DES ARTS

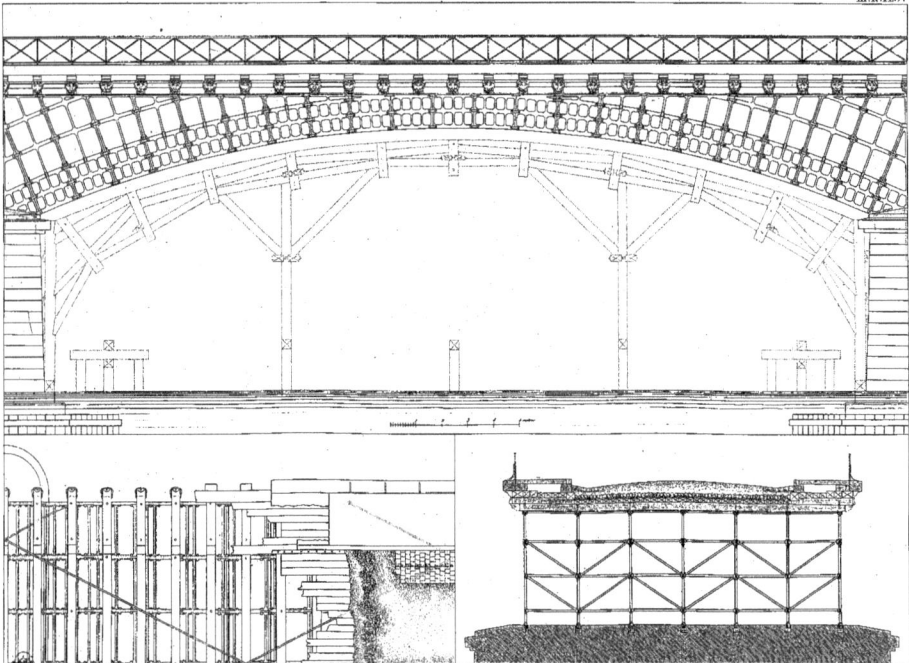

PONT DU JARDIN DU ROI.

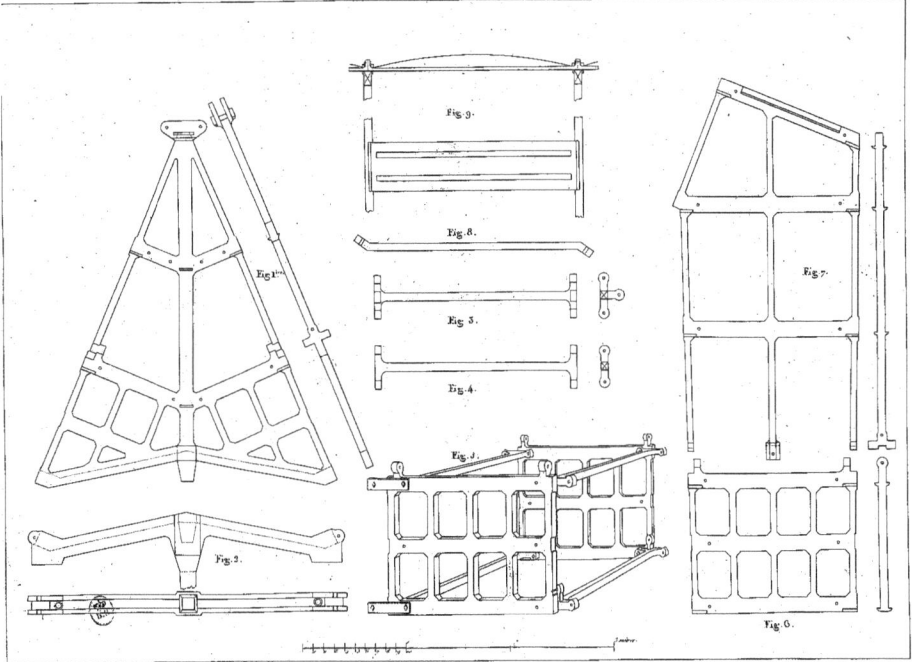

Fig. 1.

Fig. 2.

Fig. 9.

Fig. 8.

Fig. 3.

Fig. 4.

Fig. 5.

Fig. 7.

Fig. 6.

1 mètre.

DÉTAILS RELATIFS AU PONT DU JARDIN DU ROI.

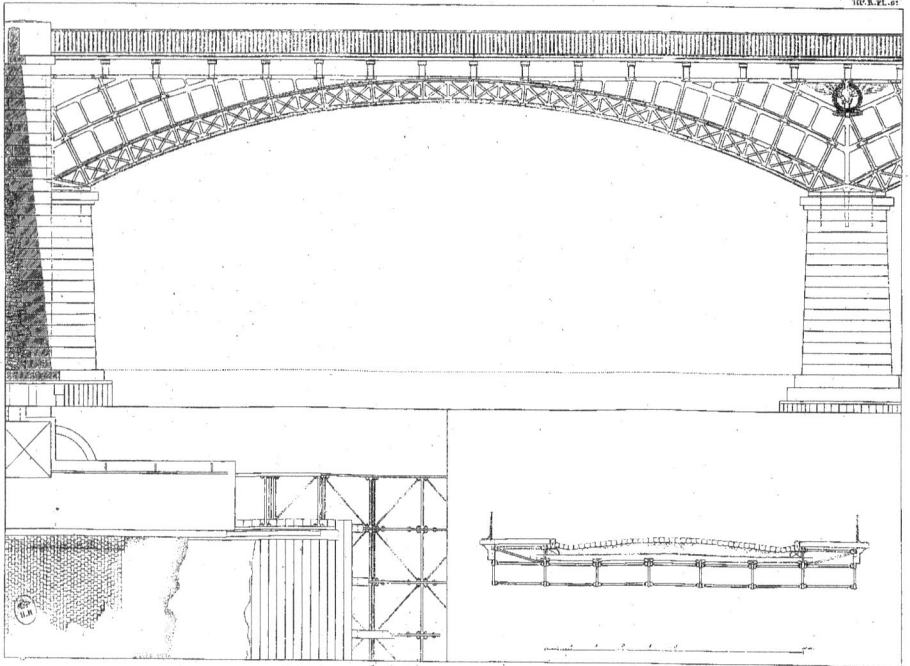

PONT PROJÉTÉ VIS-A-VIS L'ECOLE MILITAIRE.

Appareils pour le redressement des branches des tympans
du pont du jardin du Roi.

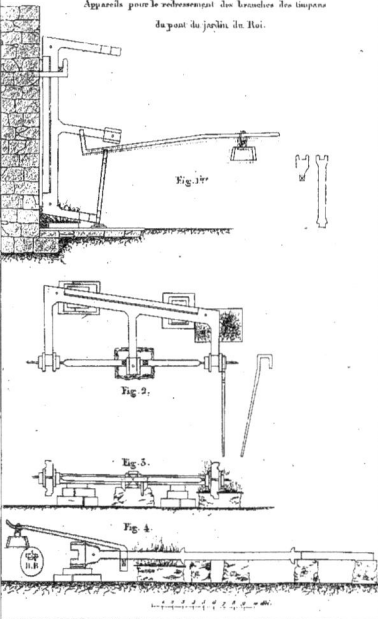

Détails relatifs au pont projeté vis-à-vis l'École militaire.

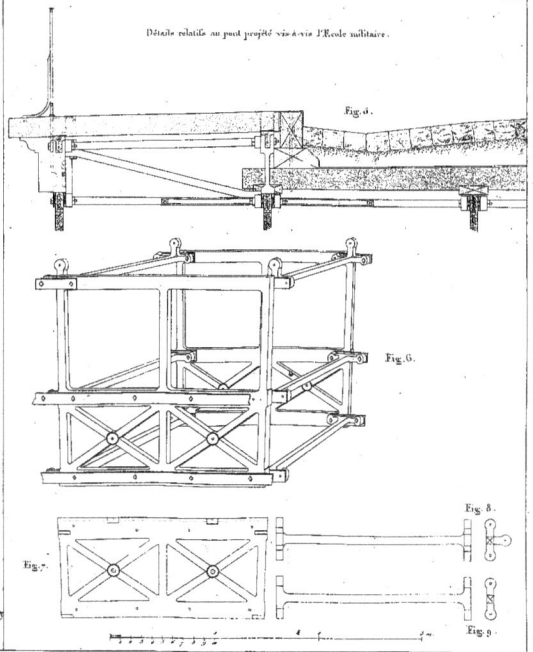

Fig. 1.

Fig. 1.ᵉʳ

Fig. 2.

Fig. 3.

Fig. 4.

Fig. 3.

Fig. 6.

Fig. 7.

Fig. 8.

Fig. 9.

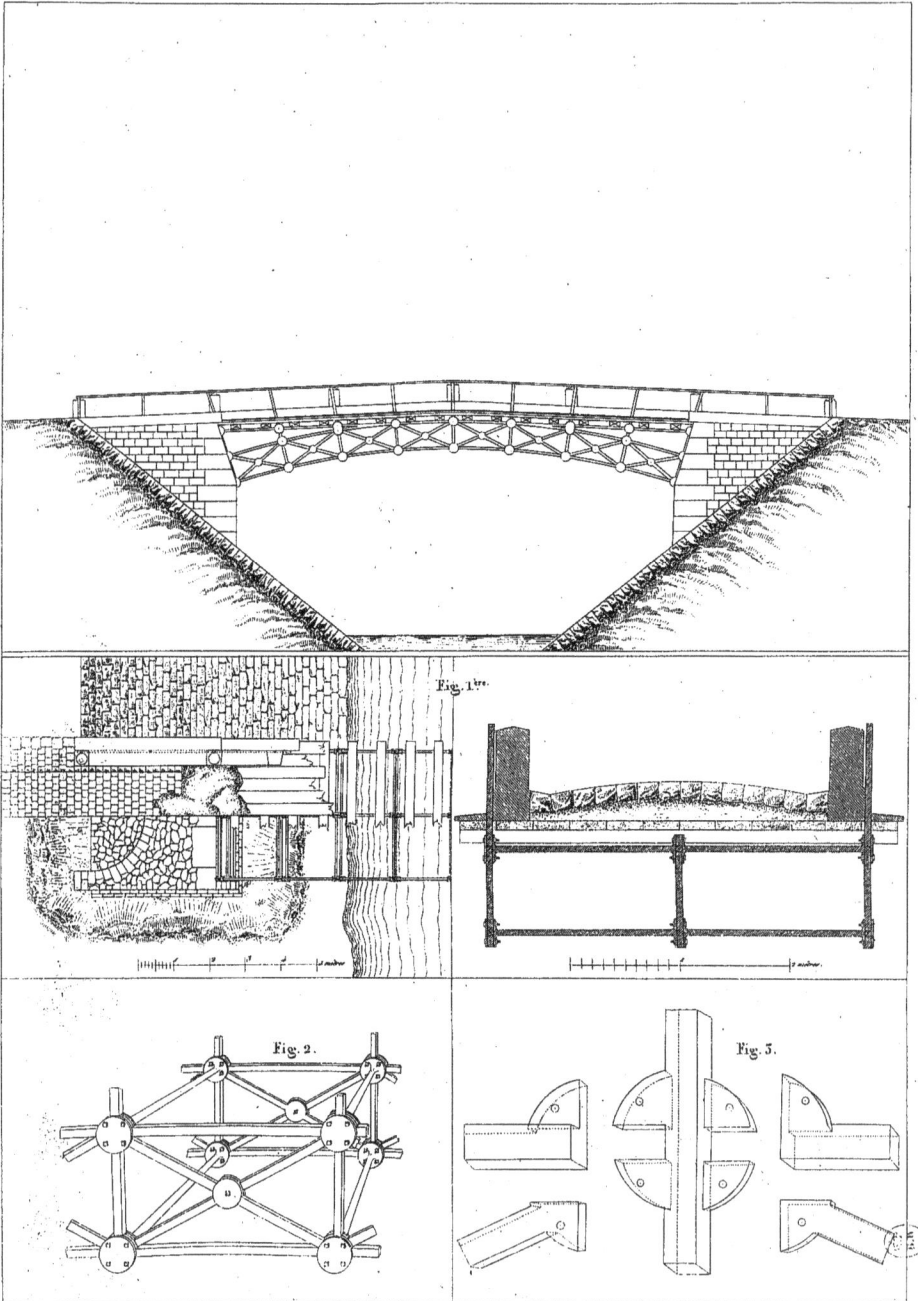

Fig. 1re.

Fig. 2.

Fig. 3.

PONT SUR LE CROU (Près S.t Denis.)

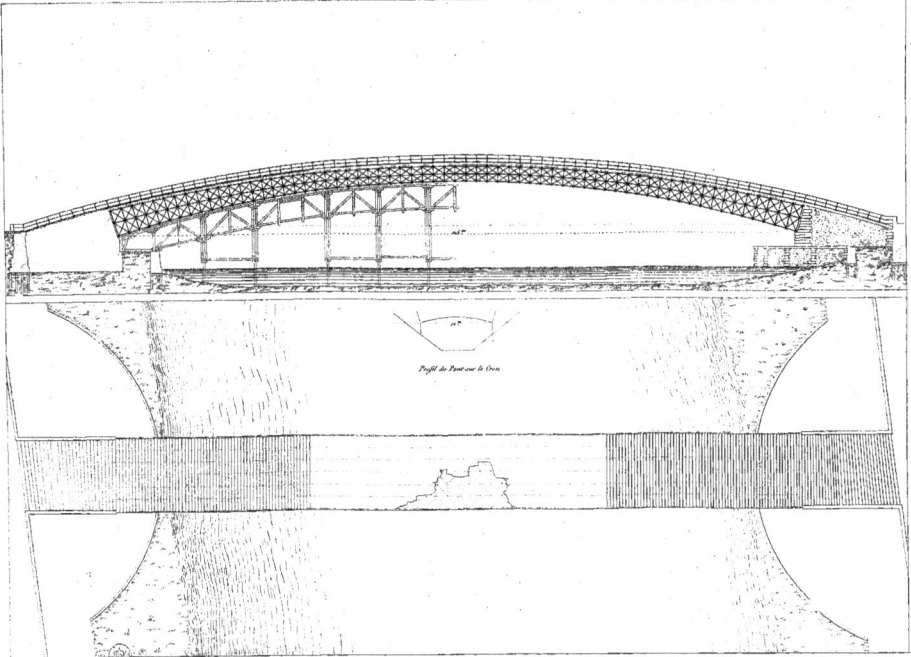

Profil du Pont sur le Gros.

PONT PROJÉTÉ EN FACE DES INVALIDES

PROJET Nᵒ I.

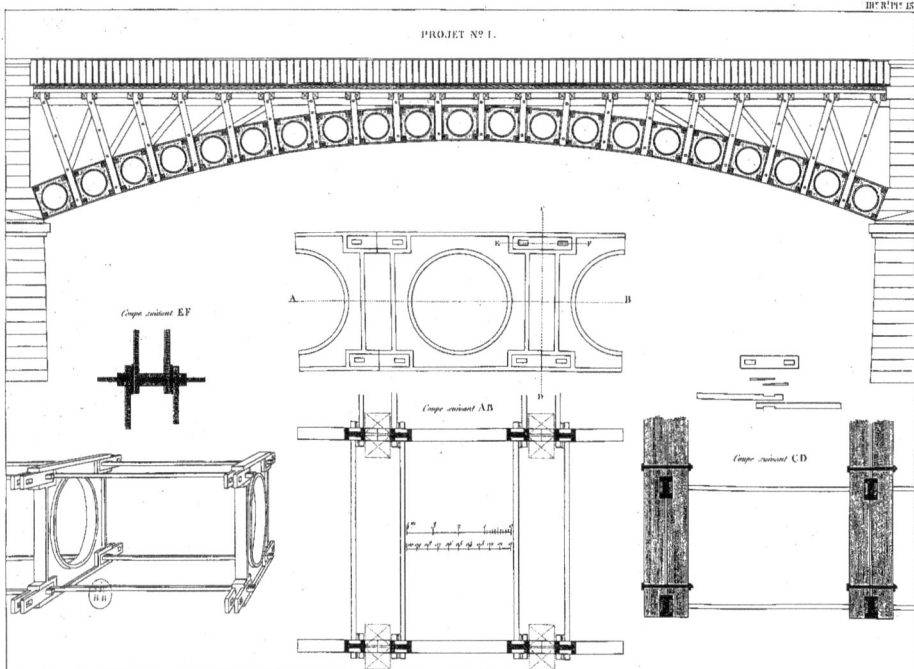

Coupe suivant EF

A.   B

Coupe suivant AB

Coupe suivant CD

PROJET Nᵒ II.

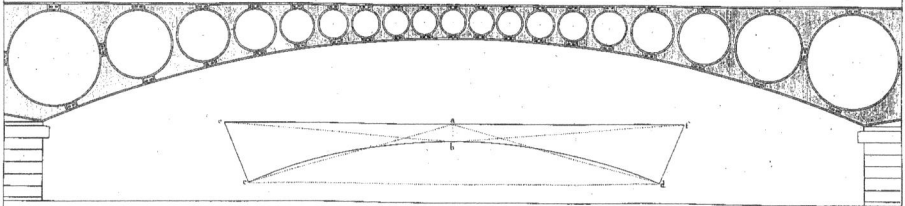

PROJET Nᵒ III.

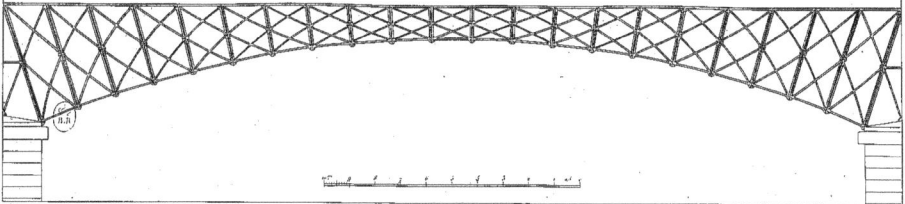

PROJET Nº 1.

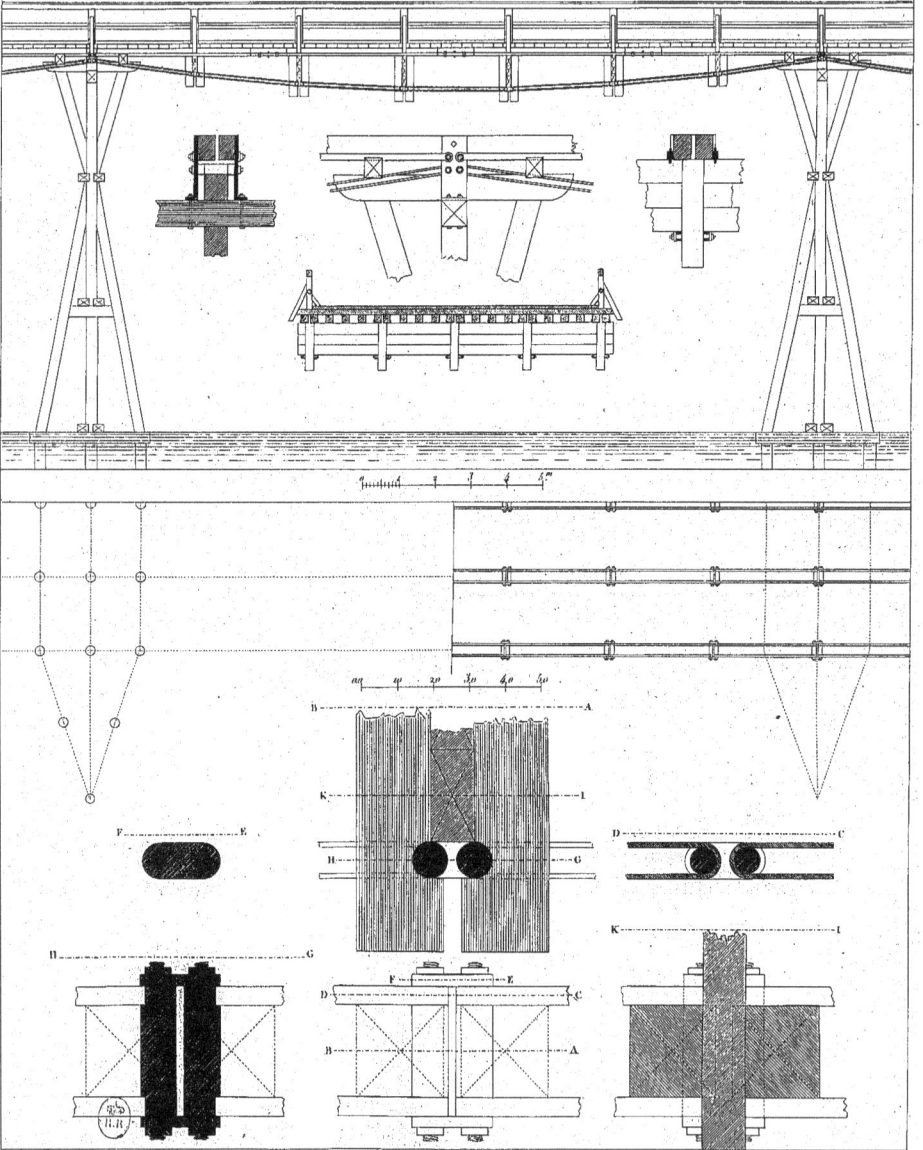

PROJET Nº 2.

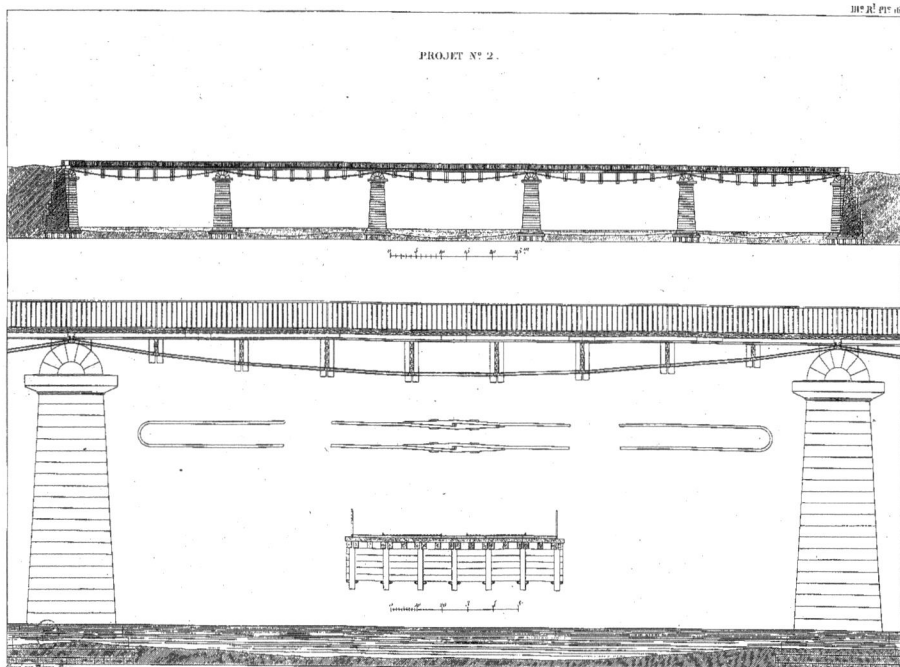

ÉTUDES

RELATIVES

A L'ART DES CONSTRUCTIONS,

RECUEILLIES

Par L. BRUYÈRE,

OFFICIER DE LA LÉGION D'HONNEUR, INSPECTEUR GÉNÉRAL DES PONTS ET CHAUSSÉES, MAÎTRE DES REQUÊTES, ET ANCIEN DIRECTEUR DES TRAVAUX DE PARIS.

L'Ouvrage sera divisé en douze Recueils, ainsi qu'il suit, SAVOIR :

4.me RECUEIL.

Chacun de ces Recueils, qui équivaudra à deux livraisons ordinaires, sera composé de douze à quinze planches, y compris le frontispice, et d'un texte explicatif.

Le premier Recueil a paru le 1.er décembre 1822, et les suivans de deux en deux mois.

A PARIS,

Chez BANCE aîné, Éditeur, rue Saint-Denis, n.° 214.

1823.

ÉTUDES

RELATIVES

A L'ART DES CONSTRUCTIONS,

RECUEILLIES

Par L. BRUYERE,

OFFICIER DE LA LÉGION D'HONNEUR, INSPECTEUR GÉNÉRAL DES PONTS ET CHAUSSÉES,
MAÎTRE DES REQUÊTES, ET ANCIEN DIRECTEUR DES TRAVAUX DE PARIS.

Nisi utile est quod facimus, stulta est gloria.
PHÈDRE, fab. 17, liv. III.

IV.ᵉ RECUEIL.

FOIRES ET MARCHÉS.

TABLE DES PLANCHES DE CE RECUEIL.

FOIRES.

On donne en général le nom de *Foires* à de grands marchés publics qui se tiennent à certaines époques de l'année, et où l'on vend des marchandises de toute espèce.

On connaît les grandes foires de l'Allemagne, de la France et d'autres contrées; foires devenues fameuses par leur ancienneté, la réunion des négocians de plusieurs nations, et l'importance des spéculations.

Il y avait même peu de villes, de bourgs et de villages qui n'eussent une foire périodique où les habitans circonvoisins s'approvisionnaient des objets nécessaires pour la consommation de l'année. Il en existe encore en beaucoup d'endroits; mais elles ne sont plus suivies avec le même empressement depuis les changemens que le temps et les vicissitudes politiques ont opérés dans les habitudes et notamment dans les franchises. D'ailleurs, la facilité des communications permet aux habitans des petites villes et des campagnes de venir s'approvisionner dans les grandes villes, qui offrent des *foires perpétuelles*.

On conservera toujours cependant les marchés qui ont un objet spécial, tel que la vente des bestiaux et de certains produits de l'agriculture et de l'industrie; mais cette espèce de marché ou foire, qui se tient en plein air et n'exige, le plus ordinairement, aucune construction fixe ou mobile, ne peut intéresser l'architecte.

On désigne également, dans quelques villes, sous le nom de *Foires*, ou des corps de bâtimens couverts par une vaste charpente et renfermant des loges, ou un ensemble de constructions légères présentant plusieurs rues bordées de boutiques.

A Paris, l'ancienne foire Saint-Germain était un exemple de la première disposition. La nouvelle foire Saint-Germain et la foire Saint-Laurent offraient des exemples de la seconde.

On y trouvait, dans ces enceintes, des salles de spectacle, des restaurateurs, des cafés, et, en général, tous les plaisirs et les jeux qui pouvaient attirer le public.

La foire Saint-Germain avait été établie par Louis XI dès l'an 1482, et donnée à l'abbaye Saint-Germain-des-Prés. Elle consistait, d'après les traditions, en un seul bâtiment couvert par une charpente admirée des gens de l'art. Le tout avait 130 pas de longueur sur 100 de largeur. Neuf rues, tirées au cordeau et se coupant à angles droits, divisaient l'espace total en vingt-quatre parties. Les loges étaient composées d'une boutique au rez-de-chaussée et d'un petit magasin au-dessus. Les spectacles et les jeux occupaient d'autres rues voisines.

On y vendait toutes sortes de marchandises, excepté des livres et des armes. Comme cette foire était *franche*, les marchands forains et ceux qui n'étaient pas *maîtres* y étaient admis sans crainte d'être inquiétés par les jurés de la ville.

Un incendie qui arriva du 16 au 17 mars 1762, fit tout disparaître en cinq heures, et dévora entièrement ces constructions en bois.

Au mois d'octobre de la même année, on s'occupa de construire cent nouvelles loges placées sur des rues dont quelques-unes furent couvertes en vitrages. Cette nouvelle foire, moins commode que l'ancienne, dont la charpente couvrait les rues, a elle-même été abandonnée, et son emplacement est maintenant occupé par le nouveau marché Saint-Germain, dont nous parlerons plus loin.

L'établissement de la foire Saint-Laurent remonte au règne de Philippe-Auguste. Elle se tenait d'abord à découvert dans le faubourg Saint-Laurent; mais, en 1662, les prêtres de la Mission furent autorisés à la transférer dans un terrain qui leur appartenait, contenant 6 ou 7 arpens, et sur lequel ils élevèrent des boutiques et des loges qui furent occupées par des marchands, des limonadiers, &c. Ces loges bordaient des allées ou rues plantées de marronniers. On trouvait dans cette foire les mêmes spectacles et l'on y jouissait des mêmes franchises qu'à la foire Saint-Germain; mais le public a cessé de la fréquenter depuis la permission accordée aux spectacles forains de s'établir sur les boulevarts du nord de Paris.

Une troisième foire, connue sous le nom de *Saint-Ovide*, établie place Vendôme en 1764, fut transférée en 1771 sur la place Louis XV. Les boutiques présentaient une décoration uniforme, et se trouvaient placées le long d'une galerie circulaire sous laquelle les promeneurs étaient à l'abri. Cette foire a eu le sort des deux précédentes.

Il paraît peu probable qu'à Paris principalement, il y ait lieu, à l'avenir, de s'occuper de semblables projets, sur-tout si l'on considère,

1.° Que la plus grande partie des rues de la capitale, les boulevarts, les passages couverts si multipliés depuis quelques années, les galeries du Palais-Royal, les rues de Rivoli et de Castiglione, sont bordés de boutiques élégantes dont le nombre s'accroît tous les jours;

2.° Que le succès des foires était dû à la suspension, pendant leur durée, de priviléges qui maintenant n'existent plus.

Ces compositions pouvaient fournir à quelques architectes dont l'imagination active aime les sujets pittoresques, une occasion de développer leur talent; mais on doit peu regretter de semblables établissemens, qui donneraient lieu à des dépenses hors de proportion, si l'on excluait le bois de leur construction, ainsi que cela devrait être. D'ailleurs ces lieux de rassemblement ont d'autres inconvéniens aussi contraires à l'ordre public qu'aux bonnes mœurs.

Malgré le peu d'utilité de ces sortes d'édifices dans l'état actuel des choses, j'ai cru devoir présenter, dans la première planche de ce Recueil, un souvenir de deux foires exécutées l'une à Bergame et l'autre à Vérone. Elles rappellent les bazars de l'Orient, et leurs dispositions, très-différentes entre elles, peuvent être de quelque intérêt.

MARCHÉS.

On donne en général le nom de *Marchés* à des lieux publics où l'on vend toutes sortes de denrées et de comestibles. Le nom de *Halle*, qui s'emploie quelquefois pour celui de *Marché*, s'applique plus particulièrement à des édifices clos et couverts, contenant de grands dépôts, soit de marchandises, soit de comestibles, et où les marchands détaillans viennent s'approvisionner. Telles sont les halles aux grains, aux vins, aux cuirs, aux draps, aux toiles, &c.

Les *marchés de détail* pour les comestibles sont ceux dont nous avons principalement à nous occuper, parce qu'ils composent ce Recueil en grande partie. Ils intéressent tous les citoyens; mais ils sont sur-tout à l'usage de cette classe, la plus nombreuse, pour laquelle l'économie du temps et de l'argent est une nécessité.

Dans l'état actuel des mœurs en Europe, ces marchés ne peuvent avoir aucun rapport avec ceux des anciens, connus sous le nom de *Forum* chez les Romains et d'*Agora* chez les Grecs. Ces derniers établissemens occupaient de vastes emplacemens; ils étaient entourés de magnifiques portiques formés quelquefois par un double rang de colonnes, et qui conduisaient aux édifices publics les plus importans, tels que les temples, les basiliques, les lieux d'assemblée, &c.; ils offraient enfin une des occasions les plus favorables au développement des richesses de l'architecture et même de la sculpture.

Ce n'est donc point dans ces monumens somptueux, dont il reste peu de vestiges, qu'on aurait l'espoir de trouver le type de nos marchés modernes. Nous sortons à peine de ces temps qu'on peut appeler barbares, où les marchés de comestibles, presque sans exception, se tenaient en plein air, sans aucun moyen de s'y garantir contre les intempéries des saisons.

Il paraît même que les plus grandes villes de l'Europe ne possèdent encore en ce moment qu'un très-petit nombre de marchés couverts qui puissent être cités; et, parmi ceux que j'ai pu recueillir, il n'en est aucun qui satisfasse aux conditions les plus indispensables.

C'est dans les véritables besoins et les convenances qu'on est réduit à chercher les bases du programme d'un marché de détail pour les comestibles, et je crus devoir m'occuper essentiellement de cette recherche, lorsque je me vis appelé à diriger l'exécution de plusieurs de ces marchés à Paris.

Comme le programme qui faisait partie d'un travail général soumis dans le temps au ministre de l'intérieur, se trouve maintenant appuyé par de grandes expériences, il convient de le faire connaître avant de s'occuper des divers marchés que renferme ce Recueil.

PROGRAMME d'un Marché pour la Vente en détail des Comestibles.

La position, la solidité, la commodité et *la salubrité* sont les choses principales à considérer dans les édifices servant à ces marchés.

Quant à *sa position*, un marché doit être, autant que possible, à la portée des consommateurs, et dans un lieu fréquenté qui puisse offrir tous les débouchés qu'exigent les arrivages et les mouvemens de la population.

La solidité, nécessaire dans tous les édifices, l'est sur-tout dans ceux destinés à un service public qui ne doit pas être interrompu, et où le plus léger accident pourrait avoir des suites fâcheuses.

La commodité et *la salubrité* exigent que les vendeurs, les acheteurs et les denrées soient parfaitement à l'abri de l'intempérie des saisons;

Que les dispositions de l'édifice soient favorables à la conservation des comestibles;

Qu'il y ait une grande masse d'air, et qu'elle soit renouvelée continuellement;

Enfin, qu'une extrême propreté puisse être entretenue dans toutes les parties du marché.

Il est donc à désirer que les marchés, au moins jusqu'à une certaine hauteur, soient construits en pierre de taille; qu'ils soient clos et couverts; que les ouvertures inférieures, excepté celles destinées à servir d'entrée, soient garnies de persiennes qui servent à défendre l'intérieur contre le soleil, la pluie, la neige et les grands vents, sans cependant intercepter jusqu'à un certain point la lumière et la circulation de l'air dans la partie inférieure. D'autres ouvertures peuvent être pratiquées avec avantage sous la saillie du comble et dans le comble même,

pour aérer la partie supérieure et pour procurer une plus grande lumière.

On doit s'attacher à donner aux corps de bâtimens une certaine largeur, afin de ne pas multiplier les murs de face, en évitant cependant, autant que possible, les piliers intérieurs, qui font perdre de la place, gênent la distribution des étalages et nuisent à la vue de l'ensemble; et dans le cas où l'on serait contraint d'en employer, il faut les construire en pierre, et les espacer autant que la portée des bois peut le permettre.

La largeur entre les murs de face se trouve déterminée par le nombre des rangs d'étalages, qui doit être pair, afin que deux rangs soient desservis par le même passage.

L'expérience a fait connaître qu'il convient de donner environ 2 *mètres* de largeur à chaque rang, ainsi qu'aux passages.

Il résulte de ces données que la largeur intérieure d'un marché peut être, selon les localités, de 6 à 7 mètres, de 12 à 13 mètres, de 18 à 20 mètres.

Les quatre nouveaux marchés de Paris construits en pierre, et ceux projetés, offrent des exemples de ces dimensions.

Il est sans doute inutile de faire observer que, pour l'entretien de la propreté, ainsi que pour la commodité des étalagistes, il est nécessaire qu'il y ait de l'eau à leur portée.

Une fontaine publique est donc indispensable dans ces édifices, dont elle doit être le principal ornement.

L'architecture de ces marchés de détail peut être très-simple, sans cesser d'être imposante par la masse, la bonne disposition et la pureté des formes. Presque toujours ces édifices doivent rester étrangers au luxe des ornemens, et semblent appartenir plutôt au genre des fabriques qu'on rencontre souvent en Italie. Enfin les divisions doivent être telles, qu'il y ait, autant que possible, égalité d'avantages dans les places; que les détaillans ne puissent vendre hors de l'enceinte, étendre leurs étalages au-dehors, ni obstruer les entrées et les rues. Ces entrées seront fermées par des grilles pendant la nuit, afin que les denrées et ustensiles qu'on y laissera soient en sûreté, et que ces lieux publics ne puissent servir de retraite aux vagabonds.

Les marchés, lorsqu'ils ont une certaine étendue, doivent être accompagnés de plusieurs accessoires qui contribuent beaucoup à leur succès et qu'il faut comprendre dans le projet; car faute de les avoir prévus, il devient souvent impossible et toujours difficile de les ajouter après coup. Ces accessoires sont :

1.° Des serres destinées à contenir certaines denrées qui n'ont pu être vendues dans la journée;

2.° Un corps-de-garde;

3.° Un cabinet pour le percepteur du droit à payer par les étalagistes;

4.° Un logement pour le concierge;

5.° Des lieux d'aisance publics;

6.° Enfin, lorsque cela est possible, une écurie pour recevoir les chevaux des marchands forains.

Comme la dissémination des marchands de comestibles est incommode pour les consommateurs, il est à désirer qu'une boucherie ou corps d'étaux publics soit toujours placée près des marchés. L'intérêt général exige d'ailleurs que l'on entretienne soigneusement la concurrence dans la vente des viandes, ce qui ne peut exister que par la réunion de plusieurs bouchers dans un même lieu. D'un autre côté, lorsque le consommateur trouve dans un même local tous les différens comestibles, il peut choisir parmi ceux qui lui offrent le plus d'économie, selon le temps et les saisons. Ces étaux publics facilitent en outre la surveillance mutuelle et celle de la police; ils s'opposent au monopole, à la fraude dans le poids, et au débit de viandes de mauvaise qualité : ils permettent enfin d'entretenir plus facilement la propreté des rues, et de les délivrer de l'aspect dégoûtant des chairs sanglantes, ainsi que des émanations qui s'exhalent des boucheries isolées. Ces avantages ont été appréciés par plusieurs villes, qui ont fait construire des étaux publics, et ont en cela devancé la capitale.

Avant de passer à l'application de ces principes et d'entrer dans des détails particuliers sur les marchés qui font l'objet des planches de ce Recueil, j'ajouterai à ces généralités quelques renseignemens historiques sur les anciens marchés de Paris.

Anciens Marchés et Étaux publics de Paris.

Les marchés de Paris sont pour la plupart d'une grande ancienneté. Le quartier compris actuellement sous le nom des *Halles*, était originairement une grande pièce de terre nommée *Champeaux*, sur laquelle le roi Louis-le-Gros établit un marché que Philippe-Auguste entoura de murailles. Ce dernier 1 ui fit ensuite construire, dans sa vaste enceinte, des galeries couvertes sous lesquelles les marchands et les denrées étaient à l'abri. C'était dans cette espèce de *foire permanente* que se débitaient les produits de l'agriculture, ainsi que ceux de l'industrie grossière de ces temps-là. On y trouvait aussi des étaux ou corps de boucheries.

Les changemens survenus dans le régime féodal, et ceux opérés par le temps, firent tomber cet utile établissement. Dès le commencement du XVII.ᵉ siècle, les marchés se tinrent presque généralement en plein air, sur les places publiques, sur les quais, et même dans quelques rues, qui en furent encombrées.

Il résultait de cet état de choses (qui subsiste encore dans quelques quartiers) de grands embarras, une extrême malpropreté, quelquefois des maladies causées, soit par l'usage de comestibles dangereux ou corrompus, qui, au milieu du désordre et de la cohue, échappaient à la surveillance de la police, soit par les exhalaisons provenant des débris en fermentation; enfin, toujours une grande difficulté de prévenir les fraudes qui s'introduisent dans la vente des comestibles.

Quelques échoppes et de grands parasols n'ont pu remédier à ces inconvéniens, et en ont créé de nouveaux en donnant lieu à de grandes dégradations dans le pavage. Le mal a été beaucoup diminué par la construction de quelques abris fixes, tels que ceux de la place des Innocens, des Jacobins, &c. Ces abris eux-mêmes peuvent bien être considérés comme le premier pas vers l'amélioration du système des marchés; mais ils ne satisfont point aux conditions exposées dans le programme précédent. On ne peut douter que l'architecte chargé de leur exécution n'eût préféré d'autres moyens de construction, si l'administration ne lui avait imposé l'obligation de renfermer la dépense dans d'étroites limites.

Les anciennes boucheries ou étaux publics se soutinrent, parce que leur existence était fondée sur des contrats et des priviléges dans lesquels on avait su concilier les intérêts réciproques des propriétaires et des fermiers, et parce que les consommateurs y trouvaient aussi de grands avantages.

Les priviléges abolis, les bouchers abandonnèrent successivement ces étaux pour se répandre dans tous les quartiers de Paris, sous le prétexte de se rapprocher des consommateurs, qui, loin de gagner à ce changement, perdirent au contraire tous les avantages qu'ils trouvaient dans la concurrence. Il n'est resté de ces étaux publics que ce qu'on appelle *le marché à la viande*, que les bouchers ont plusieurs fois tenté de faire supprimer, et que l'administration a conservé avec raison en faveur de la classe pauvre, comme le seul contre-poids du monopole.

On voit par cet exposé que Paris, l'une des premières capitales de l'Europe, quoique célèbre par sa police, se trouvait dépourvue de ces établissemens qu'on peut appeler de pre-

mière nécessité, et le cédait, sous ce rapport, non-seulement à d'autres capitales, mais encore à des villes d'un ordre inférieur qui possédent depuis long-temps des marchés couverts et des boucheries publiques isolées des habitations des citoyens.

J'ai été assez heureux, lorsque la direction des travaux de Paris m'a été confiée, pour contribuer à faire adopter par l'administration, des dispositions qui ont paru avoir l'assentiment général.

Dans les notices ci-après, je rendrai compte successivement des différens marchés exécutés, et de quelques projets qui auraient pu l'être, si de grands événemens n'eussent amené une suspension; car on doit espérer qu'aussitôt que les circonstances le permettront, l'administration s'occupera de compléter le système général des marchés et boucheries, et de faire participer tous les quartiers de Paris aux avantages que procurent des établissemens aussi utiles.

NOTICES PARTICULIÈRES
SUR LES MARCHÉS
QUI FONT L'OBJET DES PLANCHES DU RECUEIL.

Marchés d'Italie. Planches 1 et 2.

LE plus remarquable de ces marchés est celui exécuté depuis quelques années à *Naples*, près la rue de Tolède. Il consiste en une vaste cour où l'on ne pénètre que par des passages, et qui est entourée d'un portique de colonnes doriques, sous lequel sont placés des étaux de bouchers. Mais tous les autres comestibles, poissons, légumes, &c., se vendent en plein air.

J'ignore si cette disposition convient au climat et aux habitudes de Naples, mais elle ne serait point applicable à une ville comme Paris.

Les *marchés de Florence* peuvent paraître élégans au premier coup-d'œil; mais ils supporteraient difficilement l'examen sous le rapport des dispositions et de la convenance.

Celui qu'on nomme *le Marché-Neuf* avait été élevé en 1548 par le grand-duc Cosme I.ᵉʳ, pour le commerce des marchands de soie, qui ont des boutiques à l'entour. Il est divisé par des colonnes d'ordre corinthien qui supportent des voûtes et des arcades, et il est flanqué aux angles par quatre massifs ou contre-forts.

Il me semble que c'est par un abus, malheureusement trop commun, qu'on voit figurer dans un édifice de cette nature un ordre qui doit être réservé pour des temples et des palais. Les arcades portées par des colonnes sont employées à un très-grand nombre d'édifices de l'Italie moderne, et notamment aux loges et aux portiques des palais. C'est aux gens de l'art à juger s'il est bien convenable de voir les marchés et les loges présenter le même caractère dans leur décoration. D'ailleurs ce système de construction, qui peut être agréable lorsqu'il est employé à propos, a d'un autre côté le désavantage d'exiger l'emploi de tirans de fer qu'on supprime dans les dessins, mais qui font un mauvais effet dans l'exécution.

Les *poissonneries de Bologne et de Rimini* paraissent, à mon gré, se rapprocher beaucoup plus du caractère des marchés et satisfaire aux convenances.

Marchés de France et de Hollande. Planche 3.

Je dois à l'extrême complaisance des ingénieurs des départemens et de quelques architectes, les plans de plusieurs petits marchés de France et de Hollande.

Le plus étendu est celui de *Bourbon-Vendée*, projeté et exécuté récemment par M. Plessis, ingénieur des ponts et

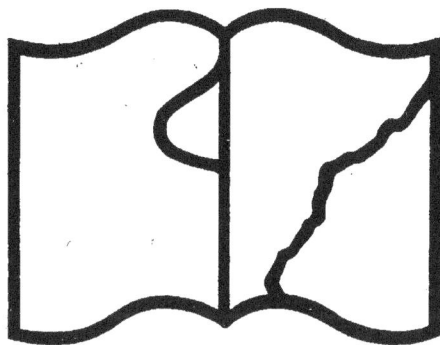

Texte détérioré — reliure défectueuse

NF Z 43-120-11

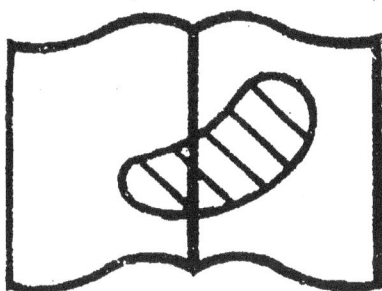

Illisibilité partielle

chaussées. La galerie extérieure est seule destinée à la vente
des comestibles, tels que poisson, volaille, gibier, viande,
légumes, &c. Trois grandes salles occupent l'intérieur : elles
ont peu d'air et ne reçoivent de lumière que par des ouvertures
très-élevées au-dessus du sol; aussi ne sont-elles employées
qu'à l'entrepôt et à la vente des grains, draps, toiles, faïence,
verreries, &c., ce qui les classe dans le genre d'édifices connu
sous le nom de *Halles.*

Je n'entrerai dans aucun détail sur les autres marchés contenus dans la même planche, parce que je n'ai pas eu occasion
de les voir. Je me permettrai seulement de faire observer que
ces marchés et les précédens ne présentent pas des dispositions
qui puissent servir d'exemple.

J'ai appris qu'il avait été construit, dans quelques villes des
États-Unis et de l'Angleterre, des marchés publics dont on
loue beaucoup les sages dispositions et la grande propreté;
mais je n'ai pas été assez heureux jusqu'à ce moment pour me
procurer des renseignemens positifs sur ces édifices.

MARCHÉS DE PARIS.

Halles aux Veaux, aux Draps et à la Volaille.
Planche 4.

La *Planche 4* contient les plans, coupes, &c. de trois marchés ou halles, savoir : *la Halle aux Veaux, la Halle aux
Draps* et *la Halle à la Volaille.*

Je ne parlerai point des deux premières, parce qu'elles ont
peu de rapport avec les marchés de détail pour les comestibles.

Le marché à la volaille se tenait autrefois en plein air sur le
quai des Augustins, qui en était encombré. Le nouvel édifice
qui le contient occupe l'emplacement de l'église et de l'ancien
couvent des Augustins. La construction en était déjà fort avancée lorsque j'ai été chargé de la direction. On voit par le plan et
la coupe que la halle est divisée en trois nefs, dont celle du
milieu est un peu plus grande et plus élevée. La nef du côté du
quai est affectée aux marchands de détail; les deux autres,
réservées pour la vente en gros, ont dû être assez spacieuses
pour le mouvement des voitures, et ne servent cependant qu'en
certains jours de l'année.

Il ne manque plus à cet établissement que des débouchés
sur la rue de Lodi. Il n'en est séparé que par des maisons dont
la ville est devenue propriétaire pour en faire le sacrifice,
quelque jour, au dégagement du marché et à l'embellissement
du quartier.

Marché Saint-Martin. Planches 5 et 6.

Ce nouveau marché a remplacé l'ancien et ceux qui se
tenaient en plein air dans les rues Saint-Denis et Saint-Martin,
au grand désavantage de la circulation. Il occupe une grande
partie du jardin de l'ancien couvent de Saint-Martin-des-
Champs, dont les bâtimens contiennent maintenant le Conservatoire des arts et métiers.

Cette partie du jardin était limitée de trois côtés par les murs
du couvent, anciennement placé au milieu des champs. M. Peyre
neveu, architecte du Conservatoire, avait proposé d'adosser à
ces murs épais et très-élevés, une galerie à rez-de-chaussée
pour y exposer les modèles et machines.

Le même architecte fut chargé du marché, et il proposa de
rétablir comme la galerie projetée, afin de profiter des vieux
murs. La première pierre fut même posée dans cette hypothèse; mais de sages conseils firent bientôt renoncer à une
disposition qui ne pouvait convenir pour un marché de comestibles, lequel doit être isolé, afin de favoriser la circulation de

l'air, et, de plus, être environné de rues dont les boutiques
donnent de la valeur au marché comme elles en reçoivent
de celui-ci.

On a donc fait disparaître ces murs, que les riverains ont
remplacés par des constructions nouvelles et des boutiques.

Pour achever d'ôter à cet établissement l'aspect claustral, si
contraire à sa destination, il fallait en outre multiplier les
issues; et c'est ce qu'on a fait en ouvrant quatre rues dans les
angles, et une cinquième dans l'axe du marché, qui est aussi
celui du Conservatoire; en sorte que ce dernier édifice, ignoré
des habitans de Paris, est maintenant parfaitement démasqué.

Deux pavillons isolés, qui ajoutent à l'agrément de ce
marché, renferment d'un côté le corps-de-garde, et de l'autre
le logement du concierge, le cabinet du percepteur et des lieux
d'aisance publics.

Une fontaine jaillissante, alimentée par les eaux de l'Ourcq,
occupe le centre de l'emplacement. La vasque est soutenue par
un beau groupe d'enfans, dont les attributs conviennent au
lieu où cette fontaine est placée.

Cet ouvrage, exécuté en bronze, fait beaucoup d'honneur
aux talens de M. Gois fils; et la *Planche 6,* consacrée à ce
petit monument, est précieuse pour moi, parce qu'elle me
rappelle trois artistes aussi distingués par leurs talens que par
leurs qualités personnelles.

Malgré tous les sacrifices déjà faits pour procurer des débouchés au marché Saint-Martin, il reste encore à désirer
qu'on puisse acquérir une ou deux maisons qui s'opposent au
prolongement de la rue Transnonain, projeté dès l'origine, et
qui a servi à déterminer l'alignement de la rue qui sépare le
marché du Conservatoire.

Mais un débouché encore plus important serait l'ouverture
d'une rue dans l'emplacement de l'ancienne église du couvent
qui est devenue inutile. Cette nouvelle rue, qu'on pourrait
prolonger par la suite jusqu'à la rue Philippeaux, isolerait le
Conservatoire, établirait une communication très-avantageuse
entre les quartiers Saint-Martin, Saint-Denis et celui du
Temple, et donnerait plus de vie au quartier.

Enfin, il resterait entre cette nouvelle rue et l'un des corps
du marché un espace suffisant pour y construire des étaux
publics, qui seraient le complément de cet utile établissement, et sous lesquels on pourrait pratiquer des serres pour
les étalagistes.

Marché des Carmes. Planche 7.

Ce marché a été établi sur l'emplacement du couvent et de
l'église des Carmes, dont les constructions, très-anciennes et
devenues inutiles, s'opposaient à l'élargissement et à l'assai-
nissement des rues adjacentes. Il a remplacé le marché en
plein air qui encombrait la place Maubert et les rues circon-
voisines. Ceux qui se rappellent l'ancien état des choses,
peuvent seuls se faire une idée des avantages que cette nouvelle construction a procurés à ce quartier très-populeux, et
qui jusque-là s'était peu ressenti des faveurs répandues sur des
localités plus heureuses.

Deux projets avaient été proposés pour ce marché avant ma
nomination à la direction des travaux de Paris.

Le premier consistait dans la construction de simples abris,
et supposait l'entière démolition du couvent, de l'église et de
plusieurs maisons particulières sur la rue de la Montagne et
celle des Noyers.

Pour obtenir quelques économies, on avait cherché, dans le
second, à utiliser une partie des vieilles constructions, en y
faisant les additions nécessaires; mais ce dernier projet laissait
les rues aussi étroites qu'auparavant, n'offrait aucun ensemble,
et n'aurait pu satisfaire aux conditions du programme. Je fis

donc tous mes efforts pour déterminer l'administration supérieure à adopter d'autres dispositions plus convenables pour une ville comme Paris. Elles furent ensuite étudiées avec soin par M. Vaudoyer, architecte, qui en a dirigé l'exécution avec beaucoup de succès, en quoi il a été secondé par M. l'inspecteur Lelong.

Le couvent et l'église des Carmes avaient été cédés à la ville de Paris; mais elle a acheté de ses deniers un assez grand nombre de maisons particulières, dont la démolition était indispensable pour isoler entièrement le marché et augmenter la largeur des rues adjacentes.

Une petite fontaine a été élevée au milieu de la cour; elle ne se compose que de deux morceaux de pierre de Château-Landon. L'un présente une vasque de 3 mètres 50 centimètres de diamètre, et l'autre un hermès à deux têtes qui supporte un panier de fruits, et dont la sculpture a été confiée à M. Fragonard, dont on connaît les talens rares et variés.

La pente du sol a obligé d'élever de quelques marches la moitié du marché, qui doit être occupée par des étaux publics; c'est au-dessous de cette partie qu'on a pratiqué des caves bien aérées, divisées en cent petites serres par de simples grillages en fer. Il manque encore à cet établissement quelques accessoires dont on a parlé dans le programme général; mais la sollicitude de M. le préfet en fera bientôt jouir le public, et l'édifice destiné à les contenir doit être placé au-delà du marché, sur un terrain réservé à cet effet lors de la vente des bâtimens de l'ancien collège de Laon.

Marché Saint-Gervais. Planche 8.

Ce marché a remplacé celui établi en plein air place Saint-Jean. Il avait d'abord été arrêté qu'il serait construit de simples abris sur cette même place; mais je représentai que ces constructions ne satisferaient pas aux conditions indispensables, et qu'en outre elles obstrueraient entièrement cette petite place, occupée dans son milieu par un corps-de-garde et une fontaine, et dont l'étendue était déjà insuffisante pour aérer un quartier où les rues sont étroites et les maisons très-élevées.

L'embarras était de trouver à peu de distance un local convenable. Après des recherches, je crus devoir proposer de placer le nouveau marché dans une propriété appartenant aux hospices de Paris, vieille rue du Temple. Les bâtimens, qui étaient en ruine, avaient pendant long-temps été occupés par l'hôpital Saint-Gervais, desservi par des religieuses, et avaient plus anciennement fait partie de l'hôtel d'O. Ma proposition ayant été adoptée, la ville fit l'acquisition de cette propriété, dont le jardin trop élevé a été mis au niveau des rues adjacentes. M. Labarre, architecte distingué, fut d'abord chargé de cet édifice, et s'occupa utilement de quelques dispositions; mais ayant, peu de temps après, succédé à M. Brongniard comme architecte de la Bourse, il fut dignement remplacé par son confrère M. Delespine, qui a commencé et terminé ce marché, dans la construction duquel M. l'inspecteur Dedieu a montré un zèle très-digne d'éloges.

La ville, depuis la première acquisition, a fait de nouveaux sacrifices pour compléter l'isolement du bâtiment principal.

Un corps de boucheries pouvant contenir quatorze étaux a été construit en même temps que le marché, et dans le même axe; on aperçoit facilement de l'intérieur, ainsi que les deux petites fontaines qui en décorent l'entrée.

Ce corps d'étaux est isolé; mais il sera encore nécessaire d'ouvrir un nouveau débouché en face de la rue des Écouffes, en faisant l'acquisition d'une maison de peu d'importance.

Il avait été question d'ouvrir, dans l'axe de la boucherie, une nouvelle rue qui aurait abouti à la rue Pavée. Quelque désirable que pût être son exécution, on ne pense pas que les avantages en fussent proportionnés aux sacrifices qu'elle exigerait; et d'ailleurs le débouché en face de la rue des Écouffes paraît suffisant.

Le corps-de-garde, le bureau de perception, le logement du concierge et les lieux d'aisance publics, ont été placés dans une petite maison construite sur un terrain laissé vacant lors de l'ouverture de la nouvelle rue qui communique de celle des Francs-Bourgeois à celle des Rosiers.

Il ne manque plus que des serres, aussi utiles aux étalagistes que productives pour la ville. Elles pourront être établies dans un emplacement encore sans emploi qui se trouve derrière le corps d'étaux. On pourra même en former deux petits édifices qui laisseraient entre eux l'espace nécessaire à la rue projetée, quoique son exécution paraisse peu probable.

Marché Saint-Germain. Planche 9.

Ce marché, le plus considérable de ceux exécutés à Paris jusqu'à ce jour, occupe l'emplacement de l'ancienne foire Saint-Germain, dont le terrain appartenait en grande partie à des particuliers, et a été acquis par la ville de Paris. Le sol de cet emplacement, laissé depuis plusieurs siècles dans son état primitif, se trouvait inférieur de plus de 3 mètres à celui des rues environnantes. Les eaux pluviales, et les immondices qu'elles entraînaient, étaient reçues dans des puisards devenus des foyers d'infection. Le premier bienfait des nouvelles constructions a été de faire disparaître ces puisards, en élevant le sol entier au-dessus des rues.

De légers abris devaient occuper ce bel emplacement, qui méritait de l'être par une construction moins précaire. Ce ne fut pas cependant sans de grandes difficultés que le projet d'un édifice en pierre, tel qu'on le voit exécuté, fut approuvé, parce que la dépense en était considérable.

Sans compter les rues spacieuses qui entourent cet édifice entièrement isolé, il offre sept débouchés principaux qui le rendent accessible dans toutes ses parties. La ville n'a épargné aucun sacrifice pour compléter cet utile établissement, dont le succès est prouvé par le grand nombre de maisons ornées de boutiques que les riverains se sont empressés de construire dans son pourtour, et qui ont transformé ce lieu, jadis infect et inhabité, en un quartier nouveau, qui contribue à l'embellissement du faubourg Saint-Germain.

D'après un rapport très-remarquable qu'un des administrateurs les plus éclairés adressa au ministre de l'intérieur sur la nécessité d'établir des étaux publics près des marchés, le terrain qui restait libre entre le prolongement de la rue des Quatre-Vents et les propriétés particulières, fut occupé par une boucherie capable de contenir trente-deux étaux, et sous laquelle on a pratiqué cent cinquante serres.

On parvient à celles-ci au moyen d'une double descente placée au fond du vestibule qui divise la boucherie en deux parties. Dans ce vestibule se trouve une petite fontaine sur laquelle est placée la statue de l'Abondance, exécutée par M. Milhomme, habile statuaire.

A l'angle de la rue Guisarde et dans l'axe longitudinal du marché, on a élevé un bâtiment pour les bureaux et logemens nécessaires. Derrière cette maison sont placés des lieux d'aisance publics, remarquables par leur bonne disposition. Les cheminées d'appel proposées et appliquées avec un grand succès par M. Darcet, ont été employées à ces lieux d'aisance, ainsi qu'à ceux des marchés précédens; en sorte qu'on n'a plus à craindre l'air méphitique des fosses, ni l'odeur désagréable qu'elles exhalent.

Le centre de la cour du marché doit être occupé par une fontaine. L'architecte, M. Blondel, a proposé modestement d'y transférer celle de la place Saint-Sulpice, qui n'est point en harmonie avec l'architecture colossale du portail de Servan-doni. Cette petite fontaine serait sans doute mieux placée dans le marché; mais je ne partagerais pas l'opinion de l'archi-tecte, si l'on pouvait espérer d'obtenir quelque jour des eaux jaillissantes, qui contribueraient puissamment à embellir ce dernier monument consacré à l'utilité publique, et l'un des plus remarquables de ce genre.

M. Blondel, secondé par M. l'inspecteur Lusson, a dirigé cette grande construction avec un zèle et un talent très-remar-quables. Il en a fait graver tous les détails, qui forment une suite de onze planches au trait et sont précédés d'une notice.

Entrepôt général des Vins et Eaux-de-vie.
Planche 10.

L'entrepôt général des vins et eaux-de-vie est une des entre-prises les plus vastes et les plus utiles qui aient été formées dans ces derniers temps.

Placé sur le bord de la Seine et entouré de rues qui l'isolent de tous côtés, il occupe un espace d'environ 140,000 mètres carrés.

Sa disposition, déterminée entièrement par les besoins du commerce, est de la plus grande simplicité. Deux grands corps de halle, couverts en charpente, qui constituent ce qu'on appelle le marché, sont placés au centre et sont destinés à con-tenir les vins ordinaires dont la vente est prochaine, et qui, jusqu'alors, séjournaient sur les ports, où ils étaient exposés aux effets des vents et du soleil.

Autour de ces halles, on a disposé de nombreux celliers voûtés qui composent trois masses principales, dont la plus considérable, située derrière le marché, occupe toute la lar-geur de l'emplacement.

Toutes ces constructions sont séparées par des rues ou avenues bordées de larges trottoirs et plantées d'arbres.

Au-dessus des celliers s'élèvent d'autres halles couvertes, destinées à contenir les vins du midi et les eaux-de-vie. Elles sont environnées de terrasses revêtues de fortes dalles, et qui servent aux différentes manœuvres; on parvient à ces halles supérieures par des rampes dont quelques-unes sont praticables pour les voitures.

On a cherché à réduire autant que possible le nombre des ouvertures et la hauteur des combles, afin d'éviter les courans d'air et la trop grande masse d'air, toujours préjudiciables parce qu'ils favorisent l'évaporation. Il n'a été fait aucun usage des plafonds en plâtre, par la raison que cette matière, d'ailleurs peu durable, laisse pénétrer la chaleur; on est parvenu à maintenir une température convenable, en n'employant que du bois, qui est mauvais conducteur de la chaleur. Des planches de sapin jointives, posées sur un rang de chevrons, supportent la tuile; et, à 30 centimètres au-dessous, un second rang de chevrons reçoit d'autres planches qui servent de plafond dans l'intérieur, et dont les joints, recouverts par des tringles, sont disposés avec régularité. La couche d'air interposée entre les deux rangs de planches contribue beaucoup à empêcher la communication de la chaleur, qui serait excessive sans les précautions que je viens d'indiquer.

Des aqueducs pratiqués sous les rues conduisent à la rivière toutes les eaux pluviales et celles qui sont employées tant au lavage des tonneaux qu'au maintien de la propreté.

L'expérience a déjà démontré que la quantité de vins et eaux-de-vie que cet entrepôt pourra contenir, quoique très-con-sidérable, est bien loin de représenter toute celle qui est mise en dépôt par le commerce de Paris; car il existe dans les

environs de cette ville beaucoup d'entrepôts particuliers, et notamment à Bercy, où ils occupent un immense terrain.

Les travaux de cet établissement ont, dès l'origine, été dirigés par M. l'architecte Gauché, qui n'a pas trouvé dans une construction de cette nature l'occasion de développer les talens qu'il possède sous le rapport de la décoration; mais il y a donné des preuves d'une grande sagesse, d'un zèle infatigable et des principes austères qui le caractérisent.

Marchés projetés. Planches 11, 12 et 13.

Pour compléter le système général des marchés de comes-tibles et des boucheries, et procurer sous ce rapport des avan-tages égaux à tous les quartiers de Paris, il reste encore beau-coup à faire. Je m'étais occupé d'un travail qui comprenait l'ensemble des besoins, et dans lequel j'avais désigné les em-placemens de quelques marchés et boucheries secondaires; mais plusieurs de ces emplacemens, maintenant couverts par de nouvelles constructions, ne sont plus disponibles.

J'ai cru devoir cependant conserver, dans les *Planches 11 et 12*, les esquisses de quelques-uns de ces projets.

On remarquera *(Planche 13)* celui dont M. Alavoine, ar-chitecte de la fontaine de la Bastille, avait été chargé pour un marché que je proposais de placer à l'entrée de la rue Saint-Antoine. Le local étant libre, on doit espérer que ce projet, qui est une nouvelle preuve des talens bien connus de son auteur, recevra un jour son exécution. Cet artiste a pu, dans cette position, donner à son édifice un caractère qui le mit en harmonie avec la belle fontaine dont la partie inférieure est déjà exécutée, et sous laquelle passe le canal Saint-Martin, alimenté par les eaux de l'Ourcq. La réunion de ces divers monumens, consacrés à l'utilité publique et à l'embellissement de cette partie de la ville, présentera quelque jour un spectacle digne de tout l'intérêt des étrangers qui visitent la capitale.

Je puis citer encore le marché projeté par M. Courtépée neveu, et qui devait occuper un terrain appartenant aux hospices de Paris, rue de Sèvres, près la rue du Bac. Il donnerait de la valeur aux propriétés adjacentes dépendant également des hos-pices, et remplacerait avec avantage celui qui se tient en plein air dans la rue de Sèvres.

Dans les notices qui précèdent, j'ai rarement considéré les édifices destinés à la vente des comestibles *sous ce qu'on appelle le rapport de l'art*, parce qu'il arrive souvent qu'à l'abri de ce nom imposant, on se laisse entraîner à négliger les convenances. Je pense d'ailleurs, avec un professeur très-dis-tingué, que *la véritable décoration est l'effet nécessaire de la disposition la plus convenable et souvent la plus économique*.

Ces marchés, malgré leur simplicité, ont entraîné la ville dans des dépenses assez considérables; mais je n'ai pas eu à reprocher à MM. les architectes qui en ont été chargés, d'avoir cherché à y introduire un luxe inutile, auquel, je l'avoue, j'aurais cru de mon devoir de m'opposer. Sans doute ils éprouvent maintenant, comme je l'éprouve moi-même, une grande satisfaction, en pouvant dire que tout a été dirigé vers la plus grande utilité, qui doit être le principal but de l'archi-tecture.

Il n'est pas nécessaire de faire observer que, lorsque la né-cessité de réduire la dépense ne permettrait pas d'employer la pierre, il serait facile, en conservant même à ces édifices un certain caractère, de lui substituer la brique ou le bois, sans rien changer aux dispositions principales indiquées dans le programme.

FOIRES
ET
MARCHÉS.

IV: RECUEIL.

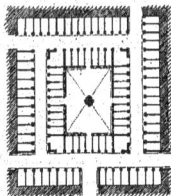

Marché de Palerme.

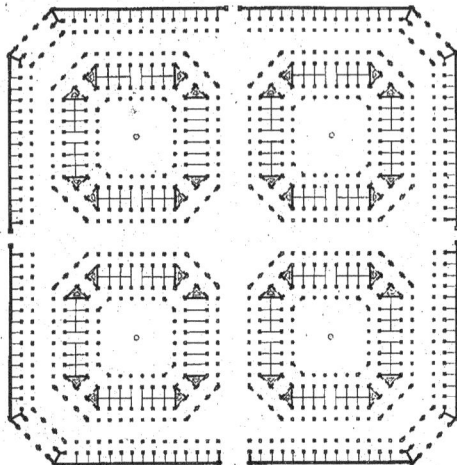

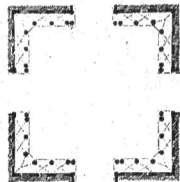

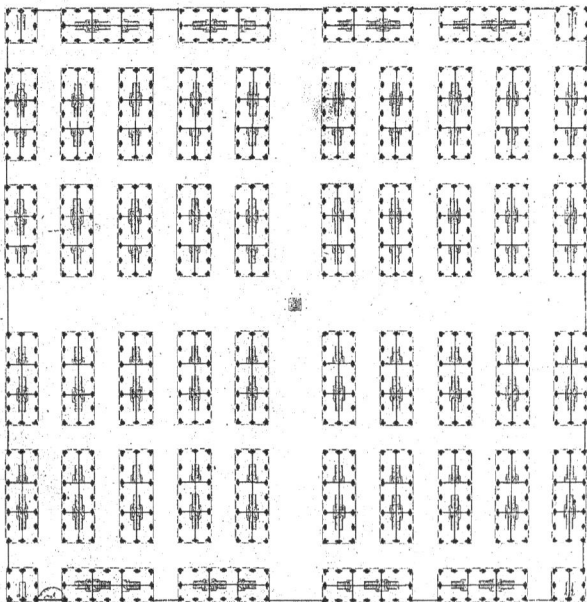

Marché de Catane.

Foire de Vérone.

Foire de Bergame.

Marché de Gênes.

Rome.
Campo di Fiori.

Halle.

Marché d'Argos.

Boutiques.

A. Marchands de tête de veau &c.
B. Salles de commerce.
C. Boucherie.

D. Poissons.
E. Petit Poisson.
F. Gros Poisson.

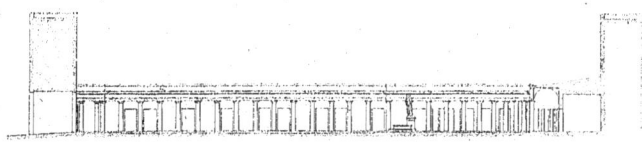

Marché de Naples.

Poissonnerie de Rimini.

Poissonnerie de Bologne.

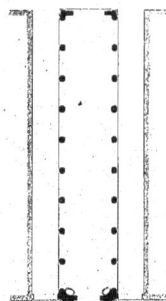

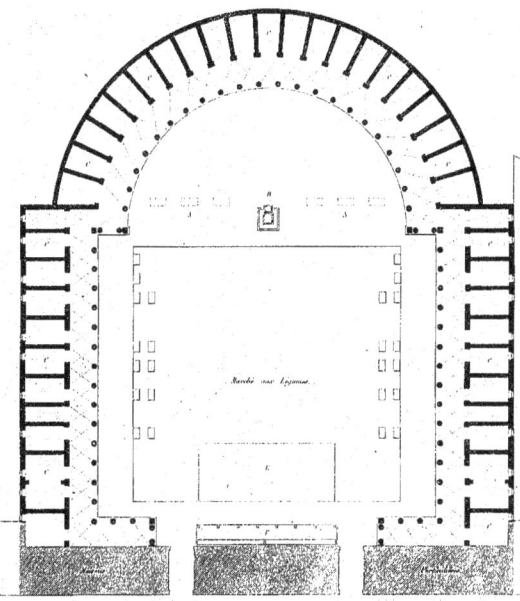

Marché aux Légumes.

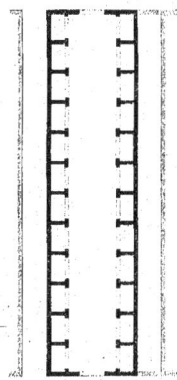

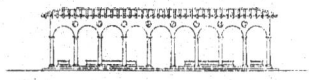

Rue du Palais.

Marchés de Florence.

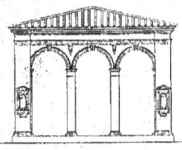

Marché neuf.

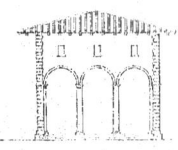

Poissonnerie.

Marché aux Graines.

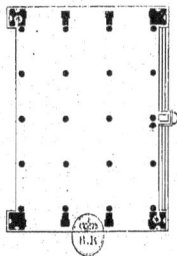

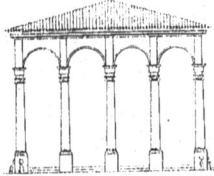
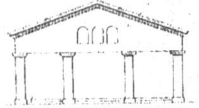

Poissonnerie
(Strasbourg)

Poissonnerie (Rotterdam)

Marché du Puget.
(Marseille.)

Marché (Breda)

Marché
(St. Dizier)

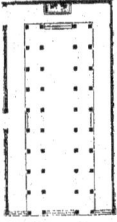
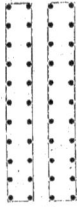
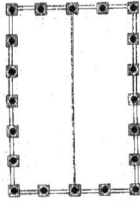

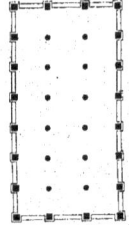

Echelle des coupes et élévations.   Echelle des Plans

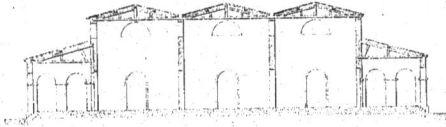
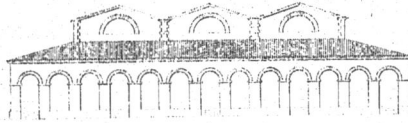
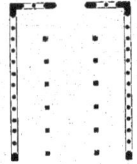
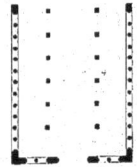

Poissonnerie
(Marseille.)

Marché
(Bourbon Vendée.)

Marché
(St. Jean d'Angely.)

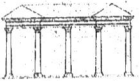
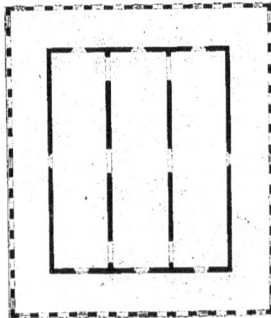

Marché
(Delft.)

Poissonnerie
(Montpellier.)

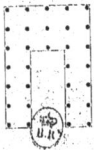
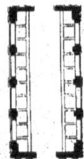

HALLES *(Paris)*

à la Potelle.

aux Draps.

aux Farines.

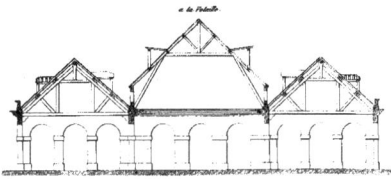

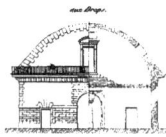

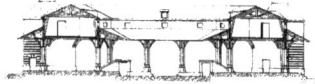

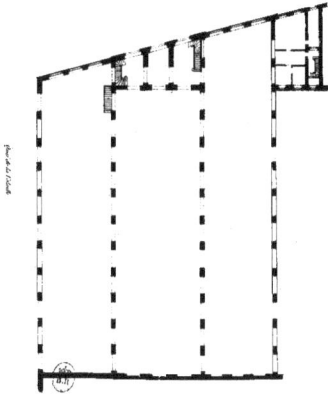

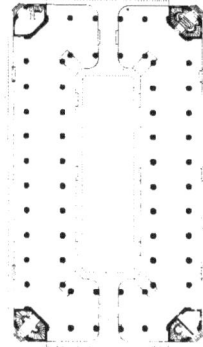

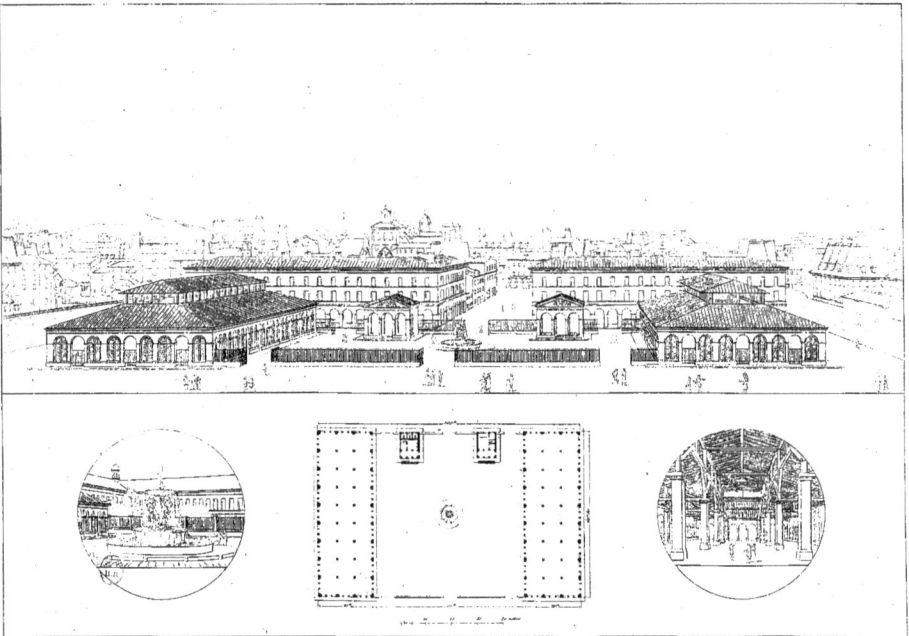

MARCHÉ ST MARTIN. (*PARIS*)

FONTAINE DU MARCHÉ St MARTIN. (*PARIS*)

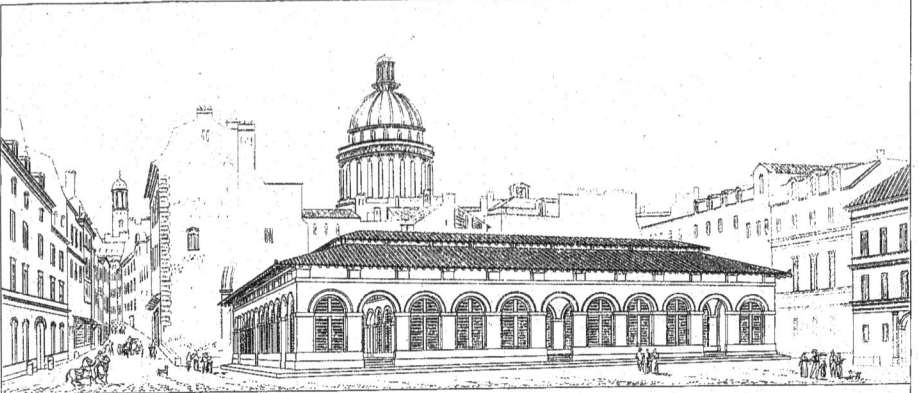

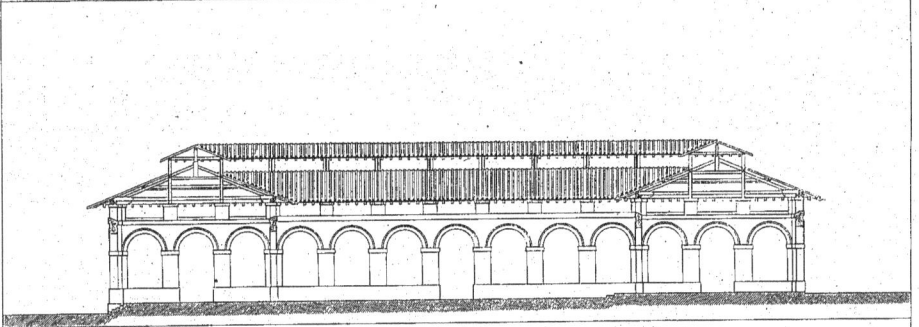

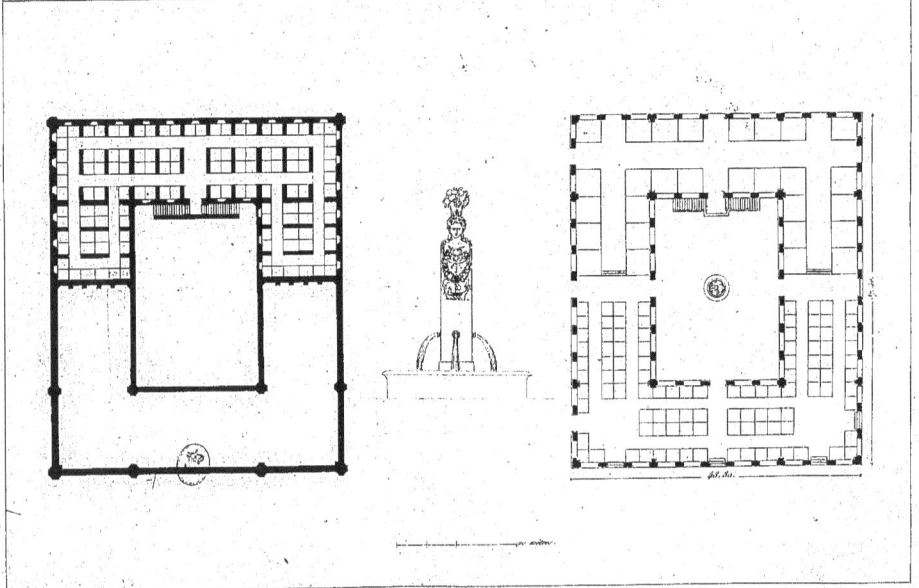

MARCHÉ DES CARMES (*PARIS*)

Marché St Gervais (Paris)

IV.R.PL.8.

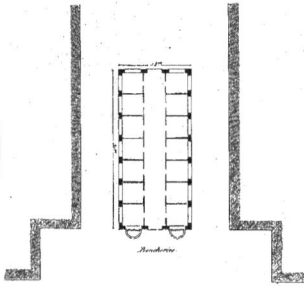

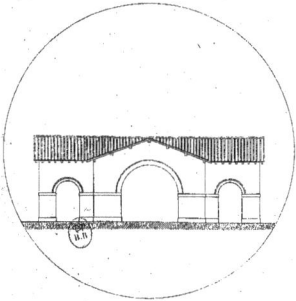

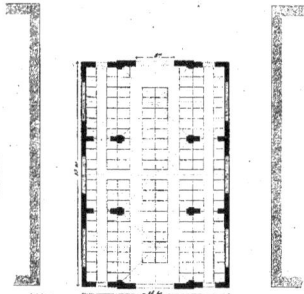

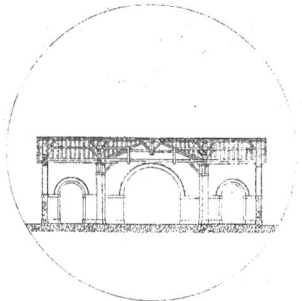

Vielle Rue du Temple.

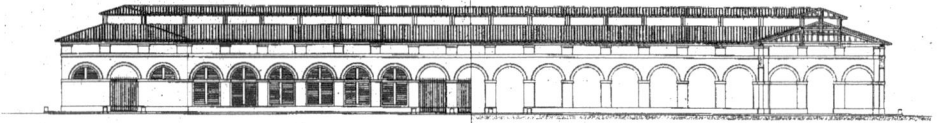

Boucherie.

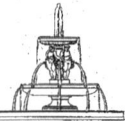

Fontaine du Marché.

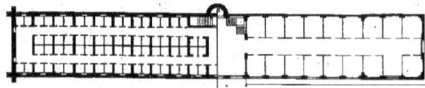

Fontaine de la Boucherie.

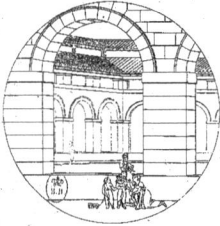

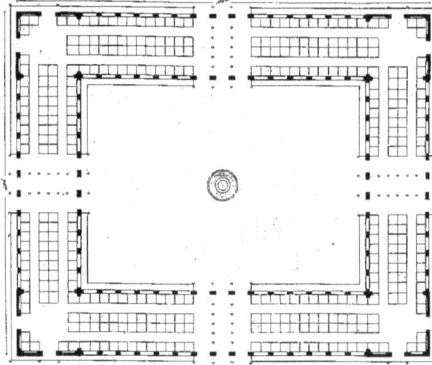

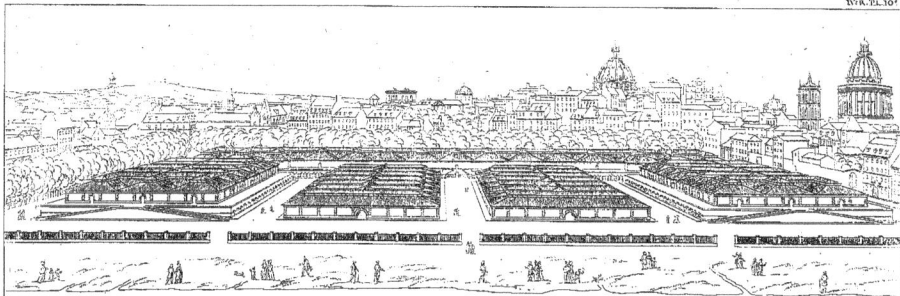

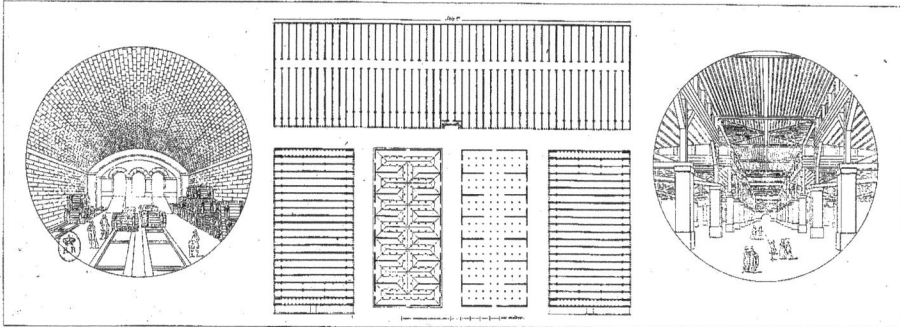

ENTREPÔT G.¹ DES VINS ET EAUX-DE-VIE . (*PARIS*)

Projets de Marchés.

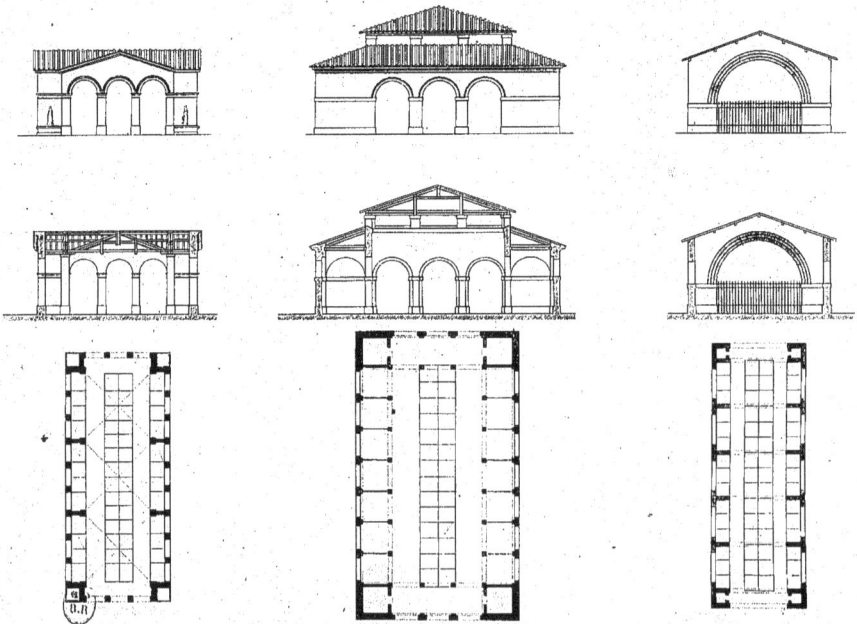

MARCHÉ PUBLIC

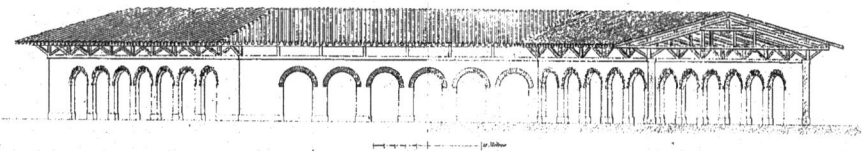

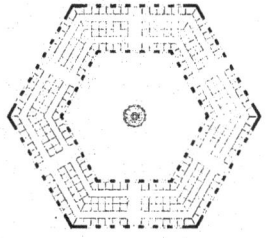

PROJET
DE
MARCHÉ

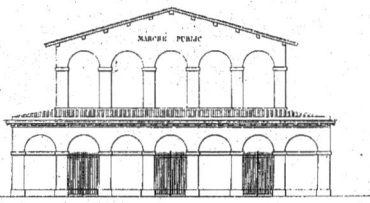

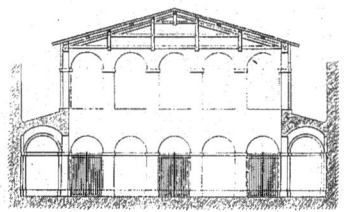

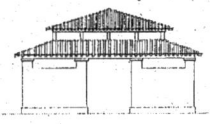

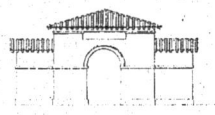

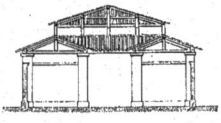

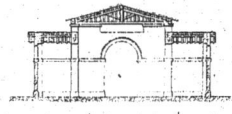

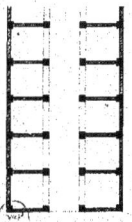

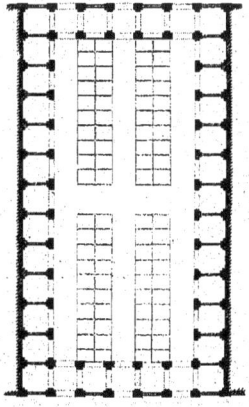

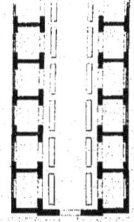

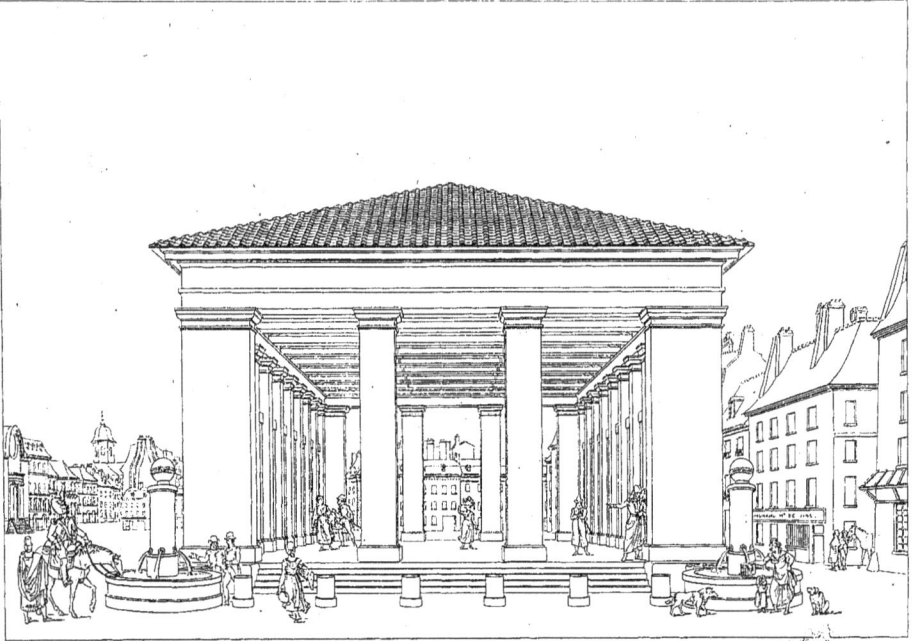

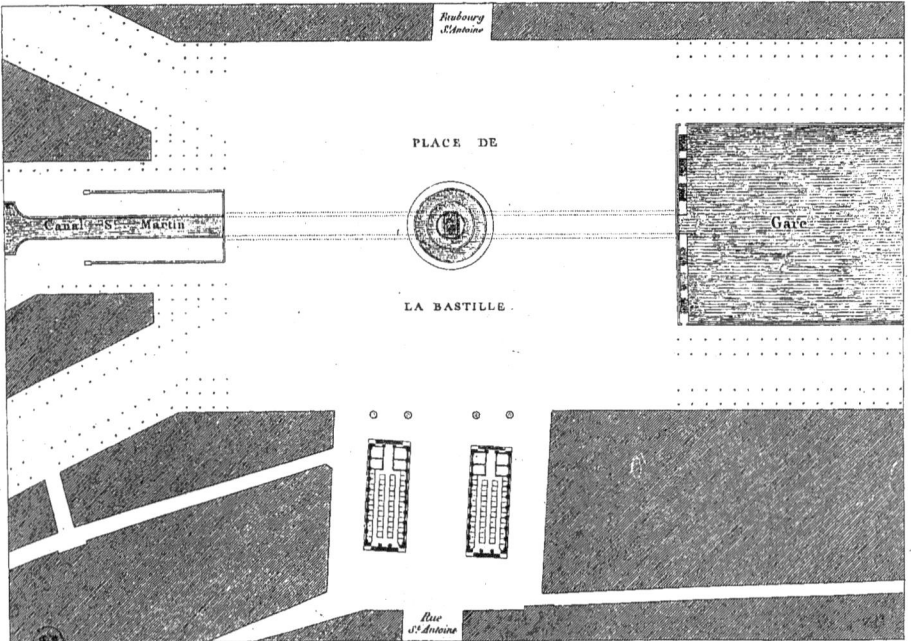

PROJET DE MARCHÉ.

ÉTUDES

RELATIVES

A L'ART DES CONSTRUCTIONS,

RECUEILLIES

Par L. BRUYÈRE,

OFFICIER DE LA LÉGION D'HONNEUR, INSPECTEUR GÉNÉRAL DES PONTS ET CHAUSSÉES, MAÎTRE DES REQUÊTES, ET ANCIEN DIRECTEUR DES TRAVAUX DE PARIS.

L'Ouvrage sera divisé en douze Recueils , ainsi qu'il suit , SAVOIR :

.me RECUEIL.

Chacun de ces Recueils, qui équivaudra à deux livraisons ordinaires, sera composé de douze à quinze planches , y compris le frontispice, et d'un texte explicatif.

Le premier Recueil a paru le 1.er décembre 1822, et les suivans de deux en deux mois.

A PARIS,

Chez BANCE aîné, Éditeur, rue Saint-Denis , n.° 214.

1823.

NOTICE

DES DIVERS ARTICLES RELATIFS A L'ART DU DESSIN,

OU PROPRES A GARNIR LES BIBLIOTHÈQUES ET CABINETS,

Qui se trouvent chez BANCE aîné, rue Saint-Denis, n.° 214, à Paris.

RECUEIL d'Architecture civile, contenant les plans, coupes et élévations de châteaux, maisons de campagne, jardins anglais, &c., situés aux environs de Paris; ouvrage composé de cent vingt-une planches, formant un volume grand in-folio, avec texte explicatif, par *Ch. Krafft*. Prix... 120.

Plans, coupes et élévations de diverses productions de l'art de la charpente, exécutés tant en France que dans les pays étrangers; ouvrage en un volume grand in-folio, contenant deux cent vingt planches, accompagnées d'un texte explicatif, par *Ch. Krafft*. Prix........ 160.

Cet ouvrage se divise en quatre parties; savoir :
> La 1.re contient les termes techniques et explicatifs de l'art de la charpente;
> La 2.e, la construction de bâtimens et d'habitations en charpente;
> La 3.e, la construction des ponts en charpente;
> La 4.e, les constructions maritimes et de navigation intérieure en charpente.

Plans des plus beaux jardins pittoresques de France, d'Angleterre et d'Allemagne, et des édifices, monumens et fabriques en tous genres qui servent à leur décoration, deux volumes in-folio. Chaque volume est composé de quatre-vingt-dix-sept planches, avec texte explicatif en français, anglais et allemand. Prix................... 100.

Le même ouvrage, lavé en couleur. Prix.................. 500.

1 Vol. petit in-folio, contenant les portes cochères et portes d'entrée les plus remarquables de Paris, à l'usage des architectes. Prix.......... 30.

1 Vol. petit in-folio, composé de quatre-vingt-seize planches, choix des plus jolies maisons de Paris, dessinées et mesurées par *Ch. Krafft*. Prix... 50.

Recueil d'Architecture, dessiné et mesuré en Italie par *Sehault*, contenant un choix de maisons, fabriques, basiliques, sarcophages, fontaines, et divers fragmens d'architecture, &c. Soixante-douze planches, formant un volume grand in-folio, avec discours. Prix............... 50.

Recueil de monumens de sculpture anciens et modernes, dessinés et gravés par *Vauthier* et *Lacour*. Soixante-douze planches, formant un volume grand in-folio, avec texte explicatif. Prix............... 50.

Recueil de divers sujets dans le style grec, composés, dessinés et gravés par *Alexandre Fragonard*. Titres et discours, soixante planches, formant un volume grand in-folio. Prix...................... 30.

Antiquités d'Athènes, dessinées et mesurées par *Stuart* et *Revett*, peintres et architectes. Ouvrage enrichi d'un grand nombre de figures, avec texte historique et descriptif, traduit de l'anglais et publié par *Landon*; quatre volumes in-folio. Prix............... 220.

Le dernier volume est sous presse.

Plans, coupes et élévations du nouveau Marché Saint-Germain, par *Blondel*, architecte. Onze planches grand in-folio, avec texte explicatif. Prix... 10.

1 Vol. Parallèles des ordres d'architecture, par *Ch. Normand*, avec discours, in-folio. Prix................................... 40.

Vignole des ouvriers, par le même. Trente-trois planches, avec discours explicatif, in-4.° Prix............................... 10.

Palais, maisons et rues d'Italie, par *Clochard*, architecte. Cent deux planches in-folio, avec texte explicatif. Prix.................... 72.

Promenades pittoresques dans Constantinople, par *Ch. Pertusier*. Vingt-cinq planches gravées par *Piringer*, avec texte, grand in-folio. Prix.. 100.

Œuvre de Beauvallet, représentant des fragmens d'architecture et de sculpture dans le style antique, gravés par *Ch. Normand*. Deux volumes in-folio, de chacun soixante-douze planches, avec texte descriptif, à 50 francs. Prix.................................... 100.

1 Vol. contenant soixante-treize planches, choix de modèles d'orfèvrerie exposés au Louvre en 1819, avec texte. Prix........... 50.

24 Cahiers de six feuilles chacun, modèles de serrurerie et de menuiserie, gravés par *Normand*, à 4 francs. Prix................... 96.

Nouveau Recueil d'ornemens propres à la décoration, par *Ch. Normand* et *Quéverdo*. Quarante-huit planches à bord, avec discours. Prix.... 24.

Œuvres de Flaxmann, traduites de l'anglais, par *Nitot Dufresne*. Cent vingt planches, avec texte, grand in-4.°, divisé en quatre parties. Prix. 50.

Œuvres de Jean-Baptiste Huet. Deux volumes in-folio, composés de cent neuf planches, avec texte explicatif, précédées du portrait de l'auteur, représentant diverses études d'animaux de toute espèce, fleurs, paysages et ornemens, gravés dans le genre du crayon par son fils. Prix... 80.

Voyage dans les ports de France, par *Ozanne* et *le Gouaz*. Quatre-vingt-quatre planches, avec discours historique, par *Ponce*; formant un volume petit in-folio. Prix........................... 120.

Galerie théâtrale. Vingt-quatre livraisons qui se composent chacune de quatre portraits d'acteurs des quatre premiers théâtres de la capitale, avec une notice historique; formant deux volumes in-4.°, avec préface et frontispice, à 60 francs le volume. Prix................. 120.

Le même ouvrage, figures coloriées. Prix.................. 240.

La Fable de Psyché. Un volume in-4.°, contenant trente-cinq planches, gravées par *Marchais*, d'après *Raphaël*, avec texte. Prix....... 18.

Collection des Mammifères du Jardin des Plantes, classés d'après la méthode de M. *Cuvier*. Un volume in-4.°, cinquante-cinq planches, avec texte. Prix.. 30.

Le même ouvrage, figures coloriées. Prix.................. 60.

Principes d'ornemens pour l'architecture, depuis les fragmens jusques et compris le chapiteau. Dix cahiers de quatre feuilles chaque, dessinés et gravés à la manière du crayon, par *Salembier*, à 1 fr. 50 c. Prix. 15.

Bas-reliefs dessinés et gravés à Rome par *Perrier*, d'après les plus beaux monumens antiques. Un volume in-folio, contenant cinquante planches. Prix.. 20.

Cent figures et statues antiques, par le même, d'après les plus beaux modèles existant à Rome. Un volume in-4.° Prix............. 10.

Les proportions du corps humain, par *Gérard Audran*. Un volume in-folio, trente planches, avec texte. Prix.................... 10.

Recueil d'études pour la figure, d'après *le Poussin* et *Raphaël*. Un volume in-folio, composé de soixante planches gravées dans la manière du crayon, par *Couché*. Prix................................ 00.

Chaque feuille de cet ouvrage se vend séparément à........... 1.

Élémens de dessin, par *Moreau* jeune, formant un cours complet depuis les premiers principes jusqu'à l'académie. Trente planches in-folio gravées au crayon par Mme *Lingée*. Prix.................... 15.

Collection de paysages et fabriques. Quarante planches, d'après les dessins de *Watteloo*, *Paul Potier* et *Veirotter*, formant dix cahiers, gravées au crayon par *Couché*, à 2 francs. Prix............... 20.

Recueil de modèles de navires en douze planches, dessinées et gravées par *Beaugean*, avec texte, in-4.° Prix..................... 6.

Trois autres cahiers de trente planches chacun, dessinées et gravées au trait par le même, à 12 francs. Prix........................ 36.

Collection de soixante fleurs coloriées, d'après *Baptiste*, formant dix cahiers composés de six feuilles chacun, à 3 francs le cahier. Prix... 30.

Une Collection de treize cahiers, bouquets de fleurs et fruits, dessinés par Mme *Vincent* et gravés par *Lambert*, à 4 francs. Prix........ 52.

Les mêmes, en couleur, à 8 francs. Prix.................. 104.

Un nouveau Livre d'écritures in-folio, par *Dartiguenave*, membre de l'Académie, gravé par *Davignon*. Vingt-trois feuilles d'exemples en tous genres, avec nouvelle démonstration. Prix............... 8.

Un idem petit in-4.° oblong, par les mêmes. Vingt-deux planches, avec nouvelle démonstration. Prix............................ 2.

Un idem in-4.°, d'écritures anglaises, par *Tomkin*, contenant vingt-deux feuilles d'exemples de tous caractères. Prix................. 5.

Le Régulateur des écritures françaises et anglaises, démontré avec la plus grande clarté, d'après les exemples des plus célèbres maitres, gravé par *Beaublé*. Cahier in-4.°, vingt-six feuilles d'exemples. Prix.. 5.

Recueil complet de chiffres, composé et dessiné par *Sonier* père, gravé par son fils. Un cahier in-4.°, trente-deux planches, avec texte. Prix. 3.

Études relatives à l'art des constructions, par *Bruyère*, ancien directeur des travaux de Paris. Douze recueils, avec discours explicatifs, à 10 francs chaque. Prix.............................. 120.

Le Catalogue de cette Maison de commerce, dans lequel se trouve un détail de plus six mille Planches, tant pour l'ornement des appartemens que pour les études en tous genres, se distribue gratis.

ÉTUDES

RELATIVES

A L'ART DES CONSTRUCTIONS,

RECUEILLIES

Par L. BRUYÈRE,

OFFICIER DE LA LÉGION D'HONNEUR, INSPECTEUR GÉNÉRAL DES PONTS ET CHAUSSÉES,
MAÎTRE DES REQUÊTES, ET ANCIEN DIRECTEUR DES TRAVAUX DE PARIS.

Nisi utile est quod facimus, stulta est gloria.
Phèdre, fab. 17, liv. III.

V.ᵉ RECUEIL.

NAVIGATION.

TABLE DES PLANCHES DE CE RECUEIL.

NAVIGATION. [1]

Projet d'un Canal de dérivation près de la ville du Mans. Planche 1.re

La Sarthe, qui passe au Mans, a son embouchure dans la Mayenne, près du point où cette dernière rivière se jette dans la Loire. Elle prend sa source au-delà de la petite ville de Mesle, à peu de distance de l'Orne, rivière qui passe à Caen, et de là se rend à la mer. En réunissant ces deux rivières par un canal à point de partage dont les deux branches se prolongeraient jusqu'aux points où chacune de ces deux rivières pourrait offrir une navigation propre à faire suite à celle du canal, on obtiendrait une communication entre les côtes de l'ouest et celles du nord. Cette communication avait depuis long-temps été comprise au nombre de celles que l'on pourrait entreprendre avec avantage; mais aucun travail préliminaire n'avait servi de base à cette opinion. Les projets en furent commencés sous le dernier gouvernement; et il paraît que les ingénieurs chargés de ce travail ne trouvèrent pas les difficultés, quoique assez grandes, que présentaient les localités, fussent insurmontables. La longueur de ce canal, y compris celle des parties de rivière à perfectionner, étant d'environ cinquante lieues, on ne pouvait, pour ne pas s'abuser, évaluer la dépense totale à moins de 20 millions. Il ne suffisait pas d'avoir constaté la possibilité de l'exécution, il fallait encore déterminer dans quelle proportion l'utilité de cette communication pourrait être avec la dépense. Plusieurs personnes, et j'étais de ce nombre, pensaient alors qu'il n'existerait jamais un grand commerce entre un port de l'ouest et un autre du nord; qu'une communication semblable était déjà projetée sous le nom de canal d'Ille et Rance [2]; qu'en conséquence, la communication par la Sarthe et l'Orne n'aurait qu'une utilité locale, et qu'alors il paraissait convenable de ne s'occuper que du perfectionnement de la partie inférieure des deux rivières. Un grand nombre des habitans du Mans, partageaient cette opinion, bornaient leurs vœux à voir la Sarthe parfaitement navigable jusque dans leurs murs, avantage dont leur ville avait joui anciennement, d'après quelques traditions [3]. Quoi qu'il en soit, quelques années avant la révolution, époque à laquelle je résidais au Mans comme ingénieur des ponts et chaussées, il n'existait aucun fonds, non-seulement pour les travaux de navigation, mais même pour des opérations préliminaires. Cette difficulté ne m'empêcha pas de m'occuper un peu de la Sarthe. Je savais qu'une navigation assez active, quoique pénible, existait entre Angers et Malicorne, au moyen de pertuis pratiqués dans les barrages anciennement construits dans l'intérêt des moulins; que les bateaux en pleine charge parvenaient, presque en toute saison, dans cette dernière ville, où ils déposaient la moitié de leur chargement; que les bateaux ainsi allégés continuaient leur marche par les mêmes moyens, et parvenaient, quoique avec difficulté, jusqu'au village d'Arnage, distant de deux lieues de la ville du Mans; et qu'enfin la rivière avait à Arnage un point de contact avec la belle route de Paris à Nantes. Je visitai plusieurs fois la partie de rivière comprise entre Malicorne et Arnage, dans l'intention de m'occuper des moyens d'en perfectionner la navigation;

mais ne pouvant faire lever les plans, et sur-tout faire faire les sondes et les nivellemens nécessaires [4], je me bornai à l'étude de la partie de rivière entre Arnage et le Mans. Je pensais alors que, lorsque les bateaux pourraient s'approcher de la ville, on sentirait plus vivement le besoin de s'occuper de la partie inférieure. Déterminé par cette opinion, que je ne prétends nullement justifier, je levai le plan de cette partie de rivière et des terrains adjacens. D'après ce plan et une reconnaissance exacte des localités, je trouvai, que depuis le moulin de Riche-Douay, à la sortie de la ville, jusqu'à l'embouchure de l'Huine, la Sarthe n'avait pas la profondeur d'eau nécessaire; que cette profondeur, sans être suffisante, était un peu augmentée après la réunion de l'Huine; mais qu'au gué d'Enfer, elle cessait en raison de la grande largeur du lit; que de là jusqu'à Chaoué, la profondeur était grande; qu'au-dessous de la digue de Chaoué et à la Forêterie, il existait des gués qui s'opposeraient toujours au passage des bateaux en pleine charge; que, pour remédier à ce défaut de profondeur dans une grande partie de la longueur, entre le Mans et Arnage, il serait indispensable de construire un assez grand nombre de barrages avec écluses à sas [5]; que, pour rendre cette navigation facile, on ne pourrait se dispenser de pratiquer un chemin de halage sur une des deux rives; et qu'enfin les bords de la Sarthe, dans la traversée de la ville, n'offraient aucun emplacement favorable à la situation d'un port et des établissemens nécessaires. Telles furent les observations plus ou moins fondées qui me conduisirent à renoncer au lit de la rivière pour y établir la navigation. Je m'y déterminai d'autant plus volontiers, que les localités offraient un moyen simple et facile d'établir un canal latéral à l'abri des inondations, et dont le projet était bien plus séduisant pour un jeune ingénieur, que celui d'une navigation en rivière. C'est ce projet que l'on voit, Planche 1.re, et à l'occasion duquel j'entrerai dans quelques détails. Ce ne sera pas cependant pour le défendre; car le temps qui s'est écoulé depuis l'époque à laquelle je m'en occupais, et mon changement de position, m'ont mis dans le cas d'émettre une autre opinion. Un des motifs qui me dirigeaient alors était le désir de procurer à la ville du Mans un moyen de rendre cette navigation plus courte et plus facile, en contribuant en même temps à son embellissement [6], sans augmenter sensiblement la dépense.

Les eaux de la rivière d'Huine, près de son embouchure dans la Sarthe, étant retenues à une grande hauteur au moyen de deux barrages très-rapprochés l'un de l'autre, cette élévation pouvait permettre d'alimenter un canal de dérivation, en ouvrant une petite rigole fermée à volonté par une vanne, et d'en

---

(1) Je crois devoir répéter ici ce que j'ai déjà dit dans les observations préliminaires, c'est que ce Recueil ne contient que des notes et des souvenirs classés sous le titre : *Navigation*.

(2) Ce canal est maintenant exécuté en grande partie.

(3) Il paraîtrait résulter de quelques artes, que, depuis 1611 jusqu'en 1671, les bateaux arrivaient au Mans; mais depuis l'époque du perfectionnement des communications par terre, il n'est pas étonnant qu'une navigation aussi imparfaite ait été abandonnée. Elle devait d'ailleurs avoir bien peu d'importance, puisque les abords et l'intérieur de la ville ne présentent aucun vestige d'un port de débarquement et de magasins.

(4) Il est résulté de quelques approbations trop facilement accordées, que plusieurs ouvrages qui ne faisaient point partie d'un système général accompagné des plans, nivellemens, jauges et sondes, toujours indispensables, n'ont point atteint le but qu'on s'était proposé. La Sarthe en offre des exemples, tels que la chaussée de Noyen et l'écluse de Chaoué.

(5) Je pensais alors, comme aujourd'hui, qu'une écluse à sas en pierre est le meilleur moyen pour franchir une chute, et pour éviter les inconvéniens des pertuis ou portes marinières pratiquées dans les barrages; que, d'un autre côté, les barrages les plus durables étaient ceux construits en pierre de taille : mais lorsqu'on se rend compte, d'une manière précise, du nombre des barrages nécessaires pour obtenir une profondeur d'eau suffisante dans les parties d'une rivière comme la Sarthe, on est forcé de se résigner à adopter des moyens de construction moins dispendieux.

(6) J'espère qu'on me pardonnera de rappeler ici quelques circonstances qui m'ont permis de coopérer à l'embellissement de la ville du Mans.

Dans les commencemens de la révolution, le besoin d'occuper une population nombreuse, sans ouvrage, détermina la ville à faire exécuter des promenades publiques. Je me chargeai avec plaisir de diriger le travail, ce qui, à cette époque, n'était pas sans inconvénient.

J'avais remarqué plusieurs fois, en parcourant les environs de la ville, un monticule très-abrupte et sans culture, nommé le Greffier. Le pied de ce monticule était baigné par la Sarthe, dont le cours sinueux, et bordé de belles prairies, offrait un coup-d'œil

soutenir ainsi les eaux à une hauteur telle, que les déblais à faire pour l'exécution de cette dérivation dans des terrains d'une faible valeur, auraient été peu considérables.

Ce canal, d'environ 3600 mètres de longueur, devait avoir son embouchure dans la Sarthe près du port Bellot, afin d'éviter les gués de Chaoué et de la Forèterie. Il aurait été terminé par deux écluses accolées, rachetant toute la pente. Je n'entrerai pas dans d'autres détails sur un projet que j'ai, pour ainsi dire, combattu moi-même, lorsque j'ai été appelé, comme membre du conseil des ponts et chaussées et rapporteur d'une commission, à discuter une proposition pour l'achèvement de l'écluse de Chaoué. Mon devoir m'a obligé d'examiner la question sous un autre point de vue, et de rechercher quels seraient les avantages d'une navigation entre Arnage et le Mans, afin de pouvoir choisir le système de construction le plus convenable dans cette circonstance, et dont la dépense serait en proportion avec les résultats probables (7).

Les bateaux, comme je l'ai déjà dit, parviennent, quoique difficilement, et à moitié charge dans les eaux basses, jusqu'au port d'Arnage, distant de deux lieues de la ville du Mans. De ce port les marchandises sont transportées par voiture jusqu'à leur destination dans la ville. Pour établir le prix de ce dernier transport, je supposerai qu'une voiture portant trois tonneaux, et payée 18 francs, fera deux voyages par jour. Dans ce cas, le port du tonneau reviendra à 3ᶠ 00ᶜ

En admettant que le prix du transport par eau puisse se faire pour la moitié du précédent après l'exécution des travaux, ce sera 1ᶠ 50ᶜ

Mais à ce prix il faut ajouter celui du transport par terre du port de débarquement à la destination, dont la distance peut être moyennement de 600 mètres. La même voiture au prix ci-dessus ne pourra faire au plus, en raison du chargement et déchargement et de la pente rapide des rues qui conduisent dans la ville, que huit voyages par jour; ce sera pour chaque tonneau .... 0 75.   } 2. 25.

Différence par tonneau en faveur du transport par eau. .... 0. 75.

Après avoir établi la différence entre le prix du transport par terre et celui par eau d'Arnage jusqu'au Mans pour un seul tonneau, il faudrait maintenant chercher à connaître, au moins par approximation, le nombre de tonneaux transportés à Arnage. Il paraît, par les renseignemens que je me suis procurés, qu'il arrive chaque année, dans l'état actuel de la rivière, environ 2,500 tonneaux de diverses marchandises au port

d'Arnage; mais on espère que cette quantité pourra être doublée après le perfectionnement de la navigation, et lorsque les bateaux pourront arriver en pleine charge, soit à Arnage, soit au Mans (8). En admettant que cette espérance puisse se réaliser, l'avantage total pour le commerce et les consommateurs serait donc, par an, sur 5,000 tonneaux, de 3,750 francs : mais il faudrait supposer pour cela que le Gouvernement ou le département ferait tous les frais des travaux à exécuter et de ceux d'entretien ; et comme cela est peu certain, on ne trouverait que dans un droit à prélever l'intérêt des sommes à dépenser. Ce droit ne pourrait excéder la différence entre le prix du transport par terre et celui par eau, et devrait même être moindre, pour déterminer la préférence en faveur de la navigation ; ce qui prouve l'indispensable nécessité d'adopter dans cette circonstance un système de construction simple et peu dispendieux, mais qui cependant puisse satisfaire à la condition la plus importante, celle de permettre aux bateaux en pleine charge de parvenir jusqu'au Mans en toute saison.

Je reviens maintenant à la navigation de la Sarthe entre Angers et Arnage, par où j'aurais dû commencer, et à laquelle s'appliquent également les principes que je viens d'émettre.

On peut, à la rigueur, se contenter de l'état actuel de cette navigation entre Angers et Malicorne, les bateaux en pleine charge pouvant arriver presque en toute saison jusque dans cette dernière ville. Mais c'est entre ce point et le Mans que la rivière, qui n'a plus le même volume d'eau, présente de nombreuses difficultés. Il deviendrait indispensable d'établir de nouveaux barrages distribués et élevés de manière à maintenir en aval de chacun d'eux et des anciens barrages la profondeur nécessaire pendant les basses eaux. Le système de construction à adopter pour obtenir, comme dans la partie de rivière précédente, la profondeur d'eau nécessaire, dépend également de la somme qu'on pourrait employer à cette dépense sans trop grever la navigation.

La distance d'Angers au Mans, en suivant la grande route, est d'environ 22 lieues. Le prix du transport par terre, lorsqu'il existe un roulage bien organisé et l'espoir de quelques retours, est, sur plusieurs routes de France, de 1 franc par lieue pour un tonneau ; plus souvent de 1 franc 25 centimes. J'adopterai ce dernier prix, ce qui fera revenir le trajet total sur 22 lieues, pour chaque tonneau, à 27ᶠ 50ᶜ

D'Angers à Malicorne, par eau, le tonneau coûte 7ᶠ 00ᶜ
De Malicorne à Arnage, on paie également .... 7. 00.   } 17. 00.
D'Arnage au Mans, par terre ...... 3. 00.

Différence en faveur de la navigation jusqu'à Arnage. .... 10. 50.

---

agréable. J'entrevis la possibilité d'embellir ce site par des plantations, en y pratiquant des rampes douces et des allées. Cette pensée, promptement exécutée, parut faire plaisir. Peu de temps après, la ville étant devenue propriétaire de vastes terrains adjacens à la place des Jacobins, dans l'intention d'y établir un nouveau quartier et une promenade publique plus centrale que la première, je fus invité à en faire le projet, qui fut agréé, et que je fis exécuter immédiatement. De nouvelles maisons s'élevèrent bientôt autour de la promenade et dans les rues adjacentes. On trouve, Planche Iʳᵉ, une indication de la disposition générale de ce projet. Le sol présentant une espèce de vallée peu profonde, j'en profitai pour former des terrasses peu élevées les unes au-dessus des autres, et plantées d'arbres. Le fond de cette vallée fut dressé de niveau, et occupé par deux quinconces séparés par une vaste place, au centre de laquelle je supposais qu'on pourrait un jour élever une fontaine ou tout autre monument.

Ces deux promenades, et quelques soins apportés à d'autres travaux aux abords de la ville, m'ont valu des souvenirs honorables et fort au-dessus de mon travail. Je citerai, entre autres, une lettre qui me fut adressée, plusieurs années après mon changement de résidence, par M. le maire de la ville, et par laquelle il me demandait mon agrément pour donner mon nom à l'une des rues du nouveau quartier. Je profite de cette circonstance pour en manifester ma reconnaissance.

(7) En considérant, 1.º que si les bateaux s'arrêtent maintenant à Arnage, c'est que le port de débarquement se trouve contigu à la grande route ; 2.º qu'ils pourraient se rendre également au port Bellot sans rencontrer aucun obstacle, j'avais pensé anciennement que , dans le cas où la dépense du canal de dérivation paraîtrait trop considérable,

ou pourrait le remplacer par un chemin ayant exactement les mêmes directions. Je supposais qu'il suffirait de donner à ce chemin 8 mètres de largeur entre les fossés, au-delà desquels on planterait des arbres en attendant les murs et les maisons qui ne tarderaient pas à s'élever sur sa direction. Un pont de bois au gué de Moulai , tel qu'il est indiqué sur le dessin , établirait, comme pour le canal, la communication avec les trois chemins qui aboutissent au même gué et se rendent à la ville, dont ils feraient bientôt partie. Ce chemin aurait eu, outre son utilité pour le transport des marchandises, le grand avantage d'offrir un débouché à la presqu'île qu'il aurait traversé, et dans laquelle on trouve plusieurs fermes et propriétés particulières qui ne peuvent communiquer que de ce côté qu'en faisant un long détour pour passer sur le pont de Pont-Lieue. En établissant un léger droit sur les marchandises, ou un péage sur le pont, j'espérais qu'on pourrait couvrir facilement la dépense, que j'évaluais alors, par aperçu, à 60,000 francs, y compris le pont. J'ajoutais que, par l'exécution de ce projet, le port ne serait plus qu'à une lieue de la ville; que les propriétés de la presqu'île augmenteraient de valeur, mais cette augmentation est difficile à espérer, à cause des droits à établir pour couvrir l'intérêt des dépenses à faire et les frais d'entretien. Je ne parle pas des droits actuels, dont il est probable que le Gouvernement ferait cession en faveur de l'entreprise.

(8) Il est malheureusement probable que la quantité de marchandises qui arrive maintenant au Mans par eau , n'augmentera que par l'effet d'une diminution sensible sur le prix du transport; mais cette diminution est difficile à espérer, à cause des droits à établir pour couvrir l'intérêt des dépenses à faire et les frais d'entretien. Je ne parle pas des droits actuels, dont il est probable que le Gouvernement ferait cession en faveur de l'entreprise.

Cette différence suffit en ce moment pour déterminer le commerce à employer la navigation pour toutes les marchandises qui craignent peu les avaries, et pour celles dont l'expédition n'exige pas une grande promptitude : pour toutes les autres, malgré la différence de prix, il préfère la voie de terre. On ne pourrait donc réduire sensiblement cette différence, sans s'exposer à l'abandon presque total de la navigation, ce qui serait aller en sens opposé au but qu'on se propose d'atteindre. Je supposerai donc qu'on se contentera d'une réduction sur cette différence de 1 franc 50 centimes par tonneau; mais, d'un autre côté, on peut espérer que, par les nouvelles dispositions à faire, qui permettront aux bateaux d'arriver en pleine charge, le port d'un tonneau par eau, de Malicorne à Arnage, sera réduit de moitié, c'est-à-dire, de 3 francs 50 centimes. Ainsi, chaque tonneau pourrait payer 5 francs de droits, et les 5,000 tonneaux, si l'on peut compter sur cette quantité, comme je l'ai supposé précédemment, paieraient 25,000 francs, qui représentent un capital de 500,000 francs pour la dépense des constructions, les frais d'entretien et ceux d'administration, tandis qu'il resterait encore une différence de 9 francs, suffisante pour faire accorder la préférence à la navigation perfectionnée.

Il résulte des observations et des calculs précédens, que, pour la partie de la Sarthe entre le Mans et Arnage, on trouverait peu d'avantage, du moins dans le moment actuel, à la rendre navigable jusque dans les murs de la ville; que, pour celle, bien plus importante, entre Arnage et Malicorne, on peut raisonnablement espérer que des améliorations opérées avec sagesse et de manière que les bateaux puissent arriver en pleine charge jusqu'à Arnage, pourront produire une réduction dans les frais de transport, assez notable pour couvrir en grande partie les intérêts des dépenses. C'est donc, dans tous les cas, de cette dernière partie qu'il paraîtrait convenable de s'occuper premièrement, et ce serait par les résultats de ce travail qu'on jugerait du parti à prendre plus tard pour la partie de rivière entre le Mans et Arnage (9).

Écluse de prise d'eau du Canal de Beaucaire.
Planche 3.

Les travaux dont les ingénieurs des ponts et chaussées s'occupent spécialement, donnent lieu à plusieurs questions qui n'ont pas toujours été traitées, ou qui l'ont été incomplètement dans les ouvrages rendus publics. On peut comprendre dans le nombre celle de la disposition la plus favorable pour une écluse de prise d'eau dans un fleuve rapide et dont les eaux sont troubles à certaines époques.

Le projet de l'écluse de prise d'eau dans le Rhône, du canal de Beaucaire (10), a offert une des occasions les plus remarquables pour s'occuper de la question importante dont je viens de parler.

L'emplacement, la direction et la disposition de cette écluse, avaient été l'objet de la sollicitude des divers directeurs des travaux publics du Languedoc, depuis 1766 jusqu'en 1789, et ils avaient proposé diverses combinaisons dont je vais faire l'exposé (11).

Il paraît que ce fut en 1766 que les trois directeurs des travaux publics du Languedoc s'occupèrent du canal de Beaucaire et de sa prise d'eau. Ils proposaient de construire immédiatement au bord du Rhône une écluse dont la porte de défense, de 4 mètres de hauteur au-dessus des basses eaux, aurait empêché les crues les plus ordinaires du Rhône de pénétrer dans le canal; et lorsque les eaux se seraient élevées à une plus grande hauteur, l'entrée du canal aurait été fermée avec des vannes qu'on aurait fait couler dans les rainures disposées dans les bajoyers au-devant de l'écluse, pour les en retirer lorsque les eaux ne surmonteraient plus le couronnement de la porte. Ces vannes auraient été toujours prêtes dans un petit bâtiment qu'on aurait élevé au-dessus des rainures. Pour enlever ensuite les dépôts que le Rhône pourrait former au-devant des portes, on proposait de faire une prise d'eau dans le Rhône, au-dessus de Beaucaire, à la distance nécessaire, qui ne pouvait être que très-grande, afin d'arriver dans le bassin de l'écluse et y conduire un volume d'eau suffisant pour opérer des chasses et rejeter les dépôts dans le fleuve. Ces mêmes eaux devaient encore servir à alimenter le canal et à rehausser les marais lorsqu'elles auraient été troubles. Ce premier projet fut bientôt abandonné, parce que ses auteurs ne tardèrent pas à reconnaître, par des nivellemens plus exacts et par de nouvelles observations, que la faible pente du Rhône, et des difficultés locales, ne pouvaient permettre l'exécution de la rigole projetée. En conséquence, ils proposèrent un nouveau projet, d'après lequel l'entrée du canal aurait été fermée, lors des grandes inondations, par un tablier de charpente de 8 mètres 80 centimètres de longueur sur 8 mètres 50 centimètres de largeur, qui aurait laissé entre celui-ci et l'écluse de variation un bassin de 109 mètres de longueur sur 35 de largeur; et lorsqu'on se serait aperçu que les eaux pouvaient surmonter la porte de défense de l'écluse, on aurait levé et appliqué le tablier à ces feuillures disposées à cet effet dans des massifs de maçonnerie aussi élevés que les chaussées du Rhône, auxquelles ils auraient été contigus. Ils pensaient que, pour remédier à l'inconvénient des sables qui seraient déposés au-devant des portes lors des inondations, on assujettirait le tablier à la maçonnerie, contre laquelle il serait appliqué, pour intercepter la communication des eaux du Rhône avec celles du canal, en établissant pourtant cette communication par deux aqueducs placés sous le tablier, et qui resteraient ouverts jusqu'à ce que les eaux eussent achevé de s'élever dans le bassin à la hauteur de l'entre-toise supérieure de la porte de défense de l'écluse de variation, et seraient fermés ensuite pour n'être ouverts que lorsque les eaux du Rhône étant retirées, celles contenues dans le bassin entre le tablier et la porte de défense sortiraient avec impétuosité par les aqueducs, et entraîneraient dans le fleuve les sables qui auraient pu s'accumuler.

Les trois directeurs ayant reconnu les embarras et les inconvéniens du tablier proposé, lui substituèrent un sys-

(9) En exposant dans cette notice ce que je crois être la vérité, j'ai dû me conformer aux principes contenus dans les observations qui précédent la Collection que je publie. Je serais cependant très-affligé, si mes opinions, que j'ai cru également conformes aux véritables intérêts des habitans de la ville du Mans, pour lesquels je conserve les sentimens les plus sincères d'attachement et de reconnaissance, pouvaient leur déplaire.

(10) Le canal de Beaucaire à Aiguesmortes, destiné à affranchir la navigation des obstacles et des dangers causés par les atterrissemens progressifs des bouches du Rhône, et à établir une communication entre ce fleuve et la ligne navigable du canal du Midi, devait encore contribuer au desséchement d'une grande étendue de marais. Ces différens motifs avaient décidé les états de Languedoc à s'occuper de l'exécution de cette utile entreprise; mais les travaux étaient très-peu avancés à l'époque de la révolution. Ils ont été achevés depuis par des concessionnaires, en vertu d'un arrêté des Consuls, du 6 juin 1801, qui leur en accorde la jouissance pendant 80 ans, aux conditions stipulées dans le traité.

Ce canal a 50,239 mètres de longueur, depuis sa prise d'eau dans le Rhône jusqu'à Aiguesmortes. Il est divisé en quatre retenues, et trois écluses rachètent la pente de 4 mètres 4 centimètres qui existe entre les basses eaux du Rhône et celles de la mer. Une quatrième écluse de prise d'eau est placée à Beaucaire sur le bord du Rhône, et sert à racheter les variations dans la hauteur des eaux du fleuve. Au moment des basses eaux, la chute de cette dernière écluse devient nulle, et peut continuer de l'être

tant que les eaux ne s'élèvent pas à plus d'un mètre de hauteur. Cet avantage, dont on jouit pendant environ quatre à cinq mois de l'année, est dû à la disposition de l'écluse suivante, dont la chute peut être augmentée d'un mètre.

(11) Cet exposé est extrait d'un rapport du 27 nivôse an 11, par M. Ducros, devenu inspecteur général. Ce rapport était accompagné, à cette époque, de plusieurs dessins qui en facilitaient beaucoup l'intelligence, et qui ne se retrouvent plus. Il en résulte, malheureusement, que plusieurs endroits de cet extrait pourront paraître obscurs.

tème de portes contre-busquées, dont les unes, du côté du Rhône, étaient destinées, au moyen d'un relèvement en poutrelles, à empêcher les grandes inondations de pénétrer dans le canal; tandis que les autres, du côté du canal, devaient servir à retenir dans le bassin compris entre elles et la porte de défense de l'écluse de variation, un grand volume d'eau qui se serait écoulé dans le fleuve après l'abaissement de ce dernier, en faisant passer l'eau par des aqueducs pratiqués autour des portes contre-busquées.

Plus tard, et après une visite faite par les directeurs Garipui père et fils et Saget l'aîné, qui moururent dans un court intervalle, il paraît qu'ils avaient eu l'opinion qu'il convenait de changer la direction de la prise d'eau et de la remonter vers le Rhône. De nouveaux directeurs, MM. Granjean, Sajet jeune et Ducros, firent une nouvelle visite, et partagèrent la dernière opinion de leurs prédécesseurs sur la direction de la prise d'eau; mais ils objectèrent que le bassin au moyen duquel on avait espéré opérer l'enlèvement des dépôts, s'envaserait lui-même (12), et ils proposèrent de lui substituer deux aqueducs de dégravoiement qui partiraient de la tête de l'écluse de prise d'eau, et qui, longeant le port à construire sous les murs de Beaucaire, verseraient leurs eaux dans les contre-canaux au-delà de ce port.

Enfin M. Ducros, devenu directeur spécial du canal de Beaucaire, proposa définitivement d'adopter la dernière combinaison à laquelle il avait beaucoup contribué; c'est-à-dire, 1.° de diriger la prise d'eau en amont; 2.° de placer l'écluse aussi près que possible des bords du fleuve; 3.° d'élever les bajoyers de cette écluse au-dessus des plus grandes inondations; 4.° enfin, d'accompagner cette dernière d'aqueducs pour conduire les eaux dans les contre-canaux et entraîner les attérissemens qui se formeraient au-devant des portes.

Les différens systèmes dont je viens de faire l'exposé, et notamment le dernier, celui de M. Ducros, avaient depuis plusieurs années été l'objet de quelques avis du conseil, lorsqu'en 1807 cette affaire fut renvoyée de nouveau à l'examen d'une commission dont je fus nommé rapporteur. M. le directeur général nous invitait à fixer particulièrement notre attention et celle du conseil sur la disposition de l'écluse de prise d'eau et des aqueducs projetés, contre laquelle plusieurs réclamations avaient été adressées au ministre de l'intérieur.

L'obligation où je me trouvais, comme rapporteur, de remettre en question ce qui avait été décidé en faveur de l'opinion de M. Ducros, devenu inspecteur général, et dont les talens et les qualités personnelles méritaient les plus grands égards, fut la première difficulté qui s'offrit à ma pensée. L'affaire en elle-même, sous le rapport de l'art, en présentait d'autres plus graves, puisqu'il s'agissait d'une question importante que l'on n'avait pas eu jusqu'alors l'occasion d'approfondir. Je n'entrerai pas dans tous les détails de la discussion à laquelle elle a donné lieu, et je me bornerai au petit nombre de ceux qui peuvent intéresser les ingénieurs placés dans les mêmes circonstances. J'y ajouterai ensuite quelques observations faites depuis l'exécution du projet définitif.

La disposition de l'écluse de Beaucaire devait, selon M. Ducros, être telle, 1.° qu'elle pût mettre le canal à l'abri des inondations; 2.° que les bateaux pussent y entrer et en sortir avec facilité et sans danger; 3.° qu'en la plaçant le plus près possible du fleuve, les dépôts qui pourraient se former au-devant des portes ne pussent intercepter la navigation en aucun temps.

La commission partagea l'opinion de M. Ducros sur la nécessité de satisfaire à ces trois conditions principales, et ce fut en s'appuyant sur les mêmes bases qu'elle procéda à l'examen du projet présenté tel qu'il est indiqué *Fig. 1.*' La première condition pouvait être facilement remplie, en supposant que les quais, les bajoyers de l'écluse et les portes seraient élevés au-dessus des inondations. Quant à la seconde, la commission ne put partager l'avis de M. Ducros, sur la direction de l'entrée de l'écluse en amont, et elle pensa, à l'unanimité, que cette entrée devait au contraire être dirigée vers l'aval. Elle fondait son opinion sur les considérations suivantes: 1.° que, dans l'écluse dirigée en amont, la manœuvre ne consisterait pas seulement à haler les bateaux sortans contre le courant, mais qu'il faudrait encore les retenir par des amarres, et que, dans le cas où les amarres viendraient à manquer, ils courraient le plus grand risque de se briser contre le musoir vers lequel le courant tendrait à les porter avec une grande force, danger qui serait le même pour les bateaux qui voudraient entrer et pour ceux qui voudraient sortir; 2.° que, dans cette position, les portes de défense seraient exposées au choc des eaux, des glaces, des corps flottans, et à être encombrées par des graviers dont l'enlèvement serait très-difficile; 3.° que la partie du mur de l'écluse dans laquelle l'entrée en amont devait être placée, était précisément celle qui était la plus exposée à la violence du courant; 4.° qu'en dirigeant l'ouverture en aval, elle se trouverait placée dans un point où l'angle formé par les directions de la rive produit un remous favorable à l'introduction des barques; 5.° que, dans cette dernière direction, le courant, lorsqu'il agirait sur le bateau, tendrait constamment à l'appuyer sur le quai à son entrée comme à sa sortie, ce qui préviendrait tous les dangers et rendrait la manœuvre facile; 6.° enfin, que plusieurs exemples, tels que ceux qu'offrent les écluses dans le Pô, l'Adige, la Brenta et autres, étaient en faveur de la direction en aval.

La commission soumit ensuite à la discussion la direction perpendiculaire au cours du fleuve, qui avait été proposée plusieurs fois et dont un membre du conseil venait de renouveler la proposition. Elle fit observer que cette direction présenterait à-peu-près les mêmes difficultés que celle en amont, et que, pour en éviter une partie, on ne pourrait se dispenser d'éloigner les portes du bord du fleuve, de raccorder les murs d'épaulement avec les quais par de grands murs circulaires, et de former ainsi une gare évasée qui serait attérie à chaque crue; ce qui obligerait à des curemens périodiques, dispendieux et gênans pour la navigation (voir *Fig. 2*); qu'à la vérité ce dernier parti avait été adopté quelquefois et avec succès dans des rivières moins rapides et moins sujettes aux envasemens que le Rhône; mais que, dans ce dernier fleuve, à l'embouchure du canal de Givors, on avait été obligé, malgré l'espèce de môle formant le prolongement du bajoyer d'amont, et construit pour favoriser l'entrée et la sortie des bateaux, de remplacer l'écluse construite perpendiculairement au cours des eaux par une autre écluse dirigée en aval.

Le rapporteur, sur la demande de la commission, lui ayant soumis des dessins sur lesquels il avait figuré les différentes directions proposées et deux projets de disposition pour une écluse dirigée en aval, elle choisit celui indiqué *Fig. 4* (13). Son avis, adopté par le conseil, fut suivi dans le projet définitif maintenant exécuté. L'expérience faite depuis quinze ans a complétement justifié la préférence accordée à la direction en aval; et l'on peut maintenant regarder cette première ques-

(12) Indépendamment des objections particulières auxquelles les trois projets précédens peuvent donner lieu, il en existe une qui leur est commune et qui paraît la plus forte, c'est qu'au moment où il est nécessaire de rétablir la navigation, les eaux du fleuve sont encore à 3 mètres au-dessus de l'étiage, et à plus de 5 mètre au-dessus du radier de l'écluse; que les eaux retenues dans le bassin étant peu supérieures à celles

du fleuve, et obligées de passer par des tambours d'une petite ouverture, ne pourraient produire qu'un effet très-peu sensible dans une aussi grande hauteur d'eau, dont l'abaissement ne s'opère quelquefois que très-lentement, les eaux se maintiennent pendant une grande partie de l'année à au moins 3 mètres au-dessus du radier.

(13) La forme circulaire donnée à l'écluse de prise d'eau du canal de Beaucaire

tion comme résolue pour tous les cas où une écluse aura son entrée ou sa sortie dans une rivière aussi rapide que le Rhône.

Il restait une seconde question à examiner et qui n'était pas la moins embarrassante : c'était celle des dépôts qui se formeraient nécessairement dans l'espace triangulaire au-devant des portes d'amont. M. Ducros, qui avait reconnu l'insuffisance des moyens projetés par ses prédécesseurs, proposait de pratiquer des tambours dans les deux bajoyers de la chambre des portes d'amont, et des aqueducs de 1800 mètres de longueur ensemble, prenant leur origine dans la chambre des portes d'aval, longeant le bassin du port de Beaucaire, et allant se terminer dans les contre-canaux au-delà de ce port. Il espérait que ces dépôts, d'abord entraînés dans le sas, passeraient ensuite dans les aqueducs pour se rendre dans les contre-canaux qui serviraient à les conduire jusque dans les marais dont ils contribueraient à élever le sol.

La commission, en examinant cette proposition avec attention, et en se servant des formules relatives aux eaux courantes, ne tarda pas à reconnaître que les dépôts arrivés dans le sas ne pourraient parvenir à l'entrée des aqueducs (14), et qu'en les supposant même parvenus à cette entrée, la vitesse de l'eau, dans ces derniers, serait loin d'être égale à celle du Rhône, condition sans laquelle la partie la plus grossière des matières en suspension aurait bientôt encombré les aqueducs; qu'enfin, lors même que les dépôts auraient pu arriver dans les contre-canaux dont la pente était presque nulle, il aurait été impossible qu'ils pussent parvenir dans les marais éloignés de plusieurs lieues. Ces motifs et plusieurs autres, tels que l'excessive dépense d'aqueducs d'une aussi grande longueur, qui devaient être construits en pierres de taille, la difficulté de leur réparation et de l'enlèvement des dépôts, déterminèrent la commission à proposer leur suppression, en conservant cependant les tambours tant en amont qu'en aval : elle regrettait beaucoup de n'avoir que des renseignemens vagues sur les attérissemens, qu'elle supposa cependant comme pouvant être assez considérables, après une inondation, pour empêcher le mouvement des portes : ce qui a été confirmé par l'expérience. Elle proposa, en conséquence, de faire placer, au moment où les eaux commenceraient à devenir troubles, des poutrelles en nombre suffisant pour s'élever au-dessus des grandes eaux, et devant lesquelles les alluvions pourraient

s'arrêter : ce qui laisserait la chambre des portes toujours libre et permettrait à ces portes de s'ouvrir. Elle supposait ensuite, 1.er que les attérissemens au-devant des poutrelles seraient facilement enlevés à la drague ou entraînés dans le fleuve; 2.º que les poutrelles seraient bien jointives ou ajustées de manière à intercepter le passage de l'eau; ce qui n'a pu avoir lieu dans l'exécution (15). Elle ajoutait que si, malgré ces précautions, il restait encore quelques faibles attérissemens, ils seraient facilement emportés par le courant qu'on pourrait établir sous les portes en découpant les buses (16). Je ne dissimulerai pas que ces indications étaient insuffisantes pour faire considérer la question des attérissemens comme complètement résolue; et j'avouerai que, si c'est un tort, il doit être attribué particulièrement au rapporteur de la commission. Les ingénieurs habiles chargés de la rédaction du projet définitif auraient pu proposer quelque autre disposition à ce sujet; c'est ce qui n'a pas eu lieu (17). L'écluse, d'ailleurs, ayant été exécutée avec une grande perfection, malgré les difficultés qu'opposaient les localités, et livrée au commerce, on s'aperçut, après une inondation, que les poutrelles ne s'étaient opposées qu'imparfaitement à l'introduction des eaux troubles dans la chambre des portes, et qu'il s'y était formé des dépôts suffisans pour empêcher l'ouverture de ces dernières. Ce contre-temps fâcheux contrariait beaucoup l'ingénieur qui avait si heureusement fait exécuter l'écluse, lorsqu'un événement, de bien peu d'importance en lui-même, contribua à lui suggérer le moyen de se débarrasser promptement de ces dépôts. Voici ce qui était arrivé : les poutrelles indiquées par la commission comme pouvant empêcher les alluvions d'arriver jusqu'à la chambre des portes, n'ayant pu être placées assez promptement, les eaux avaient eu le temps de former un dépôt sur lequel les poutrelles furent obligées de s'arrêter. On chercha, après l'abaissement des eaux, à opérer une chasse en remuant les dépôts formés dans la chambre des portes, avec des dragues, et en ouvrant les pertuis pour établir un courant. Il résulta de cette manœuvre que, s'écoulant plus d'eau par les pertuis qu'il n'en passait dans les joints des poutrelles, il s'opéra une différence entre le niveau des eaux du fleuve et celui des eaux dans la chambre des portes. Cette différence donna lieu à un écoulement sous la poutrelle inférieure supportée par la vase, et celle-ci fut entraînée; alors

---

n'est point présentée ici comme un exemple à suivre généralement. C'est un cas particulier; et cette forme a eu pour motifs, 1.º de procurer à la direction en aval l'avantage de cette perpendicularité, pour le placement commode et régulier du pont; 2.º de raccorder, de la manière la plus simple et la plus facile pour la navigation, la direction du bassin avec celle des quais, en diminuant la longueur de ceux à construire et en écartant le moins possible l'entrée de l'écluse de la ville de Beaucaire.

La dépense de cette écluse a été nécessairement très-considérable, malgré l'avantage de sa position. On peut calculer, d'après cela, ce qu'aurait été celle du projet Fig. 1.re, avec ses accessoires et les murs circulaires qui raccordent l'écluse avec le bassin ; il suffirait de jeter les yeux sur le dessin pour se faire une idée de cette dépense.

(14) Lorsqu'on ouvrirait les pertuis d'amont, au moment où la différence entre les eaux du Rhône et celles inférieures du bassin est de 2 mètres, la vitesse théorique dans ces pertuis serait de 6 mètres; il passerait donc dans le premier instant, par la section de 1 mètre 60 centimètres qu'offrent les deux pertuis, 9 mètres 60 centimètres cubes d'eau par seconde, quantité qu'il faut réduire à environ 6 mètres 40 centimètres, à cause de la contraction. Mais en supposant pour un moment (cas le plus favorable), qu'avec des pressions égales la même quantité d'eau fournie par les tambours pût s'écouler par les aqueducs, il n'en faudrait pas moins que la chute se divisât en deux parties égales pour établir l'équilibre entre les deux écoulemens: l'eau s'élèverait alors dans le sas, d'un mètre; la chute en amont serait réduite à la même quantité; la vitesse théorique de l'eau, dans les tambours, à 4 mètres 50 centimètres; et le produit effectif, à 4 mètres 80 centimètres en raison de la contraction. La largeur réduite de l'écluse, Fig. 1.re, étant d'environ 7 mètres 50 centimètres, et la hauteur d'eau dans le sas de 2 mètres, la section entre les bajoyers serait de 15 mètres, et l'eau n'y aurait qu'une vitesse de 33 centimètres, vitesse tout-à-fait insuffisante pour entraîner les dépôts et nettoyer l'écluse.

On serait parvenu à éviter, 1.º le passage des dépôts dans le sas, en plaçant l'origine des aqueducs dans la chambre des portes d'amont; 2.º les inconvéniens de ces longs aqueducs et leur grande dépense, en les terminant à la rencontre du bassin dans l'eau pu nettoyer l'écluse et chasser les dépôts que doivent y former probablement les eaux troubles introduites pour le service de la navigation, ce dont cependant on n'a jamais parlé. Sans cette difficulté, si elle existe, le problème pourrait être considéré comme résolu, par la construction de deux aqueducs latéraux conduisant les dépôts dans le

bassin, et ayant leur origine dans la chambre des portes d'amont. Voir Planche 15, Fig. 1.re

(15) Il paraît que, malgré le soin avec lequel on a fait écarter les poutrelles, elles ne peuvent empêcher les eaux de passer dans les joints et de pénétrer dans la chambre des portes, où elles forment des dépôts. Ces dépôts, cependant, seraient à peine sensibles, si les eaux n'étaient pas constamment renouvelées en raison de la perte, par les portes sur-tout; lorsque ces eaux surmontent les portes inférieures, contre lesquelles celles supérieures ne peuvent s'appliquer assez parfaitement. Cet inconvénient, joint à la complication de leur manœuvre, pourrait faire regretter que l'avis de la commission en faveur d'une seule pièce, n'ait pas été suivi. Leur hauteur, d'environ 8 mètres 50 centimètres, aurait, à la vérité, exigé l'emploi du bois d'une grande dimension; mais je crois possible d'éviter cet inconvénient, en perfectionnant le système de leur construction, en rendant leur mouvement bien plus simple et plus facile : c'est ce que je chercherai à indiquer dans un autre article de ce recueil, relatif à la construction des portes d'écluse.

(16) On trouve, dans différens ouvrages estimés, le conseil de découper ainsi les buses, lorsqu'on a à craindre que les alluvions au-devant des portes. Les auteurs de ces ouvrages supposent probablement, ainsi que la commission l'avait fait, que des vannes ajustées convenablement pourraient interdire le passage de l'eau, lorsque cela deviendrait nécessaire pour la manœuvre de l'écluse et pour ménager l'eau. Malheureusement, la manière de disposer ces vannes n'était indiqué nulle part. Je crois devoir appeler l'attention sur cette disposition, en attendant. Je proposerai un premier essai à la fin de ce recueil, en parlant des moyens employés pour emplir et vider les écluses à sas. Voir Planche 8, Fig. 1.re

(17) Il serait très-utile que plusieurs questions de cette nature fussent traitées à l'avance; car il arrive trop souvent que la multiplicité des affaires et des délais, toujours très-courts, empêchent les ingénieurs, ainsi que les différentes commissions, de pouvoir approfondir suffisamment certaines questions au moment où elles se présentent. Ces questions, d'ailleurs, ne sont pas toujours accompagnées des différens renseignemens, si nécessaires pour ceux qui sont chargés de donner un avis sans être à portée de prendre connaissance des localités: c'est ce qui m'a déterminé à entrer dans les détails suivans.

les poutrelles descendirent : ce qui fit cesser l'effet dont l'introduction de l'eau avait été la cause. En tirant parti de cet événement, on renouvela l'opération au moyen des cordes qui avaient été accrochées à la poutrelle inférieure pour parvenir à les soulever toutes à-la-fois; ce qui était facile, parce qu'elles étaient en sapin. La chambre des portes fut ainsi nettoyée, et même l'ouverture de l'écluse en amont des poutrelles. Les portes purent s'ouvrir; mais les dépôts étaient parvenus dans le sas, d'où il fallait les chasser. On se servit provisoirement d'une barque chargée mise en travers du sas, en attendant une autre disposition qui ne pouvait s'exécuter que lors du prochain chômage; époque à laquelle on forma dans les bajoyers du sas des rainures destinées à recevoir des poutrelles. Ces rainures sont espacées d'environ 9 mètres; et en plaçant successivement dans chacune d'elles des poutrelles, dont celle inférieure porte des taquets de 10 centimètres à 12 centimètres de hauteur, on parvient dans un seul jour à chasser tous les dépôts dans le bassin, d'où on les enlève avec un ponton (18).

Cette manœuvre fort simple a continué d'être mise en pratique et paraît peu dispendieuse. On a remarqué seulement que si les rainures pratiquées dans les bajoyers du sas étaient plus rapprochées, les chasses seraient plus promptes et plus complètes (19). Quoique cette manœuvre ait été fort heureusement employée et puisse suffire, on pourrait la rendre encore plus simple et plus expéditive, s'il s'agissait d'une écluse de prise d'eau à construire. Je proposerais, 1.º de pratiquer des tambours de chaque côté de la chambre des portes, tant en amont qu'en aval, qui auraient chacun 1 mètre de largeur sur 1 mètre 50 centimètres de hauteur; 2.º d'ouvrir en outre des pertuis dans les portes, de chacun 50 centimètres de section; ce qui produirait pour la section totale des deux tambours et des deux pertuis d'amont, 4 mètres. Je supposerai ensuite, pour servir de base aux calculs suivans, que la forme du sas de l'écluse est celle d'un rectangle de 6 mètres 50 centimètres de largeur; que la hauteur des eaux dans le sas est réduite à 1 mètre ; ce qui est toujours possible en abaissant les eaux du bassin au moyen des pertuis de l'écluse suivante; qu'enfin les eaux dans l'écluse, après leur abaissement, sont à deux mètres au-dessous de celles du fleuve. Voici ensuite quelle serait la manœuvre : les portes d'aval seulement étant ouvertes et rangées dans leurs enclaves, si l'on ouvre les tambours et les pertuis des portes d'amont, l'eau s'écoulera par une section de 4 mètres et avec une vitesse théorique de 6 mètres due à la chute de 2 mètres ; ce qui produirait 24 mètres cubes par seconde, qu'il faut réduire à 16 mètres à cause de la contraction. La section d'eau dans le sas étant de 6 mètres 50 centimètres, la vitesse y sera réduite à 2 mètres 46 centimètres, vitesse plus que suffisante pour entraîner les dépôts précédens et ceux que les eaux troubles peuvent y former directement lors du passage des bateaux. S'il arrivait que les eaux du bassin ne pussent pas être abaissées autant que je l'ai supposé, on pourrait, d'un autre côté, commencer l'o-

pération au moment où les eaux du fleuve sont à la hauteur convenable, c'est-à-dire, à deux ou trois mètres au-dessus de celles du bassin.

J'ajouterai qu'il serait toujours utile, pour diminuer la masse des dépôts, de pratiquer dans les bajoyers au-delà de la chambre des portes, des rainures propres à recevoir de fortes poutrelles bien jointives et qui reposeraient immédiatement sur le radier. Lorsque, après l'abaissement des eaux de la rivière, on voudrait rétablir la navigation, on enlèverait toutes les poutrelles et l'on commencerait la manœuvre que je viens d'indiquer (20).

La manœuvre qu'on emploie en ce moment pour enlever les dépôts s'opposent environ cinq à six fois par an, après certaines crues, à l'ouverture des portes d'amont de l'écluse de Beaucaire; celle que je propose d'y substituer, dans le cas où il s'agirait de construire une nouvelle écluse de prise d'eau; enfin les aqueducs indiqués à la fin de la note 14 et *Planche 15, Fig. 1.re*, pour obtenir le même résultat, supposent également que ces dépôts seront conduits dans le bassin à la suite de l'écluse, et réunis à ceux que forment les eaux troubles qu'on est forcé d'introduire pour le service du canal et des marais. Ces dépôts, qu'on enlève à Beaucaire avec un ponton, machine qu'on remplacerait probablement avec avantage par une de celles à draguer en usage à Paris, s'élèvent chaque année à 5 ou 6,000 mètres cubes, et doivent coûter pour leur enlèvement de 10 à 12,000 francs, somme dans laquelle les dépôts qui ont lieu au-devant des portes n'entrent que pour un dixième environ (21).

Il resterait à examiner si l'on pourrait se soustraire à l'inconvénient de ces dépôts, sans se jeter dans une dépense plus grande que celle que représente leur enlèvement périodique, qui paraît d'ailleurs pouvoir se faire sans causer aucune gêne à la navigation.

Pour parvenir à éviter au moins la plus grande partie des dépôts, il faudrait pouvoir faire le service du canal avec des eaux claires. Le premier moyen qui se présente pour les obtenir dans cet état, serait de recevoir les eaux troubles dans un premier bassin construit à cet effet, et dans lequel ces eaux déposeraient les matières qu'elles entraînent avant leur introduction dans l'écluse; mais il n'en faudrait pas moins enlever périodiquement ces matières, comme on le fait maintenant; on aurait de plus la dépense du bassin et des aqueducs nécessaires, sans être dispensé de la manœuvre à faire pour dégager les portes d'amont, parce que, comme je l'ai dit dans la note 12, on ne pourrait espérer aucun succès des chasses dans le fleuve.

Le second moyen serait d'élever des eaux de filtration, si la nature du sol pouvait faire espérer qu'elles seraient assez abondantes, en employant une machine à vapeur ; mais en prenant ce parti, on ne serait pas plus dispensé que par le précédent de la manœuvre pour dégager les portes d'amont, et il faudrait construire un vaste puits, un réservoir, une machine, l'édifice pour la contenir, et ensuite compter sur

---

(18) Pour favoriser cette manœuvre, on profite de la faculté qu'on a d'abaisser le niveau des eaux du bassin, et de réduire ainsi la hauteur de l'eau dans l'écluse.

(19) On peut consulter l'ouvrage intéressant de M. Huerne de Pommeuse, sur les canaux navigables, à l'article du canal de Beaucaire; on y trouvera, avec les détails extraits des rapports de la commission, ceux qui lui ont été donnés par M. l'ingénieur en chef Poirel, sur la construction de cette écluse. Je ferai remarquer, à ce sujet, que l'auteur, après avoir donné des éloges bien mérités à cet ingénieur distingué, à l'occasion de cette construction et du moyen ingénieux qu'il a employé pour détruire les atterrissemens devant les portes, propose d'user du même moyen pour maintenir la liberté de l'embouchure des canaux et balayer avec célérité les dépôts de vase et graviers qui s'y forment habituellement à chaque crue des fleuves ou rivières.

Je me permettrai de faire remarquer que, quoiqu'au premier abord il paraisse bien plus facile d'opérer les chasses lorsque les écluses versent leurs eaux dans les rivières que lorsqu'elles en reçoivent de ces dernières, il faut distinguer l'espèce de dépôts à enlever et la place qu'ils occupent ; car s'il est quelquefois possible, pour les écluses qui

ont leur embouchure dans les rivières, de nettoyer la partie de ces écluses à la suite des portes d'aval, puisqu'on peut y employer des eaux supérieures, il n'en est pas de même des bancs de sable et de gravier qui obstruent les embouchures des canaux et les prises d'eau, et sur lesquels le moyen employé avec succès à l'écluse de Beaucaire ne produiroit aucun effet. On ne peut que prévenir la formation de ces derniers atterrissemens, en choisissant une position où la rivière a une profondeur constante, ou en faisant des dispositions convenables pour obtenir la profondeur nécessaire pour la maintenir. *Voir Planche 15, Fig. II.*

(20) Si l'on craignait que, malgré la vitesse de l'eau dans le sas, il ne restât encore quelques dépôts contre le heurtoir d'aval, on pourrait remplacer ce heurtoir par un plan incliné, et employer la disposition indiquée *Planche 8, Fig. 1.re*, ou toute autre propre à éviter ces dépôts. Il paraîtrait cependant convenable de s'assurer par quelques expériences préliminaires que cette crainte est fondée.

(21) J'apprends en ce moment qu'une nouvelle machine, imaginée par M. l'ingénieur Bouviers, est employée avec beaucoup d'avantage et depuis dix-huit mois à ce dragage.

une dépense annuelle en charbon et entretien, déjà peut-être plus considérable que celle de l'enlèvement périodique des dépôts.

C'est donc à ce dernier parti, qui paraît le plus simple et le plus économique, qu'il faudra se résigner probablement dans les mêmes circonstances.

Plan du cours du Rhône aux abords de Beaucaire. Planche 2.

Le Rhône passait autrefois le long du champ où se tient la foire célèbre de Beaucaire ; mais des attérissemens considérables s'étant formés sur la rive droite du fleuve, le cours des eaux a été porté sur la rive gauche. On attribue généralement la formation de ces attérissemens à la construction de la digue A B C D, dite de Lussan ou des Hôpitaux, exécutée d'après l'avis de M. Groignard, et qui était destinée à garantir les propriétés de la rive droite du Rhône dans son ancien lit : cette question fit partie de celles que la commission nommée pour l'examen du projet de l'écluse de Beaucaire était chargée de traiter. Après avoir discuté les différentes opinions émises à ce sujet, la commission pensa qu'au point où le mal toujours croissant était arrivé, et lorsque le Rhône était parvenu à creuser très-profondément son lit du côté de Tarascon, en abandonnant la côte de Beaucaire, ce n'était plus par de faibles creusemens et par des épis, dont l'effet est souvent contraire à celui qu'on attend, que l'on pouvait espérer d'arrêter le progrès du mal et encore moins de rétablir l'ancien état des choses ; qu'en vain on changerait, avec des dépenses incalculables, la direction des eaux en amont, la vitesse qu'elles auraient acquise par l'augmentation de profondeur dans le bras de Tarascon, les déterminerait toujours à se porter dans cette partie du fleuve.

Elle faisait observer que lorsqu'un fleuve se divise en deux branches, celle où la profondeur d'eau devient plus grande par l'effet de quelques causes particulières, continue de s'approfondir, tandis que l'autre s'atterit, lors même que la cause qui avait produit l'inégalité est détruite ; et cela par la seule raison qu'un excès de profondeur, d'une part, en augmentant la vitesse, déterminera de nouveaux affouillemens jusqu'à ce qu'il y ait équilibre avec la résistance du fond ; tandis que, de l'autre, une diminution de vitesse peut donner lieu à de nouveaux attérissemens. Elle répétait que l'effet des épis était fort incertain ; qu'ils étaient souvent tournés par le courant, au lieu de le rejeter sur la rive opposée, et produisaient au contraire des affouillemens sur la rive qu'ils étaient destinés à défendre, ainsi que l'épi R indiqué sur le plan en fournit un exemple (22).

La commission pensait en conséquence, 1.° que le moyen le plus efficace serait d'opposer un obstacle au cours des eaux et à l'approfondissement du lit dans la branche de Tarascon, pour obliger le fleuve à se porter davantage dans l'autre branche ; ce qui tendrait à favoriser les travaux qu'on pourrait faire ensuite pour détruire les attérissemens du côté de Beaucaire ; 2.° que cet obstacle paraissait devoir être une digue noyée ou barrage à pierres perdues traversant perpendiculairement le bras du Rhône, et s'attachant d'une part à la tête de la digue qui sépare les deux bras, et de l'autre au revêtement de la rive gauche.

Ce barrage noyé, auquel on aurait donné tout de suite une base proportionnée à la profondeur de l'eau, devait être exécuté par couches successives et horizontales, en ayant soin de réserver les plus gros blocs pour les couches supérieures. La commission proposait d'étudier, pendant son élévation graduelle, les effets qu'il aurait pu produire au moyen de profils et sondes préliminaires faites avec soin, et ensuite comparées avec celles que l'on ferait chaque année dans les mêmes parties du fleuve.

C'eût été à l'aide de ces observations que l'on aurait déterminé la hauteur définitive de ce barrage, laquelle, dans tous les cas, devait être telle, qu'elle ne pût nuire au passage des bateaux dans le bras de Tarascon.

L'exécution de ce barrage, favorisée par la disposition du local et sur-tout par la digue existante, devait contribuer avec celle-ci à assurer une profondeur d'eau constante devant la prise d'eau de Beaucaire, objet de la plus grande importance. Enfin la commission faisait observer que sa dépense ne pouvait être considérable, parce que les pierres dont il serait formé se trouvent à proximité et sur le bord du fleuve.

Il paraît, d'après les renseignemens qui me sont parvenus, que des travaux un peu importans n'ont point été exécutés, depuis cette époque, dans cette partie du Rhône ; que ce fleuve a continué d'attaquer la rive gauche, qui a été corrodée en S, ainsi que l'indique une ligne ponctuée sur le plan ; que le produit de cet affouillement a été déposé en T et a formé le noyau d'un grand banc de sable et de gravier qui barre très-obliquement le bras de Tarascon, en ne laissant qu'un faible intervalle pour le passage des eaux à la tête de la digue ; ce qui peut donner lieu à des affouillemens et compromettre la solidité de cette dernière.

Ce banc a d'ailleurs l'inconvénient qu'on avait cherché à éviter par le barrage proposé, celui de rejeter trop brusquement les eaux du fleuve. Un nouvel examen des lieux et de nouvelles observations fourniront sans doute les moyens nécessaires pour prendre le parti le plus convenable dans l'intérêt de la navigation du fleuve, de la ville de Beaucaire et de la prise d'eau du canal ; mais il serait à désirer qu'on n'attendît pas trop long-temps pour s'en occuper.

Carte hydrographique des environs de Paris. Planche 4.

D'après les ordres du Gouvernement, une commission dont je me trouvais rapporteur fut chargée de présenter un travail sur les moyens d'augmenter et de perfectionner les communications par eau servant à l'approvisionnement de Paris. Je sentais toute l'importance de ce travail ; mais le peu de temps accordé et la difficulté de faire toutes les opérations et les recherches nécessaires, ne me permirent pas de proposer à la commission un projet de rapport aussi complet que je l'aurais désiré. Il ne m'en reste même qu'une minute informe, dont j'extrairai cependant ce qui concerne principalement les environs de Paris, pour servir à l'explication de la Planche 4.

La ville de Paris doit en grande partie sa prospérité aux communications par eau qu'elle tient de la nature et à celles que l'art lui a procurées.

Cette capitale peut communiquer par eau, savoir :

Avec la Manche, { 1.° Par la Seine inférieure ;
2.° Par la Seine, l'Oise, le canal Saint-Quentin et la Somme (23).

---

(22) Je ne prétends point, dans ce que je viens de dire sur les épis, établir un principe général ; car on rencontre quelquefois des circonstances qui permettent de les employer avec succès, sur-tout lorsqu'ils sont disposés de manière, non à rejeter, mais à prolonger la direction d'un courant. Cette question, et toutes celles relatives aux

fleuves et rivières, ne peuvent être approfondies qu'à l'aide d'une longue suite d'observations bien faites, et dont peu d'hommes sont capables.

(23) Cette rivière est l'objet de grands travaux sous le nom de canal du duc d'Angoulême.

Avec l'Océan, { Par la Seine supérieure, les canaux de Loing, d'Orléans, la Loire.

Avec la Méditerranée, { 1.° Par la Seine supérieure, les canaux de Loing et de Briare, la Loire (24), le canal du Centre, la Saone, le Rhône (25); 2.° Par la Seine supérieure, l'Yonne, le canal de Bourgogne (26), la Saone et le Rhône.

Avec l'Allemagne et la Suisse, { Par le canal de Bourgogne, la Saone, le Doubs, le canal de Monsieur et le Rhin.

Indépendamment de ces grandes communications, qui s'étendent du nord au midi et de l'est à l'ouest, jusqu'aux limites de la France, Paris reçoit de grands approvisionnemens par les rivières navigables qui l'environnent et leurs affluens navigables ou flottables.

On voit, d'après ce premier aperçu, que lorsque les canaux maintenant en exécution seront terminés et la navigation des rivières ci-dessus indiquées, perfectionnée, la capitale de la France jouira, au plus haut degré, des avantages de la navigation intérieure.

La Seine, entre Paris et l'embouchure de l'Oise, forme, comme on le voit *Planche 4*, de longs contours, et présente plusieurs autres difficultés qui rendent la navigation d'autant plus pénible, que les bateaux chargés sont obligés, pour se rendre à Paris, de vaincre le courant. Ces difficultés et celles que l'on rencontre dans la partie inférieure de l'Oise, avaient fait penser depuis long-temps à remplacer une navigation aussi longue et aussi pénible par un canal.

Plusieurs projets avaient été proposés à des époques plus ou moins éloignées. Quelques-uns ont même été sanctionnés par des lois et des décrets. Cependant les recherches que j'ai faites m'ont prouvé que ces projets, en général, ne pourraient être exécutés qu'en surmontant les plus grandes difficultés et avec des dépenses excessives. Les mêmes idées se reproduisant de temps à autre, je crois utile d'accompagner la carte que j'ai fait graver, par un court exposé des motifs sur lesquels était fondée l'opinion que j'ai émise à l'époque de mon rapport.

Canal de l'Ile-Adam sur Oise à Paris, proposé en 1724 par les sieurs Jumelle et Daudet.

Ce canal devait avoir son origine à Stor, au-dessus de Méry, et son embouchure dans la Seine, au-dessous du bastion de l'Arsenal. Ses auteurs prétendaient, dans l'origine, l'alimenter avec les eaux de l'Oise, qu'ils supposaient plus élevées que celles de la Seine, près de l'Arsenal. Des experts nommés pour l'examen de ce projet le jugèrent possible; ce qui détermina le duc de Bourbon, alors premier ministre, à l'adopter. Cependant quelques voix s'étant élevées contre cette entreprise, on commença à douter de la vérité des faits, et le projet resta sans exécution.

Il était aisé de se convaincre, en jetant les yeux sur une carte des environs de Paris, que l'Oise à Méry ne pouvait pas être plus élevée que la Seine à l'Arsenal : car cette dernière rivière a, depuis ce point jusqu'à l'embouchure de l'Oise, un développement de 72,000 mètres, tandis que celui de l'Oise, depuis cette embouchure jusqu'à Méry, n'est que de 24,000 mètres; ce qui supposerait, si l'Oise était seulement

aussi élevée à Méry que la Seine à l'Arsenal, que la pente de la première serait trois fois plus forte que celle de la seconde. D'après des nivellemens récens, on a trouvé que l'Oise au-dessus de Méry était plus basse que la Seine à l'Arsenal, de 5 mètres. Ces mêmes nivellemens ont prouvé que, soit que l'Oise se rendit dans la Seine, ou la Seine dans l'Oise, le canal ne serait pas moins souterrain sur toute sa longueur, qui serait de 30,000 mètres; qu'il passerait sous Paris et sous la forêt de Montmorency à plus de 130 mètres de profondeur.

Des modifications furent apportées à ce projet peu raisonnable, et ne le rendirent pas meilleur. On proposa ensuite d'alimenter ce canal par des ruisseaux très-peu élevés au-dessus de l'Oise et de la Seine; ce qui ne diminuait pas sensiblement la longueur du souterrain : ces ruisseaux d'ailleurs étaient très-insuffisans.

Projet d'un Canal de l'Oise à Paris, par le sieur Lemoyne, ancien maire de Dieppe.

Le sieur Lemoyne s'était occupé depuis long-temps de faire revivre le projet du canal de Dieppe à l'Oise, proposé avant lui par MM. de Rocheplatte et Créqui. Il fit faire des plans et des nivellemens; et pour faire suite à ce premier projet, il en proposa un second pour un canal dont l'origine était dans l'Oise, au-dessous de Creil, et qui devait se rendre dans la Seine, au-dessous de l'Arsenal. Ce canal, indiqué sur la carte, aurait passé par Sévran, Goussainville, Marly-la-Ville, Fossés, Saint-Firmin, Saint-Maximin, &c. Il devait être alimenté par les sources du Crou à Goussainville, de la Beuvrone, et à leur défaut, par la rivière de Nonnette, qui passe à Senlis.

Ceux qui connaissaient un peu les localités, pouvaient juger combien elles étaient peu favorables à l'établissement d'un canal. Des nivellemens faits sur les directions indiquées, et dont on trouvera quelques cotes principales sur la carte (27), ont fait connaître que ce projet ne pouvait s'exécuter qu'au moyen d'un souterrain de cinq lieues de longueur placé, à 80 mètres au-dessous du plateau de Marly-la-Ville. Un canal aussi long à ouvrir à cette profondeur, dans un sol dont la nature est totalement inconnue, pouvait être considéré comme une de ces entreprises dont le succès est si incertain et la dépense si excessive, qu'il serait au moins inutile de les soumettre à une discussion plus approfondie.

Premier projet de Canal de Paris à Pontoise, proposé par le sieur Brullée.

Il consistait en un canal partant de l'Arsenal, passant près l'hôpital Saint-Louis et la ville de Saint-Denis, et suivant la vallée de Montmorency dans toute sa longueur. Il devait être alimenté par les eaux du Crou, prises à Dugny, et le niveau des eaux aurait été établi à environ 12 mètres au-dessus de l'étiage de la Seine à Saint-Denis. La partie de ce projet comprise entre l'Arsenal et Saint-Denis, étudiée depuis d'après les principes de l'art, étant très-avantageusement remplacée par les canaux de Saint-Denis et de Saint-Martin, qu'on peut regarder comme terminés, il est maintenant inutile de parler des difficultés de cette partie du projet du sieur Brullée, tel qu'il était présenté. Mais le projet de la seconde partie pouvant encore devenir l'objet d'une discussion, je crois devoir rappeler mes anciennes observations.

(24) On s'occupe en ce moment d'un canal latéral entre Digoin et Briare, pour éviter les difficultés que la Loire présente entre ces deux points.

(25) Le canal de Beaucaire, maintenant terminé, offre une communication avec la mer et le canal du Midi; et celui d'Arles à Bone, auquel on travaille vivement, donnera un nouveau moyen d'éviter les difficultés de l'embouchure du Rhône.

(26) Les travaux du canal de Bourgogne se poursuivent sur plusieurs points avec une grande activité.

(27) Toutes les cotes indiquées sur cette carte sont rapportées à un plan horizontal élevé de 150 mètres au-dessus du niveau fixé pour les eaux du bassin de la Villette, et de 100 mètres au-dessus du premier plan horizontal qui avait été choisi lors des premières opérations du canal de l'Oise, et adopté constamment pour toutes les opérations subséquentes, telles que le nivellement général des environs et des rues de Paris.

D'après un profil qui accompagnait le projet, le point culminant de la vallée paraissait n'être élevé que de 8 mètres au-dessus de la ligne d'eau fixée pour le canal. Malgré l'inexactitude très-probable de cette donnée, et sans vérification préalable, le projet fut l'objet de différens rapports approbatifs ; son exécution, autorisée par une loi, fut même commencée, mais bientôt abandonnée.

A l'occasion du rapport dont j'étais chargé, je pris une connaissance exacte des localités ; et ayant fait faire les nivellemens nécessaires, je ne tardai pas à reconnaître que le déblai jusqu'à la ligne d'eau, au lieu d'être de 8 mètres seulement sur une petite longueur, était réellement de près de 30 mètres sur une longueur de plus d'une lieue, et cela dans un terrain dont la nature à cette profondeur était entièrement inconnue. Ce fait principal, bien constaté, peut dispenser d'entrer dans d'autres détails (28). Plus tard, M. de Solages proposa un système de petite navigation pour la même partie de canal ; et pour éviter des déblais aussi énormes, il supposait un point de partage alimenté par le ruisseau de Mouliguon ; mais les eaux de ce faible ruisseau sont si peu abondantes, qu'elles suffisent à peine à l'arrosement de quelques jardins, et tarissent tous les étés. L'auteur proposait, pour suppléer à leur insuffisance, des réservoirs qui auraient reçu les eaux de la forêt de Montmorency. La grande expérience faite pour rassembler les eaux pluviales qui tombent sur un sol très-étendu, aux environs de Versailles, a prouvé que l'on doit peu compter sur une pareille ressource. Il n'est pas besoin, sans doute, d'ajouter qu'un système de petite navigation n'était pas convenable pour faire suite aux rivières de la Seine et de l'Oise, navigables pour de très-grands bateaux.

Il ne suffisait pas de prouver que les deux projets précédens, tels qu'ils étaient présentés, n'étaient pas admissibles ; il fallait encore examiner s'il n'existait pas quelque moyen de rendre la partie du canal, entre Saint-Denis et Pontoise, exécutable. Pour y réussir, on ne pouvait se dispenser d'établir un point de partage assez élevé pour éviter les déblais trop considérables, et de chercher ensuite à l'alimenter par des eaux supérieures et assez abondantes pour fournir à la dépense d'un canal qui devait avoir trois versans et donner passage aux bateaux de l'Oise et de la Seine, et pour réparer les pertes que pourraient causer les filtrations très à craindre dans cette localité. Les eaux les plus élevées, et en même temps les seules que l'on pût dériver, étaient celles de la Beuvronne, prises au-dessus de Gressy, et celles du Crou, prises à Goussainville. La rigole destinée à les conduire, fut tracée telle qu'elle est indiquée sur la carte. Par ce moyen, on évitait les grands déblais du point de partage ; mais on rencontrait d'autres inconvéniens. Les eaux de la Beuvronne, réunies à celles du Crou, ne s'élevaient aux points désignés pour les prises d'eau qu'à 1600 pouces (29) ; quantité bien insuffisante d'après l'exposé ci-dessus, sur laquelle d'ailleurs on ne pouvait compter, en considérant que ces eaux devraient parcourir une rigole de 40000 mètres de longueur, tracée dans des terrains de différentes natures et souvent dans des carrières. Mais déjà les eaux de la Beuvronne n'étaient plus disponibles, et il ne restait que celles du Crou, qui ne formaient qu'environ moitié des 1600 pouces, annoncés ci-dessus comme insuffisans. Il devenait donc indispensable de placer la prise d'eau dans le Crou, beaucoup plus bas, c'est-à-dire, entre le Tillay et Go-

nesse, où l'on trouve 1800 pouces d'eau ; mais alors il fallait abaisser d'autant le point de partage, en retombant dans l'inconvénient des grands déblais ou d'un souterrain. Il serait même très-douteux qu'avec cette quantité d'eau à l'origine de la rigole, on pût satisfaire aux besoins du canal et aux pertes de cette rigole, qui aurait encore 26000 mètres de longueur, passerait sous la ville de Gonesse, traverserait plusieurs villages et propriétés particulières. Cette dérivation, d'ailleurs, ne pourrait s'effectuer sans détruire les usines inférieures et les grands établissemens qui concourent à l'approvisionnement de Paris.

Les ingénieurs du département de Seine-et-Oise, qui se sont occupés récemment du même canal, ont pu obtenir quelques améliorations en étudiant le tracé ; mais leurs efforts et leurs talens ne pouvaient rien contre les difficultés que la nature oppose. Ainsi, après toutes ces tentatives, je persiste à penser que le succès de ce projet, quelque perfectionné qu'il puisse être, serait toujours douteux ; que la dépense à laquelle il donnerait lieu, y compris les indemnités, deviendrait excessive, et qu'en conséquence toutes les pensées doivent se diriger vers le perfectionnement de la navigation de l'Oise et de la Seine.

De la rivière de Marne et du canal de Saint-Maur.
Planches 4, 5, 6 et 7.

En 1807, je fus chargé de visiter la Marne et de présenter un travail préliminaire sur les moyens d'améliorer sa navigation. Il n'était point question, à cette époque, d'ouvrir aucune communication entre son bassin et celui d'une autre rivière. Le but qu'on se proposait paraissait être seulement de faciliter l'arrivée des approvisionnemens nombreux que Paris peut recevoir au moyen de cette rivière et de ses affluens. C'est dans cette hypothèse que j'avais rédigé l'aperçu qui m'avait été demandé, et qui ne peut être maintenant que d'une bien faible utilité ; je me bornerai donc à en présenter un extrait.

La Marne prend sa source près de Langres ; et après avoir arrosé cinq départemens, dont trois portent son nom, se réunit à la Seine près de Charenton, village situé à environ deux lieues au-dessus de Paris. Elle ne commence à être considérée comme rivière qu'au-dessous de Chaumont ; et son cours, depuis cette dernière ville jusqu'à la Seine, a environ cent lieues de longueur. Dans cet intervalle, elle reçoit un grand nombre d'affluens, tels que la Suize, le Rognon, la Blaise, la Saulx, l'Ornain, l'Ourcq, le grand et le petit Morin, &c., dont plusieurs sont navigables ou flottables, et dont plusieurs autres pourraient le devenir. L'Ornain paraît même offrir un moyen d'établir une communication entre la Marne et la Meuse.

La navigation de la Marne, malgré son état d'imperfection, donne lieu néanmoins à un commerce étendu ; et la constance avec laquelle ce commerce lutte depuis si long-temps contre des difficultés sans nombre, prouve toute l'utilité de cette navigation.

C'est au port de Saint-Dizier, point où la Marne commence à être navigable, que se construisent tous les bateaux qui naviguent sur cette rivière, et une partie de ceux qui fréquentent la Seine, l'Yonne, &c. Il se fait en outre, dans ce port, de nombreuses embarcations en bois de charpente, de sciage, qui sont mis en radeaux et descendent à Paris, en portant des fers de toute espèce.

Les environs de Vitry, de Châlons, d'Épernay, fournissent également des bois, des charbons, des grains, des vins et autres denrées pour l'approvisionnement de Paris. On trouve à la Ferté les meules de moulin qui se distribuent en France, dans l'étranger et jusqu'en Amérique. Enfin la Marne reçoit à Lisy tous les bateaux qui descendent par la rivière d'Ourcq.

Pour classer les observations suivantes, je supposerai la

---

(28) Le sieur Brullée avait fait successivement plusieurs changemens à son premier projet. Il proposa d'abord de se servir des eaux de la Beuvronne pour alimenter son canal ; ensuite il substitua aux eaux de la Beuvronne 3000 pouces de celles de la Marne prises au-dessus de Lisy, et qui auraient été conduites à Paris par un canal navigable ; mais on n'obtenait par ces changemens aucune amélioration pour la partie du projet entre Saint-Denis et Pontoise.

(29) J'emploie ici le pouce de fontainier, dont le produit en mètres cubes est bien connu. Je crois cependant, pour éviter tout embarras, devoir rappeler que ce produit est par jour de 19^m,743, et par an de 7206^m,195.

Marne divisée en quatre parties, savoir : 1.º de Chaumont à Saint-Dizier; 2.º de Saint-Dizier à Vitry; 3.º de Vitry à Meaux; 4.º de Meaux à la Seine.

1.re Partie.

Il n'existe entre Chaumont et Saint-Dizier aucune espèce de navigation. La Marne, qui a reçu les eaux de la Suize et de plusieurs ruisseaux, a, dans cet intervalle, une pente considérable, qui a permis d'établir un grand nombre d'usines et notamment plusieurs forges. Les produits de ces forges sont amenés par terre à Saint-Dizier ou autres ports inférieurs, où ils sont embarqués dans des bateaux ou sur des radeaux, et descendus jusqu'à Paris.

Si cette partie de rivière était ouverte à une petite navigation, elle faciliterait beaucoup le transport des bois, des fers, des grains et des vins des environs de Joinville. Il suffirait de considérer cette petite navigation comme entièrement descendante; de se borner à ajouter quelques barrages à ceux déjà existans, et d'ouvrir des pertuis d'une petite dimension, au moyen desquels les bateaux parviendraient à Saint-Dizier. C'est en employant des moyens simples et peu dispendieux qu'on pourrait espérer de mettre la dépense en proportion avec les résultats, lorsqu'on sera parvenu à les apprécier avec une exactitude suffisante.

2.e Partie.

De Saint-Dizier à Vitry, la Marne exigerait de grandes améliorations, qui peuvent être considérées sous deux points de vue principaux, savoir, celui de l'agriculture et celui de la navigation.

La Marne, depuis Saint-Dizier jusqu'à la Neuville-au-Pont, continue de couler dans le vallon resserré où elle a été renfermée jusqu'alors. Elle a dans cet intervalle, comme dans la partie supérieure de son cours, des berges solides et un lit constant; mais sa navigation est très-difficile, à raison des rochers dont le fond du lit est semé, et du peu de profondeur d'eau. Ses bords n'offrent aucune trace de chemin de halage, ce qui rend la remonte des bateaux presque impraticable.

Parvenue à la Neuville, la Marne se rend dans une vaste plaine dite du Perthois, qui n'est formée, sur environ 6 lieues de longueur, que des sables et des graviers que cette rivière, devenue moins rapide dans cette partie de son cours, y a déposés depuis plusieurs siècles.

La Marne sillonne de tous les côtés ces amas de gravier, sans tenir aucune route certaine. Elle quitte à chaque instant le lit qu'elle s'était formé, pour s'en ouvrir un nouveau qu'elle abandonne bientôt après : ce qui rend la navigation à peu-près nulle dans cette partie de rivière; car les bateaux qui partent de Saint-Dizier, quoique ordinairement très-peu chargés, ne peuvent descendre qu'en profitant d'une petite crue dans les eaux, et d'une augmentation momentanée produite par l'ouverture des pertuis au-dessus de Saint-Dizier.

Si l'on ne devait considérer que les avantages de la navigation, et si son importance était telle qu'il fallût lui donner la plus grande perfection possible, on proposerait d'abandonner entièrement le lit de la rivière, et d'y substituer un canal latéral dont l'exécution présenterait peu de difficultés et serait favorisée par les petites rivières de la Blaise et de l'Isson; mais ce canal laisserait l'agriculture et le sol de cette plaine, en proie, comme par le passé, aux ravages de la rivière.

Cette considération doit faire rechercher s'il ne serait pas facile, en perfectionnant la navigation de la Marne, de s'opposer aux variations de son lit. C'est à quoi il paraît possible de parvenir en donnant aux berges des talus très-alongés et en les couvrant de diverses plantations. Des épis perpendiculaires, construits à peu de frais, fourniraient ensuite les moyens de resserrer le lit dans les basses eaux, afin d'obtenir la profon-

deur nécessaire à la navigation. Un barrage placé à la Neuville, et destiné à soutenir les eaux dans la partie supérieure, aurait le triple avantage d'augmenter la profondeur d'eau jusqu'à Saint-Dizier, de former un vaste réservoir dont les eaux accumulées serviraient à augmenter momentanément celles ordinaires de la Marne, et à faciliter la navigation inférieure. Enfin ce barrage donnerait le moyen de construire de nouvelles usines qui seraient très-précieuses dans cette localité.

3.e Partie, de Vitry à Meaux.

C'est à Vitry seulement que la Marne peut être considérée comme véritablement navigable, et que l'on commence à trouver un lit constant, une plus grande profondeur d'eau et quelques vestiges de chemin de halage. La navigation cependant continue d'être simplement descendante, à l'exception de quelques bateaux vides qui remontent par convois pour prendre de nouveaux chargemens.

Si l'on veut s'en tenir aux seuls perfectionnemens que semble comporter le commerce actuel, on peut améliorer cette partie de rivière sans de très-grandes dépenses.

Il suffirait de faire disparaître les difficultés suivantes :

1.º Les amas de gravier qui obstruent le lit;

2.º Les roches inhérentes au lit de la rivière, ou descendues des coteaux voisins;

3.º Les pièces et les débris de ponts et de moulins détruits, contre lesquels heurtent les trains et les bateaux;

4.º Les empiétemens des riverains, qui changent le cours de la rivière au moyen de diverses constructions et plantations;

5.º Les dégradations des chemins de halage, causées la plupart du temps par les entreprises des mêmes riverains;

6.º Les dangers des passages dans les villes de Vitry, &c., et dans les différens pertuis des moulins.

Ces différens perfectionnemens, quoique fort désirables, seraient cependant insuffisans, si l'on pouvait espérer que la Marne ferait un jour partie d'une grande communication par eau.

4.e Partie, entre Meaux et Paris.

La navigation de la Marne augmente d'importance en s'éloignant de l'origine de cette rivière, parce qu'il se fait sur tout son cours de nouvelles embarcations.

Par cette raison, la partie comprise entre Meaux et Paris est celle qui mérite le plus d'attention; elle présente en même temps d'assez grandes difficultés. En sortant de Meaux, on trouve un bief d'environ un myriamètre de longueur, très-navigable, et qui n'est interrompu que par le barrage de Mareil, dont le pertuis n'offre aucun danger. Mais en arrivant près du village de Condé, le cours de la rivière change de direction, et, après un contour d'environ 22000 mètres, revient à un point qui n'est distant de celui de départ que d'environ 4500 mètres, ce qui augmente inutilement le trajet de la navigation, d'environ 17500 mètres.

Mais ce qu'il y a de plus fâcheux, c'est que ce trajet est semé de difficultés qui le rendent aussi dangereux qu'incommode. Ces difficultés sont principalement les îles de Villenoi, le passage de Trilbardou, les joncs et mottes de Préci, le passage des Jabelines, &c.

Mais la nature présente un moyen de soustraire la navigation à ces divers inconvéniens. L'intervalle qui sépare les deux points où commence et finit le long circuit dont il vient d'être parlé, est occupé par une vallée ou gorge profonde, large à son origine, et qui se resserre ensuite de manière à ne plus laisser entre les deux points qu'une faible distance. Cette petite vallée, étant un peu inondée lors des crues de la Marne, présentait un sol sensiblement de niveau, ce qui a été confirmé par des opérations faites plus tard. On trouve au fond de cette

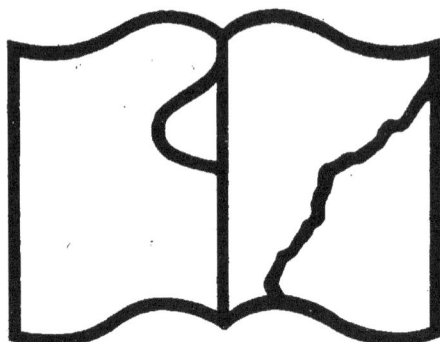

Texte détérioré — reliure défectueuse
NF Z 43-120-11

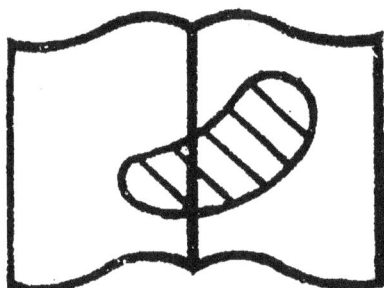

Illisibilité partielle

vallée, un coteau assez élevé, baigné de part et d'autre par les grandes eaux, et qui n'a, dans un point connu convenablement qu'une largeur d'environ 200 mètres à sa base, largeur qui se réduit à 80 mètres, à son sommet.

Cette disposition des lieux semblait indiquer le chemin de la navigation par une dérivation de la Marne; mais ce premier parti exigerait des déblais trop considérables, et augmenterait les difficultés du percement à faire dans le coteau dont il a été parlé. En conséquence, il a paru plus simple et plus convenable de se servir des eaux supérieures du petit Morin, en les dérivant à une hauteur telle, qu'on pût éviter présque entièrement les grands déblais. Des nivellemens ont fait connaître que les eaux du Morin, prises au-dessus du pont de Couilly, à environ 4 mètres au-dessus des eaux de la Marne, satisfaisaient à cette première condition; une telle prise d'eau ouvrir sur une longueur d'environ 350 mètres, pourrait être rendue navigable pour les bateaux qui navigueront sur la Marne, et remplacer avantageusement la partie inférieure de cette rivière, qui présente plusieurs difficultés dans son cours actuel.

Le canal proposé formerait une espece de triangle, partant d'environ 4500 mètres de longueur. Ce canal commencerait d'une part, dans la Marne, près le village de Condé, au moyen d'une écluse dont la chute variable serait d'environ 2 mètres au maximum, et de l'autre, après avoir traversé le coteau du Grand-Pierre, au moyen de deux écluses accolées, dont les chutes réunies seraient d'environ 7 mètres. Un petit pont canal et 3 ponts de charpente pour le service des chemins vicinaux, compléteraient les ouvrages d'art de ce canal. On trouvera sur la carte, Planche 4, une représentation de ce projet, dont le plan et les nivellemens ont été faits à l'époque du rapport.

A partir de ce canal projeté, la rivière est librement navigable jusqu'à Lagny. De Lagny à Saint-Maur, on rencontre les pertuis de Douvres et de Noisiel, dont le passage ne offre aucun danger; mais la navigation devient pénible et dangereuse près de Chelles et de Gournai. Le lit de la rivière, large et encaissé, est embarrassé par une multitude d'îles, ce passage est d'autant plus dangereux, que la vitesse de l'eau est très grande.

On a détruit dernièrement plusieurs de ces obstacles; mais pour s'y soustraire entièrement, il avait été question d'un canal de dérivation dont l'origine était au-dessous immédiat de Chelles, et qui, en passant derrière Gournai, se réunissait à la Marne au-dessous de ce village. Ce canal devait avoir 2000 mètres de longueur; il était terminé par une écluse construite, et permettrait d'établir plusieurs usines.

De Gournai à Saint-Maur, on trouve quelques pertuis qui suffisent, comme dans les parties supérieures, au service de la navigation; mais auxquels on pourrait substituer des écluses submersibles, si cette navigation devenait plus importante.

Au-dessous du pont de Saint-Maur, la Marne, après avoir parcouru un circuit de 3 à 4 lieues, dit Bosse de Saint-Maur, revient à un quart de lieue de son point de départ. Voir Planche 5.

Dans ce contour, la navigation éprouve de grandes difficultés, dont le détail serait maintenant inutile. On désirait depuis long-temps voir ouvrir un canal qui pût abréger le cours de la navigation et l'affranchir de tous ces obstacles; mais pour arriver à l'accomplissement de ce projet, il fallait étudier les localités et procéder à un projet complet, accompagné des plans, nivellemens et recherches nécessaires. C'est ce dont je m'occupai, en attendant que les circonstances

permissent d'en espérer l'exécution : ce qui arriva au moment où je m'y attendais le moins (31).

Le perfectionnement de la navigation était suffisant sans doute pour faire désirer l'exécution de ce canal : mais si ce motif avait été le seul, il eût été nécessaire alors de comparer les avantages qu'il devait procurer avec la dépense à laquelle il donnerait lieu, et en même temps avec celle qui résulterait des travaux à faire dans le long circuit formé par la rivière, en faisant entrer dans cette comparaison la différence de longueur à parcourir : mais un autre motif plus puissant que le premier, m'avait séduit à cette époque ainsi que l'administration supérieure, c'était l'avantage immense que cette dérivation présentait pour l'établissement de plus de 50 usines pouvant disposer chacune d'une grande masse d'eau avec une chute de 4 mètres. J'avais joint au projet de canal celui de la disposition des usines, tel qu'on le voit Planche 6.

Des terres et prairies présentaient, de chaque côté du canal, un sol de niveau très-propre à l'établissement de vastes manufactures et à l'ouverture des différens canaux. Une route projetée sur le canal lui-même pour profiter des déblais, offrait une communication facile avec la grande route de Vincennes, et l'on trouvait sur la rive gauche de la Seine un terrain en amphithéâtre, très-propre, dans l'avenir, à l'établissement d'une petite ville qui se serait formée probablement par l'effet de la réunion d'un grand nombre d'usines et de manufactures. Ce terrain se trouvait d'ailleurs terminé par la grande route de Paris à Strasbourg.

Une semblable position, desservie par deux grandes routes à la proximité de Paris, et au confluent de la Marne et de la Seine, offrait une réunion d'avantages qui pouvaient la faire considérer comme unique dans son genre. J'avoue que mon imagination s'exaltait, lorsque je me représentais quels pourraient en être les résultats, dans l'avenir, pour les intérêts bien entendus du Gouvernement, de la ville de Paris, et les progrès de l'industrie.

Pendant l'exécution des travaux de cette dérivation, le chef du Gouvernement demanda quels seraient les meilleurs moyens de se procurer des chutes d'eau suffisantes pour l'établissement d'un grand nombre de moulins qui seraient accompagnés de vastes magasins de conservation pour les grains destinés à la consommation de Paris dans les temps de disette.

Il ne m'appartenait pas d'examiner si un pareil établissement était conforme ou non aux véritables principes de l'économie politique. Je discutai seulement les différentes ressources que pouvaient présenter les environs de cette grande ville, et je ne pus me dispenser, quoique avec beaucoup de regrets, d'indiquer les nombreuses chutes qui devaient résulter de l'exécution du canal de Saint-Maur. Ces chutes obtinrent la préférence; et un nouveau décret du 28 mars 1812, précédé d'une décision du 5 février, ordonna qu'elles seraient consacrées au service d'un certain nombre de moulins; qu'il serait construit dans le même emplacement des magasins de conservation. En conséquence, je fus chargé d'en présenter les projets. J'essayai plusieurs dispositions, au nombre desquelles se trouvait celle indiquée par une petite esquisse sur la Planche 5 (32).

Enfin, en vertu d'une nouvelle décision, les fonds destinés à

(30) Il serait peut-être bon d'examiner si l'on trouverait convenablement à appliquer aux pertuis de la Marne un procédé simple auquel j'ai pensé comme moyen propre pour des rivières à la vérité beaucoup moins considérables et sur lesquelles la navigation ne comportait pas l'emploi trop dispendieux des vésines ordinaires. Voir la Fig. 7, Planche 15, et son explication.

(31) Un décret du 29 mars 1809 portait, art. 1.er:

Les projets rédigés par le sieur Bruyère, inspecteur divisionnaire des ponts et chaussées, ayant pour objet l'amélioration de la navigation de la Marne par un canal de dérivation du Morin près Condé, par une dérivation de la Marne près Chelles, par une coupure entre Saint-Maur et Charenton, et approuvés par le conseil des ponts et chaussées les 14 septembre 1808 et 6 du présent mois, seront exécutés; et les travaux, évalués en dix ans, commenceront en l'an 1810.

Nota. Des fonds disponibles ont permis de commencer quelques travaux préparatoires en 1809.

(32) Je donnerai plus tard, si cela m'est possible, quelques détails sur la disposition de ces magasins de conservation, dans lesquels j'avais tâché de satisfaire aux conditions les plus essentielles.

l'exécution devant être fournis par le domaine extraordinaire, l'affaire passa entre les mains de l'intendant de la couronne. Les événemens politiques firent oublier ce second projet, et j'espérais voir reprendre le premier, au moyen duquel les chutes devaient être livrées à l'industrie particulière : mais une foule de circonstances, dont je m'abstiendrai de parler, ont paralysé son exécution; et tout ce qu'on peut espérer maintenant, c'est de voir s'établir quelques usines isolées et privées des avantages que devait leur procurer un ensemble bien ordonné sous les rapports des prises d'eau des canaux de fuite et des communications par terre.

Je ne dirai plus que quelques mots sur l'exécution de ce canal et de sa partie souterraine, dont on peut voir plusieurs détails *Planche 7.*

Le canal de Saint-Maur est une dérivation de la Marne, de 1150 mètres de longueur, qui remplace le lit de la Marne sur une étendue de 12500 mètres, dans laquelle la navigation, comme il a déjà été dit, est difficile et même quelquefois dangereuse. La pente totale de 3 mètres 50 centimètres, augmentée en ce moment de 50 centimètres par la construction d'un barrage qui a fait disparaître la petite chute qui avait lieu sous le pont de Saint-Maur, est rachetée par une seule écluse de 4 mètres de chute qui termine le canal.

La partie souterraine de ce canal a 597 mètres 50 centimètres de longueur, d'une tête à l'autre : 60 mètres seulement sont établis sur des piédroits en maçonnerie, élevés de fond ; le reste repose sur un rocher calcaire, dans lequel la partie inférieure du canal a été creusée, ainsi qu'on le voit sur la coupe *Planche 7.* L'épaisseur de la voûte, toujours égale sur le coussinet, a varié jusqu'à la clef de 1 mètre à 1 mètre 75 centimètres, suivant la hauteur des terres que cette voûte avait à supporter. L'extrados de son sommet a été réglé de part et d'autre suivant une pente de 3 mètres de base sur 1 mètre de hauteur; deux assises courantes, en pierre de taille, forment le coussinet de cette voûte, qui a été exécutée en meulière sur 50 centimètres d'épaisseur réduite, et pour le surplus en moellons. Son extrados, dans la partie supérieure, est recouvert par deux chapes dont une est composée de tuiles de Bourgogne, placées comme sur un comble et scellées en mortier de chaux et ciment. Ces chapes ont eu un plein succès, et ont garanti les ouvrages contre toutes les filtrations. On a fait seulement un enduit sur l'extrados des reins, et ménagé des barbacanes au niveau du rocher qui reçoit les coussinets.

La voûte a été exécutée en trois années : elle avait d'abord été entreprise par les deux extrémités ; mais pour accélérer le travail on est parvenu à établir des ateliers dans le milieu de la longueur, au moyen desquels on pouvait avoir à-la-fois quatre portions de voûte en construction. La dernière a été terminée le 19 septembre 1813.

J'ai dirigé ces travaux pendant les deux premières années ; mais j'ai cessé d'en être chargé en 1811, époque à laquelle je fus nommé directeur des travaux de Paris. L'achèvement de ce canal fit alors partie des attributions de l'ingénieur en chef du département de la Seine; et M. Emmery, qui avait été mon coopérateur dès l'origine, continua d'en suivre l'exécution, qu'il a heureusement terminée. Le zèle et les talens qu'il a déployés dans cette circonstance, en lui faisant beaucoup d'honneur, lui ont valu, à juste titre, le grade d'ingénieur en chef.

NOTES SUR QUELQUES-UNES DES QUESTIONS RELATIVES AUX ÉCLUSES A SAS DES CANAUX DE NAVIGATION (33).

Moyens employés pour remplir ou vider les écluses ; leurs inconvéniens ; perfectionnemens dont ils paraissent susceptibles dans quelques circonstances. **Planche 8.**

Trois moyens principaux sont employés dans les canaux de navigation pour remplir ou vider les écluses :

1.° Les aqueducs pratiqués dans les bajoyers et connus sous le nom de tambours ou larrons;

2.° Les pertuis ouverts dans les portes et fermés par des ventelles;

3.° Les syphons renversés placés dans les bajoyers.

Les aqueducs pratiqués dans les bajoyers et qui forment le plus ordinairement une espèce de galerie annulaire autour des portes d'amont et d'aval, ont été employés aux écluses des canaux de Briare, d'Orléans, de Narbonne, et à d'autres écluses, telles que celles de Moussoulens, de Beaucaire, &c. Ils présentent quelques différences dans leurs dispositions et dans leur fermeture, qui s'opère quelquefois par des bondes, et le plus souvent par des vannes. La nécessité de construire ces aqueducs en pierre d'un fort appareil rend leur exécution dispendieuse; mais, d'un autre côté, il est rare qu'on soit obligé d'y faire des réparations qui deviendraient difficiles. Ils ont le grand avantage de pouvoir donner passage aux dépôts qui ont lieu quelquefois au devant des portes. Leurs dimensions sont généralement assez grandes pour permettre à un ouvrier de s'y introduire, et pour remplir ou vider les écluses avec promptitude. Leurs inconvéniens sont, 1.° la dépense de leur construction; 2.° la violence de l'eau, qui, s'échappant de l'aqueduc, va frapper le bajoyer opposé, et forme ensuite plusieurs bricoles qui agitent le bateau contenu dans le sas et dégradent en aval les talus du canal ; ce qui oblige de revêtir ces talus de perrés et de construire des arrières-radiers; 3.° les accidens qui peuvent survenir à la fermeture de ceux d'aval.

De ces trois inconvéniens, le premier ne peut être évité sans s'exposer à de fréquentes réparations; mais les effets du mouvement de l'eau peuvent être atténués sensiblement d'après l'observation suivante, connue de tous les ingénieurs, et sur les conséquences de laquelle néanmoins je crois devoir appeler l'attention. On donne aux ouvertures pratiquées dans les portes, et sur-tout à celles des aqueducs, des dimensions trop grandes, si elles ne devenaient nécessaires pour achever de remplir ou vider les écluses, lorsque, sur la fin de l'opération, la vitesse de l'eau devient presque insensible. De là il résulte que l'on ouvre de suite les pertuis et dans toute leur hauteur, il s'écoule, dans les premiers momens, un volume d'eau considérable, dont la grande vitesse est cause de la dégradation des maçonneries, ainsi que des mouvemens incommodes qu'éprouvent les bateaux.

(33) L'invention des écluses à sas et à doubles paires de portes busquées, dont selon le père Fran. de l'année 1481. Les premières, à ce qu'il paraît, furent établies sur la Brenta, près de Padoue, par deux ingénieurs de Viterbe. Léonard de Vinci en fit ensuite une heureuse application à un canal près de Milan. Les premières constructions en France furent celles du canal de Briare, commencé en 1604, et qui offrit en même temps le premier exemple d'un canal à point de partage.

On trouve dans plusieurs ouvrages, et notamment dans l'*Architecture hydraulique* de Bélidor, de nombreux détails sur toutes les parties dont une écluse à sas se compose. M. Gauthey, que j'ai déjà eu plusieurs fois l'occasion de citer, a publié en 1783 un mémoire intéressant sur les écluses des canaux de navigation, et sur les différentes questions auxquelles leur construction peut donner lieu. Il se proposait de revoir ce premier travail avant de l'insérer dans ses œuvres; malheureusement sa mort prématurée nous a privés des nouvelles lumières qu'il aurait répandues sur cette matière. Ce mémoire, tel qu'il avait été rédigé dans le temps, se trouve dans le troisième volume de ses œuvres. Les nombreuses expériences qui ont lieu depuis quelques années, et les progrès de l'art des constructions, doivent faire espérer que quelques ingénieurs s'occuperont des mêmes questions. Je désire que les notes suivantes puissent leur être de quelque utilité dans le travail qu'ils pourront entreprendre sur le même sujet.

Ces résultats fâcheux seraient beaucoup moins sensibles, si l'on n'ouvrait les vannes qu'à moitié seulement dans le premier instant (34); et comme ordinairement les aqueducs sont doubles, l'éclusier passerait alternativement de l'un à l'autre, en suivant l'instruction qui lui serait donnée. La petite perte de temps qui résulterait de cette manœuvre serait de peu d'importance, ainsi qu'on peut s'en rendre compte par un calcul approximatif.

Enfin, lorsque le radier des aqueducs d'aval est de niveau avec celui de l'écluse, ce qui est indispensable lorsqu'on veut donner passage aux alluvions, la fermeture se trouve plongée dans l'eau, ce qui rendrait les réparations difficiles, s'il survenait un accident dans l'intervalle des chomages; mais l'expérience prouve que de pareils accidens sont très-rares. Au surplus, la même objection peut être faite contre tous les moyens de fermeture placés au-dessous des eaux.

2.° Le moyen le plus généralement employé pour remplir ou vider les écluses, est un système de pertuis ouverts dans les portes et se fermant par des vannes ou ventelles. Ce second moyen est le plus simple et le moins dispendieux; mais on objecte: 1.° la grande vitesse de l'eau à la sortie des pertuis d'aval, qui tend à détruire les talus du canal, sur-tout en raison de la direction oblique du courant due à la position des portes busquées, et sa chute en amont qui dégrade les radiers; 2.° la fatigue que les portes éprouvent au moment du passage de l'eau, ce qui hâte leur destruction, et les difficultés que ces pertuis opposent à une bonne construction; 3.° la perte d'eau par les ventelles qui, le plus souvent, ne joignent pas parfaitement les coulisses; 4.° la lenteur de la manœuvre, si l'on emploie des vis pour élever les ventelles, et la fréquence des réparations, si l'on adopte les crics, ainsi que cela a lieu le plus ordinairement.

En réduisant les objections précédentes à leur juste valeur, on peut répondre: 1.° que les effets de la grande vitesse de l'eau peuvent être atténués par le procédé indiqué ci-dessus, c'est-à-dire, en n'élevant les ventelles qu'avec ménagement, et ceux de sa chute en amont, en tenant le mur de chute au-dessous du niveau de l'eau du bief inférieur, ainsi que l'on commence à le pratiquer; 2.° qu'il n'est pas prouvé assez positivement que les pertuis ouverts dans les portes, abrégent leur durée et nuisent à leur solidité; mais qu'on peut espérer d'éviter ces inconvéniens, s'ils sont réels, en perfectionnant la construction des portes et la coordonnant avec celle des ventelles; question dont je m'occuperai, lorsque j'aurai terminé ce qui me reste à dire sur celle que j'essaie de traiter en ce moment; 3.° que la diminution des pertes d'eau par les ventelles, sera le résultat nécessaire des perfectionnemens que l'on peut obtenir; que d'ailleurs ces pertes sont communes à la plupart des moyens de fermeture, lorsqu'ils sont mal exécutés; 4.° que la lenteur de la manœuvre avec les vis en fer, préférables d'ailleurs aux crics, cesse d'être un inconvénient, si l'on adopte l'élévation graduelle des vannes, et qu'on en change la forme et la disposition ainsi que je le proposerai plus tard.

On peut conclure de ce qui précède, que les pertuis pratiqués dans les portes, lorsqu'ils auront reçu les perfectionnemens dont ils sont susceptibles, seront préférables aux aqueducs, excepté cependant quelques cas particuliers où l'on aurait à craindre qu'il ne se formât de grands dépôts au devant des portes; et qu'enfin ces deux premiers moyens ont chacun des avantages qui les rendront toujours d'une utile application dans plusieurs circonstances (35).

M. Gauthey, remarquant les inconvéniens de ces deux premiers moyens, en a imaginé un troisième, celui des syphons renversés, qu'il a employés avec succès à toutes les écluses du canal du Centre, canal qu'il a projeté et entièrement exécuté. Comme on trouve la description de ces syphons dans le troisième volume des œuvres de cet habile ingénieur, je me dispenserai d'entrer dans aucun détail sur leur disposition. Je dirai seulement qu'après avoir reconnu que les bondes dont il avait d'abord fait usage pour fermer les syphons, ne pouvaient se mouvoir qu'avec difficulté, il y substitua des clapets très-ingénieux; qu'ayant également reconnu par l'expérience que les voûtes dans le massif des murs de chute étaient sujettes à des dégradations, il proposa et de placer les syphons d'amont comme ceux d'aval, entièrement dans l'épaisseur des bajoyers. Ces syphons et leurs clapets ont été employés avec succès aux écluses du canal de Saint-Quentin et dans quelques autres circonstances. Cependant, quelque ingénieux que soit ce procédé, même perfectionné, on ne peut se dissimuler qu'il présente encore d'assez graves inconvéniens. Sans vouloir entrer dans la discussion à laquelle ils pourraient donner lieu, je me bornerai à dire que l'exécution des syphons est nécessairement dispendieuse et leur réparation encore plus difficile que celle des aqueducs; qu'ils ne remédient pas complètement à l'agitation de l'eau dans le sas; que l'ouverture rapide et même instantanée des clapets, est plutôt un inconvénient qu'un avantage, parce que ce n'est qu'à la fin de l'opération qu'il faudrait pouvoir augmenter le passage de l'eau, ainsi qu'on l'a dit plus haut. On remarque même que le remplissage des écluses du canal de Saint-Quentin, qui s'opère pour les premières tranches avec beaucoup de promptitude, ne s'achève qu'avec une lenteur telle, que l'éclusier et les mariniers sont souvent obligés d'ouvrir les portes avant que l'équilibre soit établi entre les eaux d'amont et celles d'aval (36). Cet effet doit résulter en grande partie: 1.° de ce que le passage de l'eau par un syphon de 65 centimètres de diamètre intérieur, n'a qu'une section de 32 centimètres, tandis que celle d'un pertuis ordinaire dans les portes est de 40 à 50 centimètres; 2.° de ce que le frottement des parois, les résistances produites par les coudes des syphons, que l'on peut considérer comme des tuyaux de conduite, et autres causes, nuisent à l'écoulement de l'eau. Il est possible, sans doute, d'ajouter de nouveaux perfectionnemens au système des syphons, tout en conservant leurs avantages; mais il faudrait à parvenir par des moyens dont l'exécution et la manœuvre fusent simples et faciles.

Après avoir discuté les différentes objections faites contre les trois moyens principaux employés pour remplir et vider les écluses, et qui ont l'avantage d'avoir reçu la sanction de l'expérience, je vais chercher à indiquer quelques perfectionnemens dont le système actuel des pertuis me paraît susceptible. Ces pertuis, placés soit au milieu de la porte, soit près des poteaux, sont ordinairement un peu plus hauts que larges, et semblent, par leur disposition, avoir été ouverts après coup. Ils sont formés par deux potelets assemblés dans deux entretoises, et accompagnés de coulisses en bois appliquées sur les bordages, dont elles excèdent le parement de toute leur épaisseur; ce qui exige une seconde enclave au-delà de celle déjà nécessaire pour loger la porte. Je propose, pour éviter cette seconde enclave et donner à l'eau une direction plus horizontale, 1.° de faire occuper aux pertuis toute la largeur comprise entre le poteau tourillon et celui busqué; 2.° de les placer immédiatement au-dessus

---

(34) On prend la précaution que je viens d'indiquer dans le canal de Briare, dont les écluses n'ont qu'un seul aqueduc en amont comme en aval.

(35) Il paraît qu'en Angleterre on emploie le plus souvent : à tambours en amont et des pertuis ouverts dans les portes en aval. On prend probablement ce parti pour éviter la chute de l'eau par les ventelles d'amont, et en même temps les difficultés de la réparation des aqueducs d'aval.

(36) Je suppose ici que les pertes d'eau par les portes ne sont pas très-sensibles; car, dans le cas contraire, il est évident qu'il arriverait un moment où la quantité d'eau qui entre dans le sas deviendrait égale à celle qui en sort; et qu'alors on ne pourrait se dispenser d'ouvrir les portes malgré la différence de niveau entre les eaux d'amont et celles d'aval. Cette circonstance, jointe à d'autres motifs, fait sentir combien il est important d'éviter ces pertes d'eau en cherchant à perfectionner la construction des portes.

de l'entrée inférieure; 3.° de réduire leur hauteur à 20 centimètres, au moyen d'une seconde entretoise placée à cette distance de la précédente. En adoptant cette disposition, qui devient partie intégrante de la porte et tend à augmenter sa solidité, on détruit déjà plusieurs objections faites contre les pertuis ordinaires. Voir *Planche 12*, et *Planche 8, Fig. 1.re* Quant aux ventelles, elles seraient placées dans des feuillures pratiquées dans les poteaux et dans la traverse inférieure sans former aucune saillie. On emploierait, pour les manœuvrer, deux tiges terminées par des vis qui seraient mises en mouvement l'une et l'autre en faisant décrire alternativement un petit arc de cercle à chaque extrémité des ventelles. Par ce moyen, la résistance à vaincre se trouve partagée; la ventelle ne peut rencontrer d'obstacles et n'a besoin d'être élevée que de 25 centimètres.

Ces pertuis et leurs ventelles me paraissent avoir quelques avantages sur ceux en usage; mais comme ces derniers, ils ne peuvent donner passage aux alluvions qui se déposeraient au devant des portes ou des buscs. Cet inconvénient est très-rare, à la vérité, dans les canaux de navigation; mais il se présente pour les écluses de prise d'eau, et généralement pour celles en rivière. Pour y remédier sans être obligé de recourir aux tambours ou aqueducs, on a proposé depuis long-temps d'élever la traverse inférieure des portes et de découper les buscs afin de laisser un passage pour les alluvions. Mais comme j'ai déjà eu l'occasion de le dire dans la note 16, on n'a pas indiqué le moyen de fermer ce passage d'une manière assez complète pour empêcher l'eau de s'introduire par l'intervalle qu'on est obligé de laisser entre le bas des poteaux et le radier. J'ai tenté de remplir cette lacune par une première disposition, indiquée *Planche 8, Fig. 2.* On voit que, dans cette disposition, le busc ou heurtoir est non-seulement évidé, mais supprimé et remplacé par un petit plan incliné qui n'offre aucun obstacle au passage des alluvions; que la partie inférieure des poteaux des portes est taillée également en chanfrein pour s'appliquer exactement sur le plan incliné du radier; que les ventelles, disposées et manœuvrées comme les précédentes, descendent jusque sur le radier et interdisent tout passage à l'eau.

Cette disposition suppose, à la vérité, que les portes conserveront rigoureusement leur forme et leur position primitives; ce qu'on ne peut espérer, sur-tout après un certain laps de temps, quelque parfait que puisse être le système de leur construction. Je pense donc que, pour être à l'abri de toute crainte, il serait nécessaire d'adapter des roulettes, ou galets en cuivre, aux poteaux busqués, sans se dispenser cependant d'employer les meilleurs procédés pour s'opposer au changement de forme et de position des portes : question dont je m'occuperai ci-après.

En cherchant si l'on ne pourrait pas éviter la construction dispendieuse des aqueducs, lors même qu'on peut craindre les alluvions, débarrasser les portes de tout système de pertuis, obtenir les avantages des syphons renversés, et en même temps se soustraire à la dépense et aux inconvéniens des buscs ordinaires, qui exigent pour leur exécution des pierres très-dures et d'un fort appareil (37), j'ai été conduit à proposer un nouveau moyen de remplir ou vider les écluses, que l'on voit *Planche 8, Fig. 3 et 4.*

Dans ce projet, les ouvertures pour le passage de l'eau sont placées au dessous des portes, au moyen d'un plancher servant de busc, et lié solidement à un radier également en charpente; ce qui forme deux espèces de tuyaux ou syphons renversés, ayant chacun une ouverture de 20 centimètres de

hauteur, et de 2 mètres 25 centimètres de largeur, offrant ensemble une section de 90 centimètres, aussi grande que celle des deux pertuis ordinaires. Ces ouvertures se fermeraient, en aval des portes, par une seule vanne ou clapet occupant toute la largeur de l'écluse, et dont le mouvement excentrique permettrait de le manœuvrer avec la plus grande facilité et d'un seul côté : ce qui dispenserait l'éclusier de traverser plusieurs fois l'écluse, et abrégerait l'opération. Cette manœuvre aurait lieu au moyen d'une roue dentée et d'une vis sans fin indiquée *Fig. 5* (38).

Cette construction en charpente se placerait facilement sur le mur de chute, dont la hauteur serait réduite de manière que le dessus du busc fût toujours couvert par l'eau de la retenue inférieure. Par ce moyen, les bois, étant toujours dans l'eau, seraient à l'abri de la destruction. Il serait également facile de l'établir en aval, en abaissant le radier sous la porte et entre les murs de fuite, de 25 centimètres seulement (39).

Cette nouvelle disposition rappelle, à plusieurs égards, les syphons renversés et les clapets de M. Gauthey; et je m'estimerais très-heureux si l'on pouvait la considérer comme un perfectionnement du système qu'il avait imaginé. Voici, en les récapitulant, les avantages qu'elle me paraît présenter :

1.° Sa dépense particulière consiste en totalité, tant pour l'amont que pour l'aval, en 6 à 7 mètres cubes de bois et en quelques ferrures;

2.° Elle dispense des buscs en pierre, des faux radiers et des perrés en aval de l'écluse;

3.° Elle partage avec les aqueducs l'avantage de favoriser l'entraînement des dépôts qui peuvent se former au devant des portes, et peut convenir particulièrement aux écluses dans les rivières;

4.° Elle sert à diriger l'eau parallèlement au radier et aux bajoyers, ce qui prévient toutes les dégradations;

5.° Enfin, son exécution peut être confiée à des ouvriers ordinaires, et sa manœuvre aux hommes les moins exercés.

Mais lors même que les avantages que je viens de récapituler seraient bien reconnus, il se trouvera cependant des circonstances qui ne permettraient pas de l'employer. Cela serait sur-tout impossible pour les écluses déjà construites, à moins de démolir le radier : c'est pourquoi j'ai commencé par m'occuper du perfectionnement des pertuis ouverts dans les portes.

Si je me suis déterminé à insérer dans ce recueil quelques-unes de mes recherches sur cette question, c'est par le désir de voir augmenter le nombre des moyens que l'on peut employer, afin que les ingénieurs puissent choisir celui d'entre eux dont l'application paraîtrait plus avantageuse selon la circonstance.

Portes d'écluse; système généralement adopté; améliorations successives; études de nouveaux moyens de construction (40). **Planches 9, 10, 11 et 12.**

Les portes d'écluse, telles qu'elles existent encore dans la

(37) Il arrive souvent que les arêtes des pierres qui composent les buscs, s'éclatent; que les joints se dégradent et que l'eau passe à travers. Ces inconvéniens déterminent quelquefois les ingénieurs à placer au-devant des buscs des pièces de bois retenues par des crampons, et contre lesquelles les portes peuvent s'appuyer plus exactement que contre la pierre.

(38) Le centre de la portion de cercle qui termine la vanne du côté du passage de l'eau, ne serait pas exactement le même que celui de la roue dentée; ce qui facilite l'ouverture de la vanne et permet de la faire joindre parfaitement en se servant de la vis sans fin. Cette vanne, fixée à la roue dentée à l'une de ses extrémités, et à une plaque semblable à cette roue, mais sans dents, à l'autre extrémité, après avoir décrit un arc de 45 degrés par le moyen de la vis, se trouve placée horizontalement et laisse le passage entièrement libre.

(39) La *Fig. 4* indique une disposition qui diffère peu de celle *Fig. 3*, mais qui conviendrait pour les écluses de prise d'eau ou en rivière, dont on supprime ordinairement le mur de chute.

(40) Comme les moyens de construction ne doivent pas être les mêmes pour des portes de dimensions très-différentes, je dois prévenir qu'il s'agit ici de celles employées dans les canaux ordinaires qu'on appelle de grande navigation.

plupart des canaux de navigation, sont busquées et divisées en deux ventaux. Chaque ventail se compose, 1.° d'un châssis en charpente formé par deux poteaux verticaux et deux traverses; 2.° d'un certain nombre d'entretoises; 3.° d'une ou plusieurs pièces nommées bracons, et placées diagonalement pour s'opposer au changement de forme de la porte; 4.° de madriers de remplissage; 5.° enfin, de différentes ferrures placées plus ou moins heureusement et destinées principalement à maintenir les assemblages.

Ces portes ainsi construites sont supportées par des pivots. Elles sont retenues, dans leur partie supérieure, par des colliers à charnières qui embrassent le poteau tourillon et qui font partie de forts tirans scellés dans les bajoyers. Le plus ordinairement, on ouvre et l'on ferme ces portes au moyen d'une forte pièce de bois ou levier avec lequel les deux poteaux verticaux sont assemblés.

Ce système très-simple, tel qu'on le trouve décrit dans les ouvrages de Bélidor, Perronet et Gauthey, a été suivi pendant long-temps; mais depuis un certain nombre d'années, il a reçu quelques améliorations dont je parlerai avant de m'occuper de celles que je hasarderai de proposer.

Les dimensions et l'espacement des entretoises ont été fixés à l'aide du calcul, de manière que la résistance de ces dernières fût en proportion avec la pression de l'eau. Cette recherche utile, sur-tout lorsqu'il s'agit de portes très-grandes et très-élevées, telles que celles des différentes écluses employées dans les travaux maritimes, a moins d'importance pour les écluses des canaux de navigation, qui ne doivent avoir que très-rarement une grande hauteur d'eau à supporter.

On a reconnu par l'expérience qu'un seul bracon pouvait suffire, et que leur multiplicité augmentait inutilement le cube des bois et le nombre des assemblages. Ce bracon lui-même, qui divisait les entretoises ou était divisé par elles, a pris plus tard la forme d'une moise, dont l'une des deux parties seulement est divisée à la rencontre des entretoises, ainsi qu'on le voit Planche 9. Ce dernier parti, quoique préférable au précédent, exige encore quelques entailles dans ces dernières et ne s'oppose qu'imparfaitement au changement de forme de la porte, parce que le poids de celle-ci tend, 1.° à faire tourner le bracon autour de son point d'appui inférieur; ce que permet souvent le jeu des assemblages de la traverse supérieure et le peu de résistance des ferrures en usage; 2.° à faire pénétrer un peu les extrémités du bracon dans les deux poteaux; ce qui arrive sur-tout dans les dernières années. Ces inconvéniens, beaucoup plus sensibles à la vérité dans les portes d'une grande dimension, ont conduit à employer, pour seconder le bracon, un ou deux tirans en fer placés diagonalement de l'extrémité supérieure du poteau tourillon à celle inférieure du poteau busqué. On s'est ensuite déterminé, dans la construction des portes d'écluse du canal Monsieur, à supprimer le bracon et à se contenter des tirans en fer, qui, en effet paraissent devoir suffire : ce qui permet d'employer des madriers qui comprennent toute la hauteur de la porte, et de simplifier la construction.

On a beaucoup varié sur la manière de disposer les fers destinés à maintenir les assemblages; j'ai indiqué, Planche 9, Fig. 2, plusieurs de ces dispositions. Les équerres et les T sembleraient s'opposer avec succès au changement de forme; mais leur résistance devient nulle lorsque les bois commencent à se détériorer, c'est-à-dire, au moment où elle serait le plus nécessaire : d'un autre côté, les boulons multipliés et très-rapprochés qui les maintiennent, étant sur la même ligne, peuvent faire fendre les bois. On aura préféré les fers qui embrassent à-la-fois les poteaux et les traverses, tels qu'on les voit sur le dessin de la porte, Planche 9. Mais ce dernier moyen a lui-même l'inconvénient de s'opposer à la juxta-position du poteau tourillon et

du chardonnet, ainsi qu'à celle des poteaux busqués, ce qui donne lieu quelquefois à des pertes d'eau.

Les pivots des anciennes portes, telles que celles des canaux de Briare et d'Orléans, étaient en fer forgé et terminés par une pointe qui reposait sur une crapaudine en fonte de cuivre ou de fer et scellée dans le radier. Plus tard on a employé des pivots terminés par une large portion de sphère qui reposait sur une semblable surface formant le fond de la crapaudine. Voir Fig. 5. Cette crapaudine offrant un renfoncement dans lequel les sables ou limons pouvaient s'introduire, on a renversé le système en plaçant le pivot et la crapaudine en sens contraire. Voir Fig. 6. Ce dernier moyen est généralement adopté.

On emploie encore en ce moment, pour retenir les portes dans leur partie supérieure, des colliers à charnière, tels qu'on les voit Planche 9. Ces colliers, embrassant le poteau tourillon, donnent lieu à un assez grand frottement qu'il serait essentiel de diminuer. On trouve, dans l'ouvrage de M. Perronet, un moyen proposé pour y parvenir, et que l'on peut voir Fig. 3. Par ce moyen, le frottement se trouve diminué dans le rapport du diamètre du poteau tourillon à celui d'un axe en fer; mais il exige, pour son exécution, que le poteau soit percé dans sa partie supérieure, pour pouvoir introduire l'axe en fer, et en même temps fortement entaillé pour permettre le mouvement de la porte. Ce sont sans doute ces difficultés qui ont empêché de l'employer plus souvent.

Le mouvement de ces portes s'opère quelquefois à l'aide d'une espèce de béquille ou d'une portion de cercle dentée et fixée à la porte; mais le plus généralement, au moyen d'un grand levier dans lequel s'assemble le poteau tourillon qui lui sert de point d'appui. L'une des extrémités est liée avec le poteau busqué, et à l'autre extrémité, chargée souvent d'un poids additionnel, se placent un ou plusieurs hommes qui font marcher quelquefois assez irrégulièrement le levier ou la porte; ce qui tend à faire tordre le système. D'un autre côté, la saillie de ce levier, lorsque la porte est fermée, gêne souvent le passage, et notamment lorsque les portes d'aval se trouvent près d'un pont fixe ou mobile, que l'on établit quelquefois sur les murs d'épaulement.

En résumé, on peut dire que, malgré les différentes améliorations opérées dans la construction des portes d'écluse, elles présentent encore un aspect trop lourd; que leur pesanteur augmente le frottement dans les colliers, et tend à arracher les tirans scellés dans les bajoyers; que, dans les dernières années, leur service devient souvent imparfait, ce qui oblige de les renouveler à des époques trop rapprochées; que, par leur reconstruction périodique, elles consomment des bois d'un fort écarrissage, qui deviennent très-rares; que le frottement des poteaux tourillons dans les chardonnets et dans les colliers, demande à être diminué; que les fers, par la manière dont ils sont employés, ne contribuent que faiblement à maintenir les assemblages et à s'opposer au changement de forme; et qu'enfin on peut espérer qu'après de nouvelles recherches, on parviendra à ajouter de nouveaux perfectionnemens à ceux déjà opérés dans leur construction. J'ai fait différentes tentatives à ce sujet, que je vais exposer en suivant l'ordre des temps.

Au moment où l'on commençait à s'occuper beaucoup de navigation intérieure, M. Crettet, alors directeur général des ponts et chaussées, frappé de quelques incertitudes sur le meilleur système à adopter dans la construction des portes d'écluse, me chargea d'un travail sur cette question. D'autres affaires très-urgentes m'empêchèrent de le terminer. Je fis cependant quelques recherches qui me conduisirent à proposer un premier système de portes, dans lequel j'avais satisfait à trois conditions principales; savoir : 1.° éviter l'emploi des bois d'un fort écarrissage; 2.° s'opposer complètement à tout changement de forme; 3.° diminuer le frottement des poteaux tourillons et des colliers en usage. Ces conditions étaient sans doute importantes ; mais elles n'étaient pas les seules, comme on le verra plus tard. Quoi qu'il en soit, ce premier essai fut renvoyé au conseil des ponts et chaussées, qui adopta l'avis de M. l'inspecteur général Lecreulx, chargé du rapport. Je ne me dissimulai pas que cet avis favorable était en grande partie le résultat de la bienveillance, et je me promis de faire de nouvelles études lorsque cela me serait possible. M. le comte de Montalivet, ayant remplacé M. Crettet dans ses fonctions comme directeur général, m'autorisa à faire exécuter à Paris une paire de portes suivant ce nouveau système. Elles ont été placées à l'une des écluses du canal de Saint-Quentin, où elles font le service depuis environ dix-sept ans.

Dans ce nouveau procédé, dont on trouve les détails, *Planche 10*, les traverses du châssis et les deux montans sont en fer forgé, ainsi que le bracon. Ces fers sont réunis par un assemblage particulier très-solide, qui contribuerait puissamment à empêcher le changement de forme, si le bracon en fer ne s'y opposait déjà très-parfaitement. Des madriers doubles et à joints recouverts embrassent ce châssis, et sont liés entre eux par de petits boulons, de manière à ne former qu'un seul corps.

Les avantages que je crus entrevoir dans ce système, étaient :

1.° Que les portes ne changeraient jamais de forme ;

2.° Que la superposition des madriers les rendrait très-étanches ;

3.° Qu'en présentant une surface unie, elles ne seraient pas exposées aux dégradations causées par le choc des bateaux ;

4.° Que le rapport du diamètre d'un poteau tourillon ordinaire étant à celui du poteau en fer comme 4 est à 1, le frottement dans les colliers serait diminué dans le même rapport ;

5.° Qu'on évitait entièrement l'emploi des bois d'un fort écarrissage ;

6.° Qu'enfin l'indépendance de chaque madrier rendrait leur changement très-facile.

J'ai cherché depuis à perfectionner ce premier mode de construction ; mais en attendant que je puisse rendre compte de mes tentatives, je présenterai un second projet (voir *Planche 11*), dans lequel je conserve le châssis et les entretoises ordinaires en bois dont je diminue l'écarrissage, ce qui permet une armature en fer carré encastrée de toute son épaisseur dans le châssis dont elle maintient la forme et les assemblages. Cette armature, à-peu-près semblable à la précédente, reçoit un tiran diagonal en fer, méplat, qui ne forme avec elle qu'un seul système, et qui remplace avantageusement le bracon en fer carré de la porte précédente.

Le montant en fer, logé dans le poteau tourillon, est terminé dans sa partie inférieure par une crapaudine à chapelle renversée (voir *Planche 9, Fig. *), et dans laquelle pénètre un pivot scellé dans le radier. Une espèce de gond renversé est fixé à la partie supérieure du même montant et à plomb du pivot. Ce gond entre dans un petit collier scellé dans le bajoyer, et au-delà duquel il n'a qu'une faible saillie. Il résulte de cette disposition que, d'une part, le frottement dans le collier est réduit dans le rapport du diamètre des anciens poteaux tourillons à celui du poteau en fer, c'est-à-dire, à-peu-près comme 6 est à 1, et, de l'autre part, que ce gond n'étant pas placé dans l'axe du poteau, le mouvement de la porte devient excentrique et s'opère de manière qu'il n'y a juxta-position du poteau et du chardonnet que lorsque la fermeture est achevée, et que ce n'est qu'au premier moment du changement de position que le poteau cesse de toucher tous les points ; ce qui remédie aux frottemens auxquels les anciens poteaux tourillons donnaient lieu dans leur révolution. Le dessin de cette porte fera connaître les autres détails de sa construction.

Je dois à l'obligeante amitié des ingénieurs chargés de l'achèvement du canal de Saint-Maur, d'avoir proposé, de leur propre mouvement, l'adoption, dans la construction des portes de garde et de celles de la grande écluse de ce canal, du système que je viens de décrire succinctement. Chaque ventail de ces portes, auxquelles on a adapté de grandes vannes, a environ 5 mètres de largeur. La hauteur des portes de garde et d'aval est de 7 mètres. Toutes ces portes, exécutées avec le plus grand soin, se meuvent, malgré leur poids et leurs grandes dimensions, avec une extrême facilité ; ce qui a rendu leur succès complet.

Cependant ces premiers essais me paraissant laisser encore trop à désirer sous plusieurs rapports, et notamment sous celui de l'économie, j'ai profité de quelques instans bien rares où mes souffrances me donnent un peu de relâche, pour continuer mes recherches. Je me suis proposé, dans un nouvel essai, de conserver les avantages déjà obtenus dans les projets précédens, tels que l'invariabilité du système, la facilité du mouvement, la réduction de l'écarrissage des bois, la diminution des pertes d'eau, &c., et de satisfaire en outre à plusieurs autres conditions ; savoir : le perfectionnement des ventelles et des passerelles ; la substitution d'un moyen plus parfait au levier employé pour faire mouvoir les portes ; la simplification du chardonnet, en évitant les frottemens ; la réduction du cube total des bois et des fers, et sur-tout une diminution dans la dépense, cette diminution étant d'autant plus importante, qu'il s'agit d'une dépense périodique, et que le nombre des portes d'écluse à renouveler s'augmente chaque jour en France.

La construction des portes d'écluse paraît, au premier coup-d'œil, une chose fort simple ; mais lorsqu'on veut approfondir les différentes questions auxquelles elle peut donner lieu, on est étonné de leur nombre et des difficultés de détail qu'elles présentent. Après avoir tenté, selon mon usage, plusieurs combinaisons, je me suis arrêté à celle indiquée *Planche 12*. On n'y trouvera pas les bracons, entretoises, assemblages, ferrures et tirans diagonaux en usage ; ils sont remplacés par une disposition particulière des madriers. Le châssis de cette porte, est, comme à l'ordinaire, formé par deux poteaux et deux traverses : mais chacune de ces pièces est divisée en deux parties appliquées l'une contre l'autre, et reliées entre elles par des boulons à la manière des moises. Chaque partie des poteaux et des traverses est entaillée, ainsi qu'on le voit dans la coupe, sur G H, *Planche 12*, pour recevoir les extrémités d'un double rang de madriers fixés sur les pièces par de fortes vis à bois (41) et liés entre eux par de très-petits boulons. Ces madriers, disposés diagonalement et en sens contraire, s'opposent au changement de forme ; savoir, les uns à la manière des bracons, et les autres à celle des tirans diagonaux ordinaires. Tous ces madriers, par leurs points d'attache très-multipliés, maintiennent les quatre côtés du châssis dans leurs positions primitives, en rendent les angles invariables, et forment un ensemble qui permet de considérer la porte comme étant d'une seule pièce, et comme pouvant avoir, très-probablement, une plus longue durée que celles composées de pièces plus isolées (42). Deux tirans en fer et horizontaux remplacent toutes les ferrures appliquées sur les bois, et sont logés entre les deux parties des traverses. On pourrait même les considérer comme

---

(41) Les vis à bois, telles qu'elles ont été perfectionnées depuis quelques années, remplacent quelquefois les boulons à écrous, et sont sur-tout bien préférables, dans plusieurs circonstances, aux clous ou broches de fer, qui, par leur forme, tendent à écarter les fibres et à faire fendre les bois.

(42) La durée des portes devrait être égale à celle des bois dont elles sont composées ; et la durée des bois sembleroit devoir augmenter avec leurs dimensions : c'est ce qui n'arrive pas toujours. On remarque que, dans plusieurs canaux, des portes construites avec des bois d'une très-forte dimension n'ont pas duré plus de 14 à 15 ans. Cela tient probablement au système adopté, parce qu'il suffit du dépérissement de quelques assemblages pour mettre les portes hors de service, et qu'il s'agit ici d'une construction mobile.

un surcroît de précaution ; mais ils contribuent avec les madriers à lier le châssis et à resserrer tout le système au moyen d'écrous placés dans le poteau busqué. Le tiran supérieur porte, du côté du poteau tourillon, une espèce de fourchette dans laquelle pénètre l'extrémité du simple tiran scellé dans l'épaisseur du bajoyer. Un boulon ou axe en fer traverse la fourchette et l'extrémité de ce dernier tiran. Voir *Planche 12*. Le tiran horizontal inférieur porte également, à son extrémité, du côté du chardonnet, une crapaudine renversée dans laquelle se loge un pivot placé à une certaine hauteur au-dessus du radier. Voir les détails *Planche 12*. Enfin une moise horizontale, placée au dessus du couronnement des bajoyers, embrasse les deux poteaux et sert à imprimer le mouvement à la porte au moyen d'un simple engrenage ou d'une espèce de ruban métallique (43). Cette moise forme en même temps une passerelle commode et solide qui fait partie du système général, dont je vais maintenant décrire quelques détails et discuter plusieurs motifs.

On vient de voir, par la description précédente, que la porte entière est divisée en deux parties à-peu-près égales, qui peuvent être exécutées séparément l'une de l'autre, et ensuite juxtaposées et liées entre elles par des boulons.

On peut considérer les madriers comme formant par leur réunion un plan élastique d'une seule pièce, qui doit résister à la pression de l'eau, et en même temps à une partie d'une autre pression qui résulte de la forme busquée des portes.

La détermination de l'épaisseur convenable à donner à ces madriers pour éviter une trop grande flexion, donne lieu à des questions qui ne peuvent être traitées qu'avec le secours de la plus haute analyse (44). En attendant que les savans qui voudront s'en occuper à l'avenir puissent en faire des applications aux arts, et même pour leur en faciliter les moyens, il serait de la plus grande utilité de faire des expériences en grand. J'en ai tenté une en me bornant aux dimensions de la porte, *Planche 12*. Les madriers avaient été placés horizontalement et chargés de sable, de manière à obtenir une pression égale à celle d'une hauteur d'eau de deux mètres. La flexion observée après 24 heures de charge, n'était, malgré plusieurs circonstances défavorables, que d'environ 5 centimètres, et les madriers, après l'expérience, n'avaient conservé aucune courbure (45). On se fera une première idée de la résistance à la pression, de madriers ainsi disposés, en remarquant qu'un madrier ne peut fléchir isolément et sans déterminer plus ou moins les autres madriers à fléchir en même temps. On doit espérer que de nouvelles expériences et de nouveaux calculs démontreront les avantages pour diverses constructions, telles que les planchers, &c. &c., de l'emploi de madriers se croisant à angles droits et superposés. On pourrait objecter que, dans leur application aux portes d'écluse, il serait peu facile de faire varier l'épaisseur des madriers de manière qu'elle fût proportionnée aux pressions de l'eau à différentes hauteurs. On répondra que, dans les portes ordinaires, dont la hauteur n'excède pas sensiblement la largeur, on peut se dispenser d'avoir égard à cette considération, et que, dans celles très-élevées, comme le sont souvent les portes de garde, il serait aisé, sans interrompre les madriers, d'obtenir la proportion désirée, entre la résistance et la pression, en appliquant sur les

madriers et de chaque côté de la porte d'autres madriers horizontaux placés entre les deux poteaux, et qui, par leur réunion avec les premiers, représenteraient les entretoises ordinaires espacées convenablement. C'est ce que j'ai indiqué, *Planche 15, Fig. 3* (46). Enfin, pour rendre ce système encore plus imperméable, il serait possible de placer dans toute l'étendue de la porte, et entre les deux parties qui la composent, un tissu grossier en laine, imprégné d'un goudron épais, ainsi qu'on le pratique quelquefois dans la marine.

La forme du chardonnet est indépendante du système de construction que je viens de proposer. Il suffit qu'elle soit simple, que le poteau tourillon puisse s'y appliquer parfaitement quand la porte est fermée, et qu'elle ne donne lieu à aucun frottement lorsque la porte est en mouvement. Celle indiquée *Planche 12* et *Planche 8, Fig. 2*, paraît pouvoir satisfaire à ces conditions.

Il reste maintenant à examiner si un seul homme, à l'aide d'une manivelle et de l'engrenage placé à l'extrémité de la moise ou passerelle, suffirait pour ouvrir et fermer la porte. Ce mouvement s'opère, dans l'état actuel, au moyen d'un levier d'environ 3 mètres de longueur au-delà de l'axe du poteau tourillon. Ce même levier se trouve réduit, dans le projet, à 43 centimètres, ou environ un septième du précédent. Si les résistances étaient les mêmes, il faudrait donc que le rayon de la manivelle fût sept fois plus grand que celui du pignon, ce qui est possible en donnant 35 centimètres au premier et 5 au second. Ainsi, sans avoir égard à d'autres considérations, la force d'un seul homme serait suffisante : mais il s'en faut de beaucoup que les résistances soient les mêmes ; car, d'abord le poids de la porte projetée n'est que moitié de celui des portes ordinaires, ce qui diminue d'autant le frottement dans le collier ; ce même frottement est ensuite réduit dans le rapport du diamètre d'un poteau tourillon ordinaire à celui du boulon ou axe en fer de la porte projetée, qui est comme 6 est à 1. Je ne parle pas ici de la résistance de l'eau, la même dans les deux cas, et qui d'ailleurs peut être diminuée à volonté en modérant le mouvement. On peut donc, d'après ces considérations, regarder le mouvement de la porte comme étant facile et sur-tout très-régulier, ce qui tend à la conservation de toutes les parties qui la composent (47).

Je m'arrête ici, les dessins pouvant suffire pour compléter cette explication. Mon but sera atteint, si j'ai pu faire sentir combien l'étude d'une simple porte d'écluse peut devenir intéressante et déterminer quelques ingénieurs à s'en occuper.

Prises d'eau dans les canaux de navigation.
Planche 13.

Le décret réglementaire sur l'administration du canal du Midi, en date du 12 août 1807, avait prévu, titre 13, le cas où l'on pourrait concéder quelques parties des eaux surabondantes de ce canal. En conséquence, des concessions avaient été faites à plusieurs personnes et donné lieu à diffé-

---

(43) La largeur de la moise permettrait d'employer deux rubans de chacun 8 centimètres de largeur, dont le premier serait fixé à l'un des angles de la moise, et le second à l'angle opposé. Ces deux rubans seraient également fixés à l'axe ou pignon vertical. Par ce moyen, l'un des rubans s'enroulerait autour de l'axe mis en mouvement par une manivelle, tandis que l'autre se déroulerait, ce qui pourrait remplacer l'engrenage, on le jugeait plus convenable dans quelques circonstances. Cet engrenage pourrait lui-même être divisé sur sa hauteur, qui est très-grande, en faisant contraster les dents supérieures et inférieures. *Voir les Fig. 5 et 6, Planche 13*.

(44) MM. Lagrange et Poisson, M.lle Germain, MM. Fourier et Navier, et plus anciennement Mariotte, se sont occupés de la résistance des plans élastiques.

(45) Je ne donne pas tous les détails de cette expérience, parce que, retenu par la dépense et par ma position, je n'ai pu la faire avec la précision nécessaire.

(46) Les premiers madriers étant encastrés dans les deux poteaux, serviraient pour ainsi dire de tenons à l'espèce d'entretoise formée par la réunion des madriers horizontaux avec ces derniers. *Voir la coupe Fig. 4, Planche 15*.

(47) Je renvoie, pour les ventelles, à la 1.re note au sujet des moyens employés pour remplir ou vider les écluses.

Quant à la dépense des portes selon le système proposé *Planche 12*, elle ne sera qu'environ les 2/3 de celle des portes ordinaires ; c'est ce dont je me suis assuré par un détail comparatif. J'avais sous les yeux l'extrait du détail estimatif des portes d'aval d'une écluse de 2 mètres 60 centimètres de chute. Dans ce détail, le cube total des bois pour les deux ventaux d'aval était de 8 mètres cubes ; il se réduit, dans le système proposé et pour la même chute, qu'à 5 mètres.

La différence dans le poids des fers serait encore bien plus grande : dans l'ancien détail, ce poids s'élève à 1000 kilogrammes, et dans le nouveau à 400 kilogrammes.

Une réduction aussi sensible dans la dépense périodique, avec l'espoir d'obtenir une plus grande perfection et une plus longue durée, paraît mériter une sérieuse attention.

rens mémoires des ingénieurs, aux rapports des inspecteurs divisionnaires qui s'étaient succédé, et à différens avis du conseil. Une nouvelle demande de 300 pouces d'eau ayant été faite et renvoyée à une commission dont j'étais rapporteur, je pris connaissance de la manutention générale des eaux de ce canal, sur laquelle les ingénieurs avaient fourni des renseignemens nombreux. J'écarterai cependant ces détails particuliers au canal du Midi, et je me bornerai à ce qui a rapport à la question générale sur la meilleure manière de disposer les prises d'eau dans les canaux qui ont des eaux surabondantes : ce qui est assez rare.

La diversité des opinions parmi les ingénieurs qui s'étaient occupés de cette question, et même parmi les membres de la commission, dont l'un, se trouvant en opposition avec le rapporteur, fit un travail séparé, donna lieu à une discussion approfondie qu'il serait peut-être utile de voir se renouveler plus souvent dans l'intérêt de l'art.

L'objet principal de cette discussion était de savoir si les prises d'eau auraient lieu, à l'avenir, au moyen de déversoirs de superficie dont le seuil serait établi à 5 centimètres en contre-bas de la surface supérieure de l'entretoise des portes de l'écluse inférieure, au moyen d'un pertuis placé au fond du canal et fermé à volonté par une petite vanne de métal. Les avis avaient été partagés. MM. les ingénieurs du canal donnaient la préférence aux prises du fond, et ils objectaient, contre les prises de superficie, que le débit en serait extrêmement variable, parce que le niveau de l'eau des retenues est sujet à s'élever ou à s'abaisser, soit par l'effet du mouvement commercial, soit par celui de quelque irrégularité ou de quelque négligence dans le service. Ils faisaient observer que, dans le système des déversoirs, une dépression de 5 centimètres seulement réduirait une prise d'eau de 300 pouces à environ 100 pouces, tandis qu'avec la même dépression, elle serait encore de 292 pouces pour les prises de fond. Ils ajoutaient que l'avantage des prises de superficie, qui paraissait être d'empêcher, sans l'intervention d'aucun agent, que l'eau du bief pût être abaissée au-dessous de la ligne navigable, n'était qu'apparent, parce que la hauteur, dans les retenues, ne dépend pas de l'état de pénurie ou de surabondance, mais bien plutôt de la manière d'administrer les eaux, en modifiant convenablement les variations de la nature selon que l'exigent les besoins et la conservation du canal; qu'enfin, avec les prises de superficie, le sort des concessionnaires serait souvent à la merci des éclusiers, puisqu'on ne pourrait distinguer les dépressions et les regonflemens produits par leur volonté, de ceux qui pourraient résulter du mouvement commercial ; d'où il s'ensuivrait une grande instabilité dans les produits concédés, et probablement différens abus.

Ces motifs pouvaient être fondés ; mais il paraissait difficile qu'ils pussent prévaloir contre la crainte qu'inspiraient, dans l'intérêt d'une navigation aussi importante, les prises d'eau de fond dont la fermeture dépendait entièrement de la volonté des agens. D'un autre côté, on ne pouvait se dissimuler que des prises de superficie perdraient une grande partie de leur valeur.

Dans cette circonstance, je pensai qu'il serait peut-être possible, par une disposition particulière, de concilier les deux opinions. Je m'occupai en conséquence de cette recherche ; et le premier moyen que je proposai, fut un flotteur tel qu'il est indiqué *Planche 13, Fig. 1.re* Au moyen de ce flotteur, dont je fis faire le modèle, l'ouverture de fond était fermée tant que les eaux étaient au-dessous d'une ligne D; et la même ouverture devenait libre, lorsque les eaux surmontaient cette ligne d'une petite quantité. Il résultait de cette première disposition que

les avantages de prises de fond étaient conservées, et que tout écoulement cessait au moment où il aurait pu nuire à la navigation. Cependant l'emploi d'un flotteur ne me paraissant pas assez simple dans cette circonstance, je proposai un second moyen dont la première idée appartient à M. Mallet, mon gendre, et qui consistait à placer au devant de la prise de fond un déversoir assez étendu pour débiter une quantité d'eau surabondante, mais qui était ensuite régularisée par les dimensions d'une prise de fond. Ce dernier moyen me parut devoir concilier les deux opinions, puisqu'il renfermait à-la-fois une prise de fond et une prise de superficie, en conservant les avantages particuliers à ces deux systèmes.

Le conseil des ponts et chaussées, après avoir consulté les ingénieurs du canal, adopta cette dernière proposition, qui a été exécutée. *Fig. 3.*

Projet d'une maison d'éclusier. Planche 14.

J'ai cherché à réunir dans ce projet tout ce qui est rigoureusement nécessaire à cet agent, en me renfermant dans un petit espace, et en cherchant à concilier une grande économie avec la solidité qui doit caractériser la moindre construction, et avec une certaine régularité, seul ornement d'un semblable édifice. Il est facile de voir que l'étable ou écurie pourrait être agrandie si le besoin l'exigeait, et qu'en même temps, et dans d'autres circonstances, elle peut être entièrement supprimée. Le dessin dispense d'entrer dans d'autres détails.

Je terminerai ce recueil en faisant observer que la navigation intérieure offrirait un vaste champ aux recherches les plus intéressantes ; mais dans l'état où je suis, je n'ai pu qu'effleurer certaines questions. S'il m'était permis d'espérer quelque soulagement, j'aurais un grand plaisir à m'occuper de la même matière dans l'un des supplémens dont le dernier recueil de cette collection doit être composé (48).

(48) Je joins ici une explication succincte des figures contenues dans la pl. 15 qui termine ce recueil.

Fig. 1.re Écluse de prise d'eau avec aqueducs latéraux, note (14).

Fig. 2. Moyen proposé, note (19), pour maintenir la profondeur d'eau nécessaire pour les bateaux et empêcher la formation des bancs de sable, vase ou gravier, devant les écluses d'embranchure ou de prise d'eau. Ce moyen, déjà mis en pratique dans plusieurs circonstances, consiste dans la construction d'un barrage peu élevé au-dessus de l'étiage, et qui force la rivière, dans les basses eaux, à passer dans un lit dont la largeur peut être réduite à la rigueur à celle d'un bateau lorsque le volume des eaux et leur vitesse ne peuvent permettre de lui donner de plus grandes dimensions.

Fig. 3. Disposition annoncée dans la note 15, et qui tend à donner au système de madriers proposé pl. 12, et dans le cas d'une porte très-élevée, une résistance proportionnelle à la pression de l'eau, sans être obligé d'augmenter l'épaisseur des madriers.

Fig. 4. Détail relatif à la même question citée dans la note (46).

Fig. 5 et 6. Détails relatifs à l'engrenage et aux rubans métalliques qui peuvent le remplacer pour faire mouvoir les portes. Exemple d'un engrenage placé sur la hauteur, et dans lequel les dents supérieures sont placées au-dessus des vides entre celles inférieures; ce qui tend à rendre le mouvement plus uniforme et plus doux. Voir la note (43).

Fig. 7. Dans les petites rivières dont la navigation n'a qu'une utilité locale et d'une faible importance, on est forcé de renfermer la dépense dans d'étroites limites, ce qui ne peut permettre de construire des barrages et des écluses submersibles en pierre. Il devient alors nécessaire de conserver les barrages existans et d'éviter les fortes indemnités. Les simples pertuis sont toujours incommodes et souvent dangereux; mais on pourrait diminuer beaucoup leurs inconvéniens, en construisant par le moyen le plus simple, selon les circonstances, un second barrage, soit en aval, soit en amont, pour former une espèce de sas qui occuperait quelquefois toute la largeur de la rivière. J'ai choisi, pour donner un premier exemple de cette disposition, *Fig. 7*, le barrage du moulin de Spai sur la Sarthe, et j'ai supposé que le nouveau barrage de A en B serait construit d'après le procédé en usage dans chaque localité, et que le pertuis à construire se fermerait à l'aide des mêmes moyens employés à l'ancien pertuis.

Fig. 8. Barrage de Clanué, sur la même rivière, au-dessus du précédent, et qui a été détruit et remplacé par un barrage en pierre accompagné d'une écluse submersible. Cette reconstruction très-dispendieuse peut servir à démontrer combien il eût été préférable, sous le rapport de l'économie, d'employer le moyen ci-dessus. A la vérité, ce moyen n'eût pas été aussi efficace que l'écluse en pierre, pour remédier à l'insuffisance de l'eau en aval du barrage; ce à quoi on ne peut parvenir que par l'établissement de barrages intermédiaires, combinés de manière à procurer au pied de ceux-ci et de ceux existans, la profondeur d'eau nécessaire. Cette question, comme beaucoup d'autres, demanderait des développemens dont je ne puis m'occuper en ce moment.

Moraine direxit.

NAVIGATION.

V. RECUEIL.

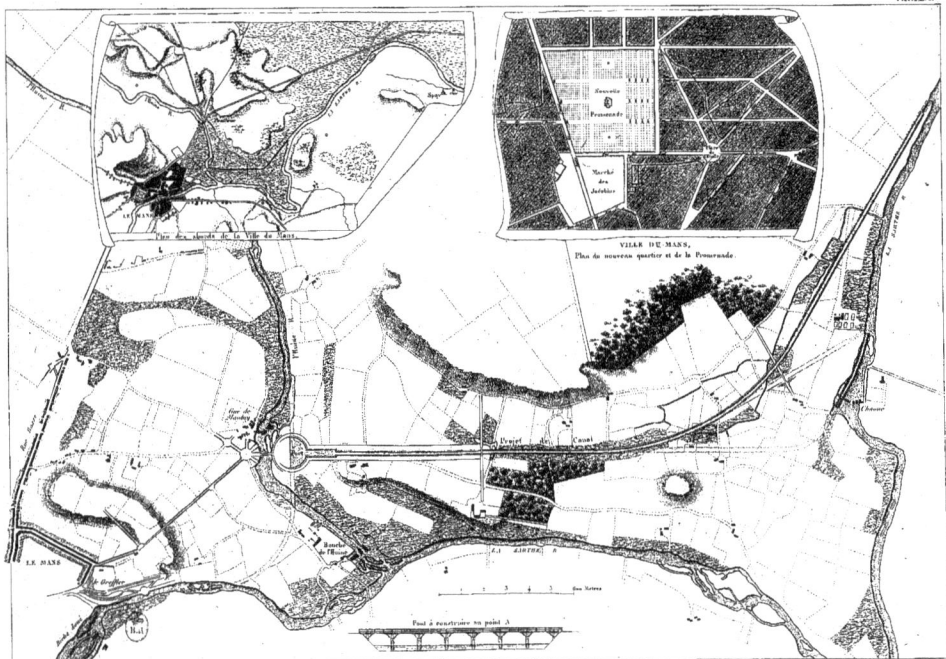

Plan des abords de la Ville du Mans.

VILLE DU MANS,
Plan du nouveau quartier et de la Promenade.

PROJET D'UN CANAL DE DÉRIVATION PRÈS LA VILLE DU MANS.

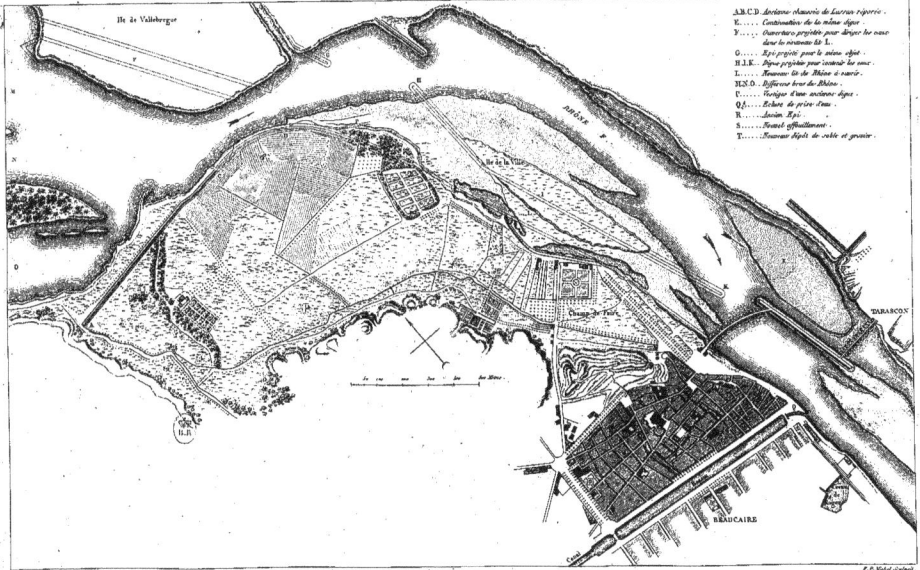

A.B.C.D. *Ancienne Maçonerie de Lauves réparée.*
E..... *Continuation de la même digue.*
F..... *Ouverture projetée pour diriger les eaux dans le nouveau lit L.*
G..... *Epi projeté pour le même objet.*
H.I.K. *Digue projetée pour écarter les eaux.*
L..... *Nouveau lit du Rhône à suivre.*
M.N.O. *Différens bras du Rhône.*
P..... *Vestige d'une ancienne digue.*
Q..... *Ecluse de prise d'eau.*
R..... *Ancien Epi.*
S..... *Nouvel affouillement.*
T..... *Nouveau dépôt de sable et gravier.*

PLAN DU COURS DU RHÔNE AUX ABORDS DE BEAUCAIRE.

P. P. Motel sculpsit

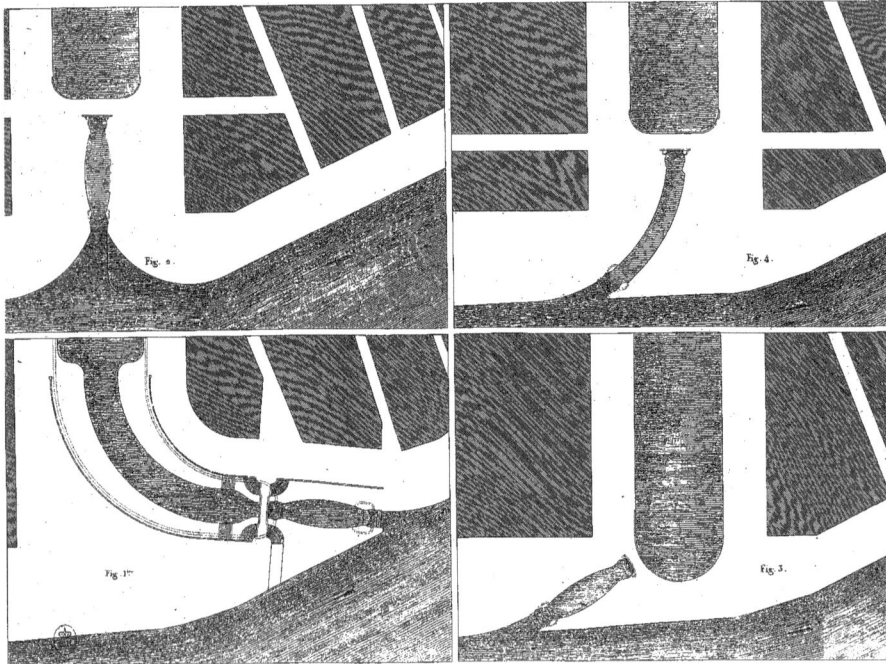

ECLUSE DE PRISE D'EAU DU CANAL DE BEAUCAIRE.

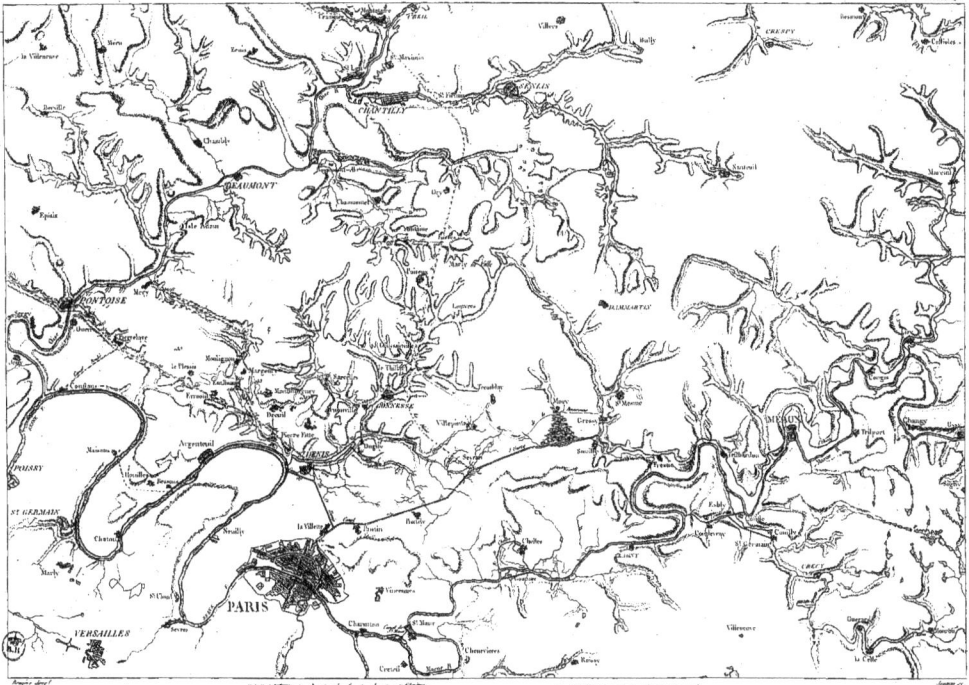

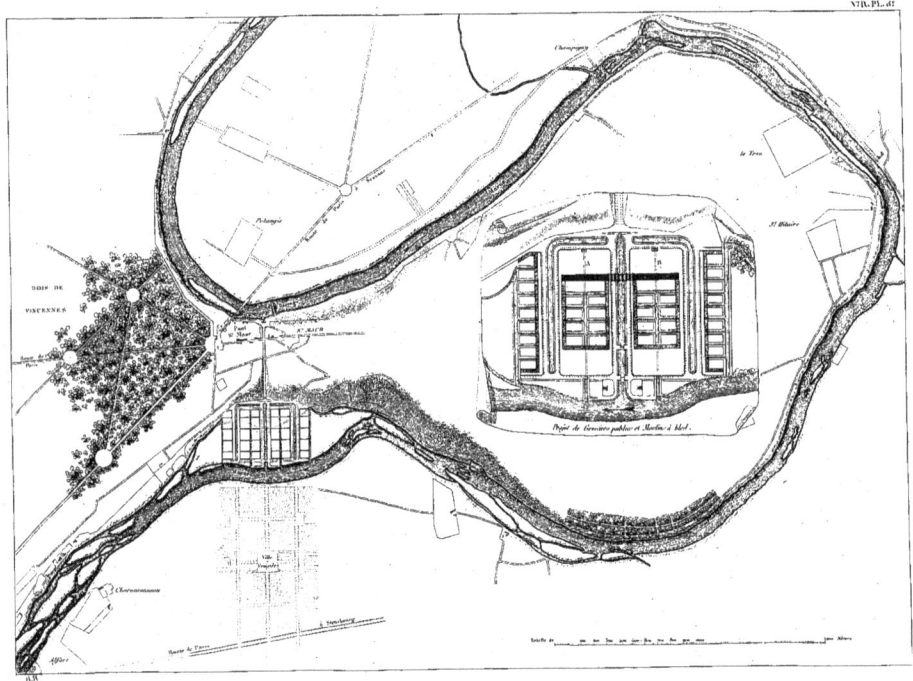

PLAN DES ABORDS DU CANAL DE St MAUR.

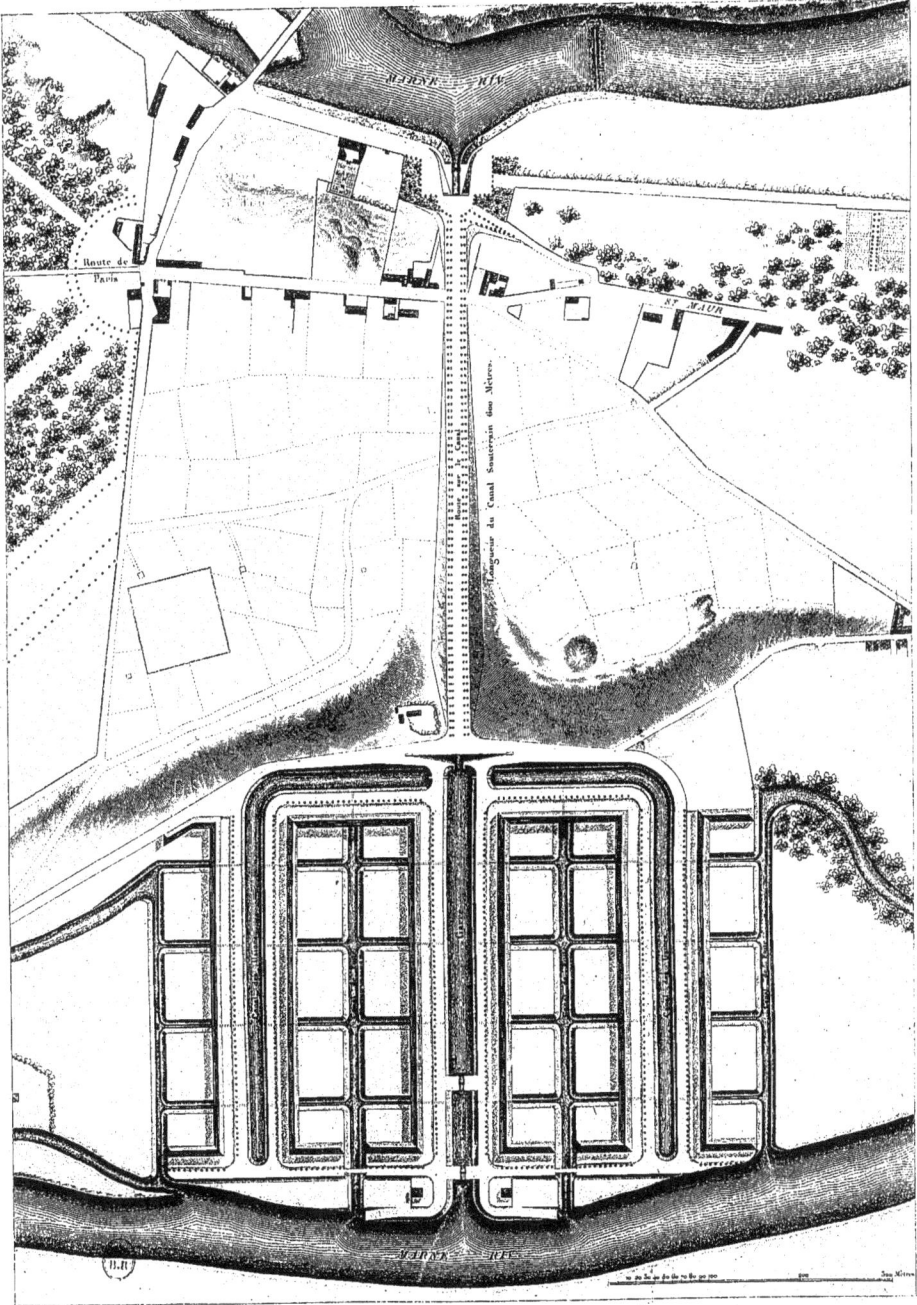

PLAN DU CANAL DE St MAUR ET DES USINES PROJETÉES.

Vue de la tête d'aval en aile.

Tête d'amont.

CANAL

de

S.^t

Maur.

H.B. Vue intérieure.

Coupe.

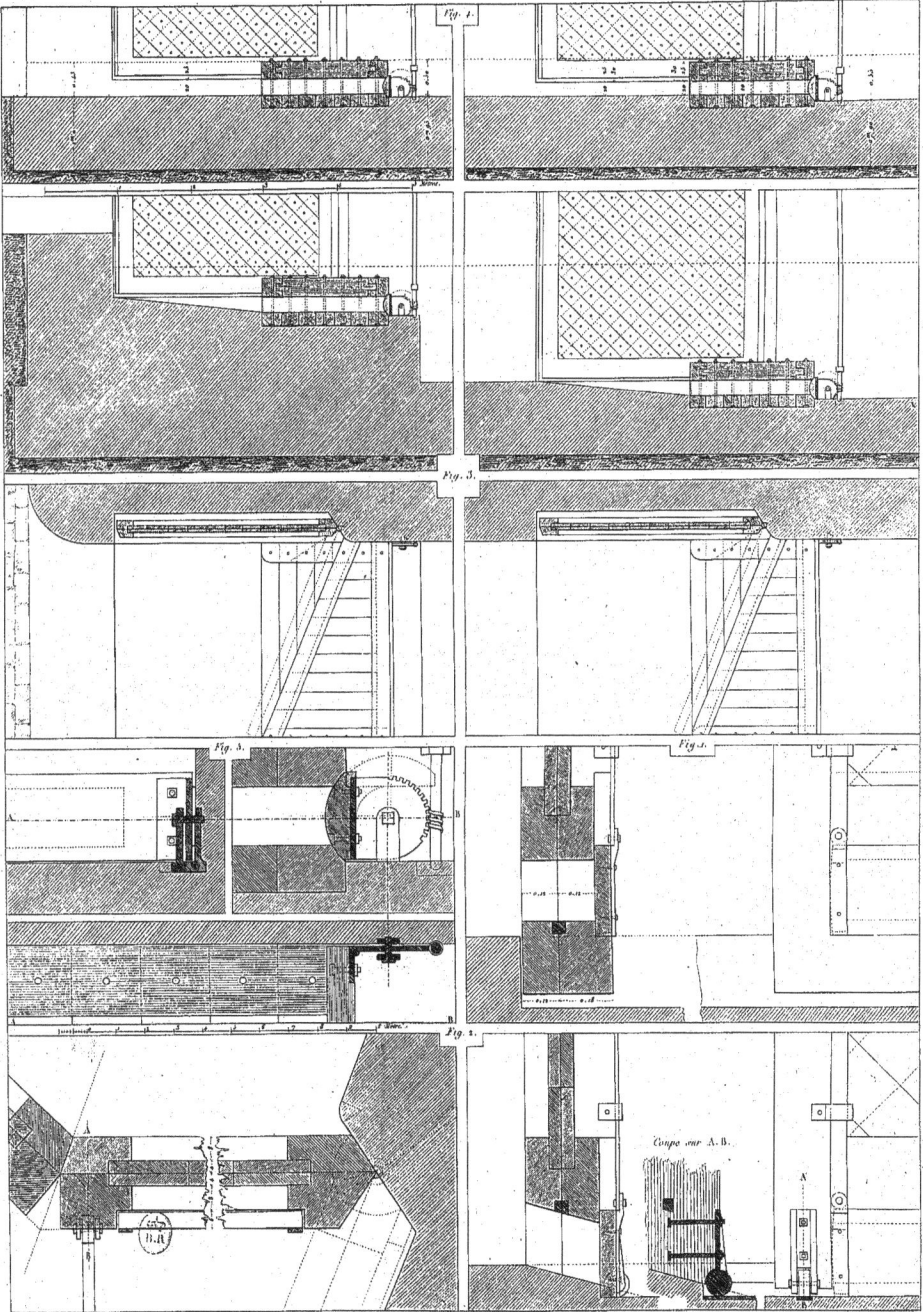

Fig. 1.

Fig. 3.

Fig. 5.

Fig. 4.

Fig. 2.

Coupe sur A.B.

Perrey excu. sculp.

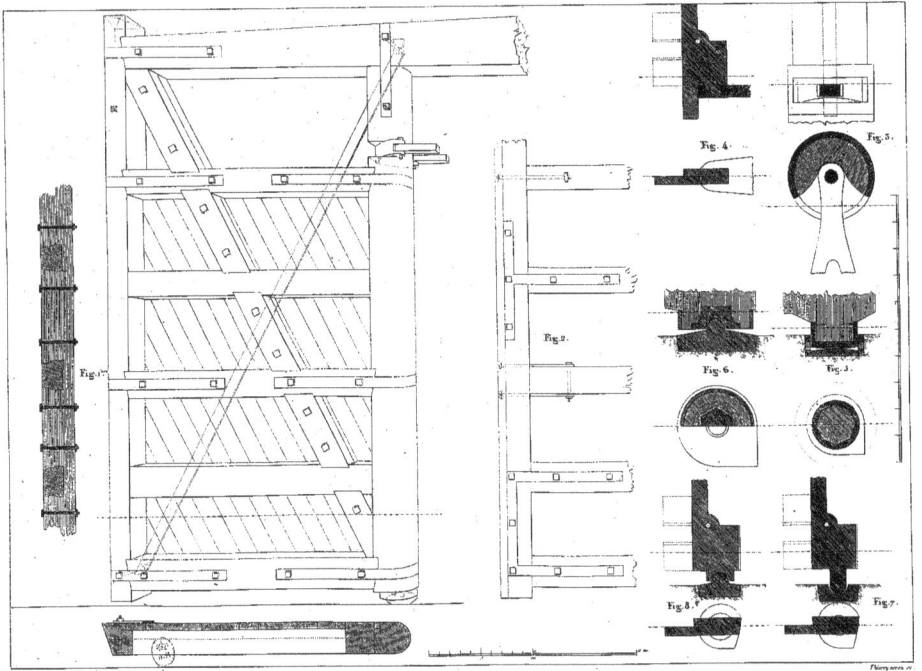

Fig.1.

Fig.2.

Fig.3.

Fig.4.

Fig.5.

Fig.6.

Fig.7.

Fig.8.

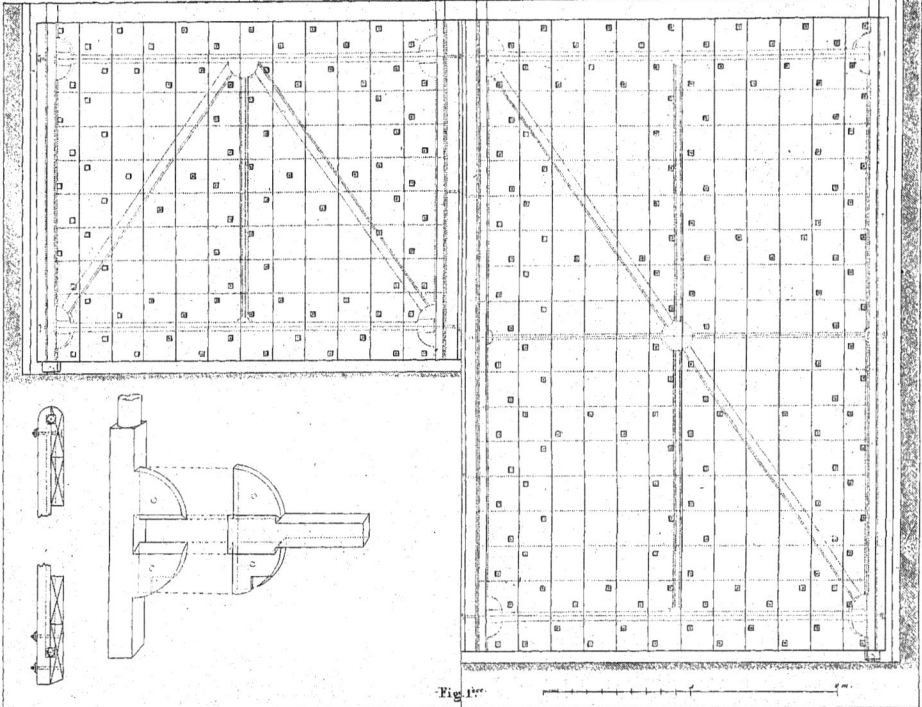

Fig. 1bis.

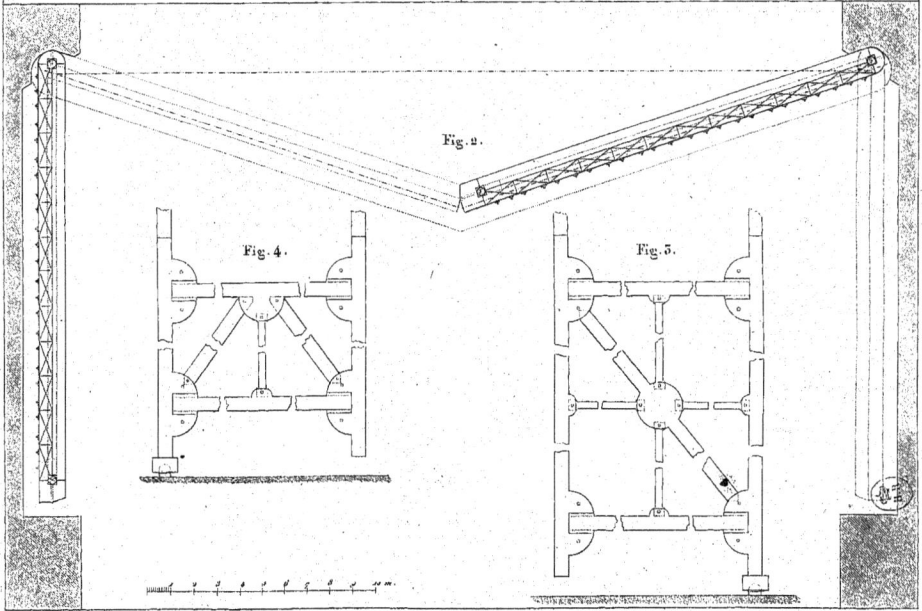

Fig. 2.

Fig. 4.

Fig. 5.

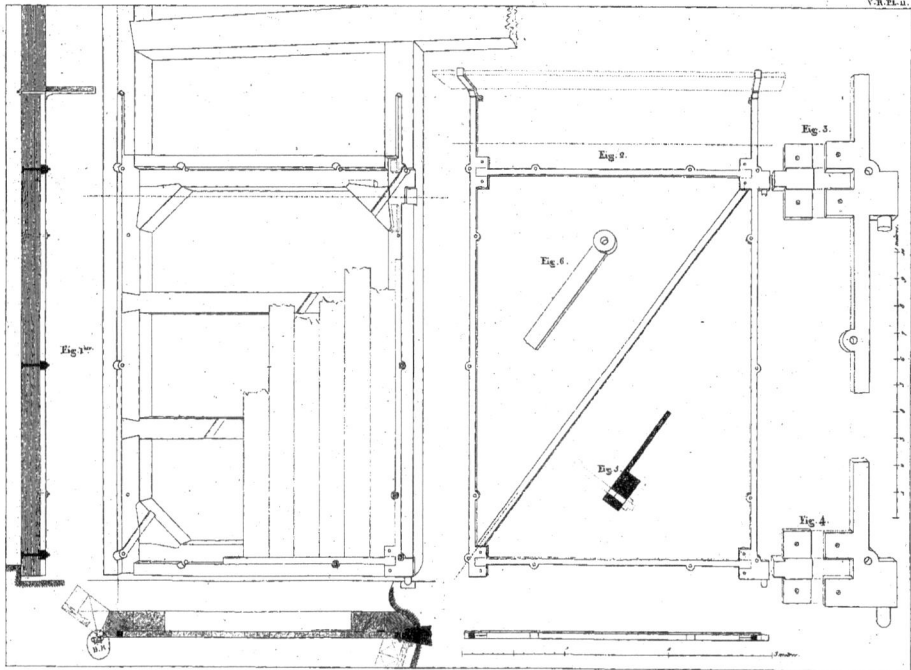

Fig. 3.

Fig. 2.

Fig. 6.

Fig. 1 bis.

Fig. 5.

Fig. 4.

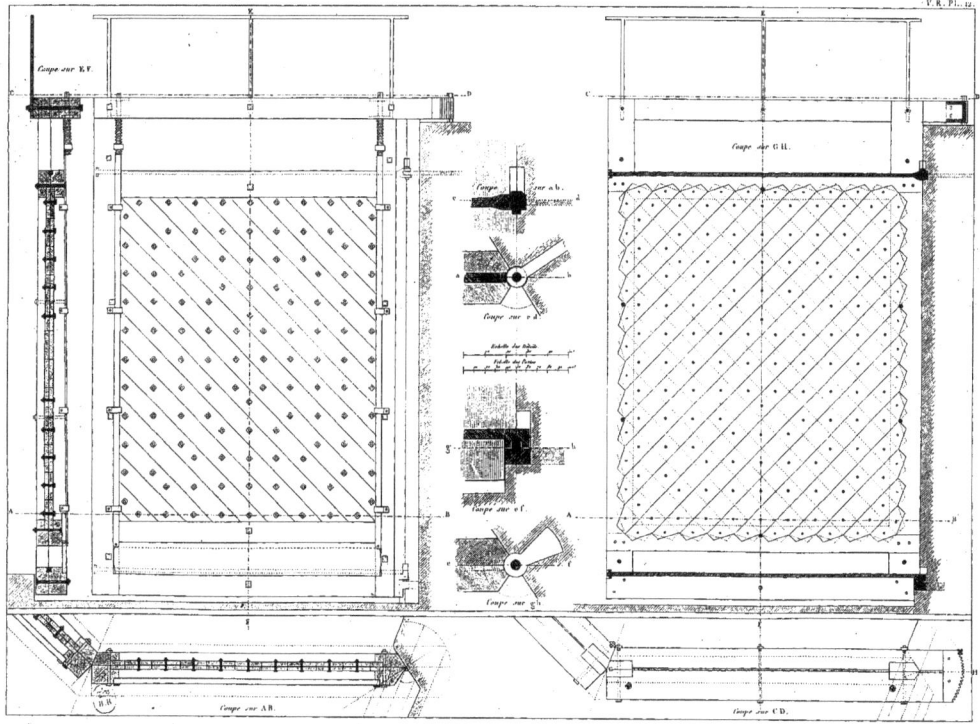

Coupe sur E F.

Coupe sur G H.

Coupe sur a b.

Coupe sur c d.

Echelle des Détails.

Echelle des Plans.

Coupe sur e f.

Coupe sur g h.

Coupe sur A B.

Coupe sur C D.

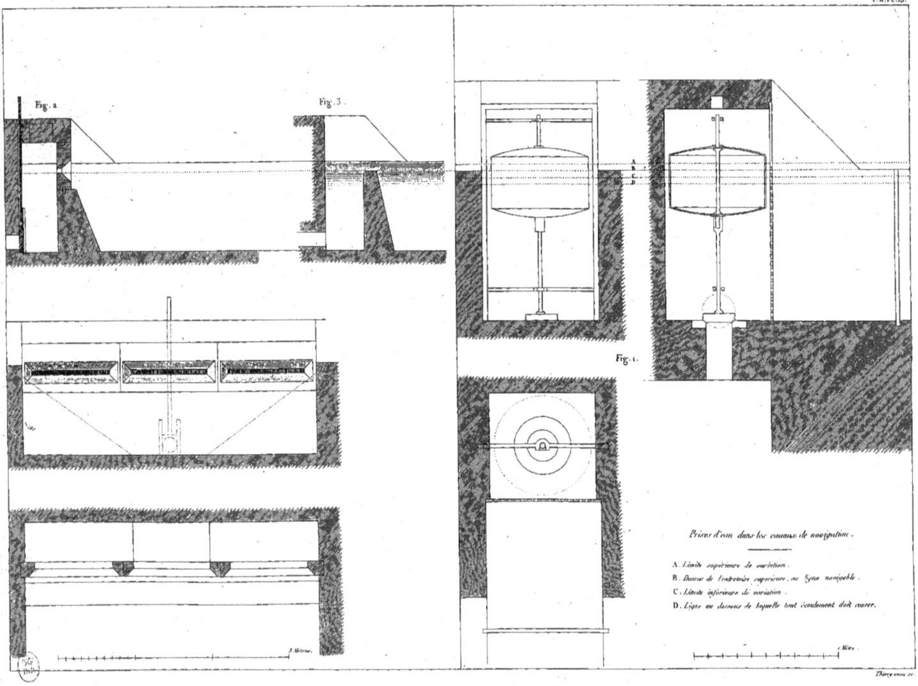

Fig. 2.

Fig. 3.

Fig. 1.

Prises d'eau dans les canaux de navigation.

A . Limite supérieure de navigation.

B . Dessus de l'entretoise supérieure, ou ligne navigable.

C . Limite inférieure de navigation.

D . Ligne au dessous de laquelle tout écoulement doit cesser.

5 Mètres.

1 Mètre.

Thierry sculp.

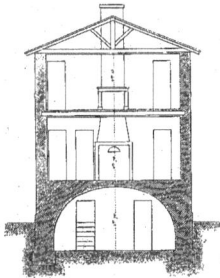
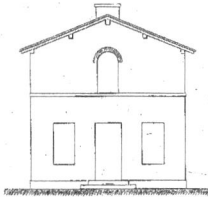
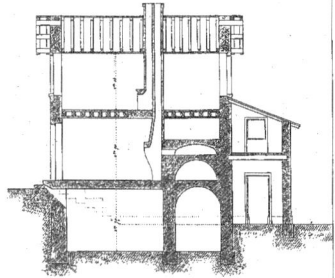

Projet d'une maison d'Eclusier.

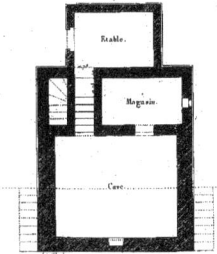
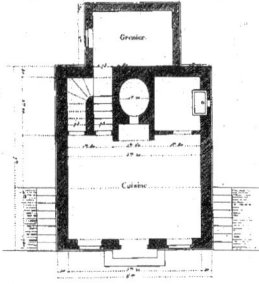
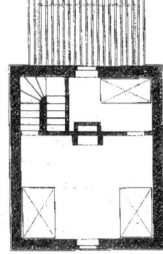

Thierry sculp.

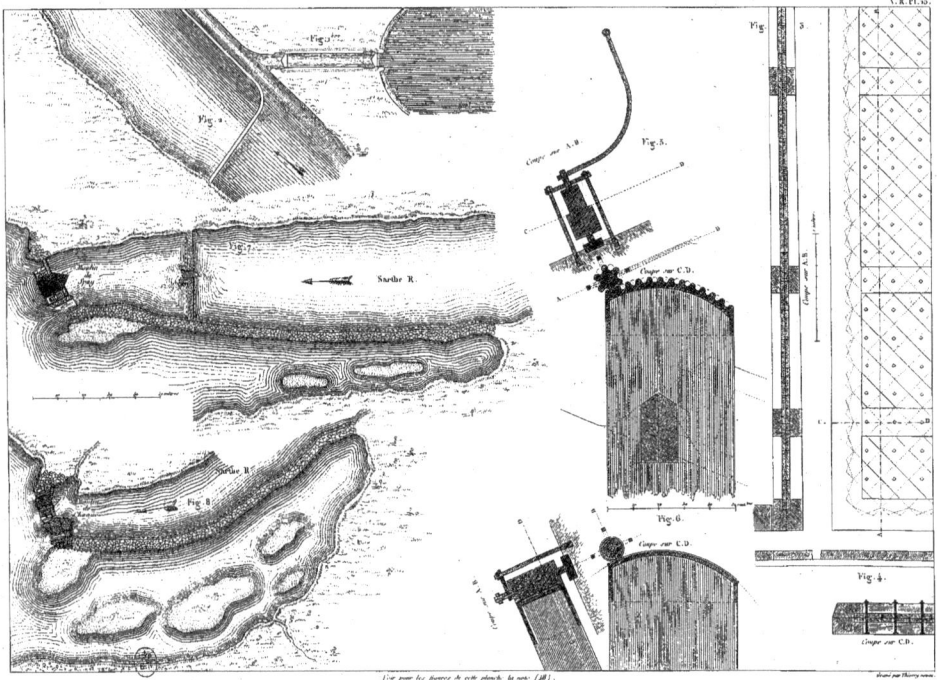

Fig. 1.

Fig. 2.

Fig. 7.

Sarthe R.

Fig. 8.

Fig. 5.

Coupe sur A.B.

Coupe sur C.D.

Fig. 6.

Coupe sur C.D.

Fig. 3.

Coupe sur A.B.

Fig. 4.

Coupe sur C.D.

ÉTUDES

RELATIVES

A L'ART DES CONSTRUCTIONS,

RECUEILLIES

Par L. BRUYÈRE,

OFFICIER DE LA LÉGION D'HONNEUR, INSPECTEUR GÉNÉRAL DES PONTS ET CHAUSSÉES, MAÎTRE DES REQUÊTES,
ET ANCIEN DIRECTEUR DES TRAVAUX DE PARIS.

L'Ouvrage sera divisé en douze Recueils, ainsi qu'il suit, SAVOIR :

6.me RECUEIL.

Chacun de ces Recueils, qui équivaudra à deux livraisons ordinaires, sera composé de douze à dix-huit planches, y compris le frontispice, et d'un texte explicatif.

A PARIS,

Chez BANCE aîné, Éditeur, rue Saint-Denis, n.° 214.

1828.

ÉTUDES

RELATIVES

A L'ART DES CONSTRUCTIONS,

RECUEILLIES

Par L. BRUYERE,

OFFICIER DE LA LÉGION D'HONNEUR, INSPECTEUR GÉNÉRAL DES PONTS ET CHAUSSÉES,
MAÎTRE DES REQUÊTES, ET ANCIEN DIRECTEUR DES TRAVAUX DE PARIS.

Nisi utile est quod facimus, stulta est gloria.
Phèdre, *fab. 17, liv. III.*

VI.ᵉ RECUEIL.

ABATTOIRS ET BOUCHERIES.

TABLE DES PLANCHES DE CE RECUEIL.

ABATTOIRS ET BOUCHERIES.

On donne en général le nom de *Boucheries* aux établissemens où plusieurs bouchers abattent les bestiaux destinés à la consommation, préparent la viande, la débitent et la vendent. Chez les anciens, le lieu où l'on abattait n'était pas le même que celui où l'on vendait. Cette séparation existe dans un certain nombre de grandes villes modernes, où l'on désigne alors le premier lieu par le nom d'*Abattoir*, et le second par celui de *Boucheries* ou *Étaux publics*.

Dans l'ancienne Rome, on avait créé, pour l'achat et la vente des bœufs, des corps ou colléges de bouchers qui confiaient à des subalternes le soin d'abattre les bestiaux, de les habiller, de couper les chairs et de les mettre en vente. Ces bouchers, d'abord épars en différens endroits de la ville, furent rassemblés dans un seul quartier, où l'on trouvait également les autres denrées alimentaires. Sous le règne de Néron, le grand marché ou grande boucherie devint l'un des monumens les plus magnifiques, et la mémoire en a été transmise à la postérité par une médaille.

La police des Romains s'étendit dans les Gaules, et notamment à Paris, de temps immémorial, il existait un corps composé d'un certain nombre de familles chargées de l'achat des bestiaux et de la vente de leurs produits.

Comme la nourriture la plus ordinaire après le pain est la viande de boucherie, il est très-important, pour la santé des consommateurs, que les bestiaux soient sains, tués et saignés, et non morts de maladie ou étouffés, que l'apprêt des chairs soit fait proprement, et que la viande soit débitée en temps convenable. Tous ces soins exigent une surveillance active, qui ne peut être exercée parfaitement que dans de vastes établissemens publics où les bouchers se trouvent réunis. Les nations qui ont voulu conserver la salubrité de leurs villes, ont rejeté les boucheries près et même hors de leur enceinte : un réglement de Charles IX, en date du 15 février 1567, avait consacré ce principe. Dans quelques endroits, on les a isolées au centre de vastes emplacemens ornés de fontaines pour entretenir la fraîcheur et la propreté; mais dans beaucoup de villes où la police est cependant très-perfectionnée à d'autres égards, les boucheries bordent des rues étroites et mal aérées, et la viande commence à s'y corrompre avant d'être livrée à l'acheteur.

On peut considérer les abattoirs publics, non-seulement sous les rapports de la sûreté et de la santé des habitans des villes, mais aussi comme un moyen de recueillir diverses substances animales employées dans les arts. Les fabriques de colle-forte, de gélatine, de bleu de Prusse, d'huile de pieds de bœuf, &c., en retirent de nombreux avantages, et plusieurs de ces entreprises, ne peuvent même se faire qu'auprès des villes où une grande consommation permet de disposer d'une quantité suffisante de débris.

Abattoirs de Paris. Planches 1, 2, 3, 4, 5, 6 et 7.

Paris offrait naguère, dans plusieurs rues très-fréquentées, le spectacle d'abattoirs et de fondoirs de suif réunis aux étaux des bouchers. Des ruisseaux de sang, des miasmes putrides, et des matières animales entassées, affectaient de la manière la plus désagréable la vue et l'odorat, et devenaient des foyers d'infection. Le passage continuel des bestiaux gênait la circulation; et les bœufs qui, après avoir été frappés, parvenaient quelquefois à s'échapper, répandaient l'épouvante, et souvent blessaient les passans.

Des inconvéniens aussi graves avaient depuis long-temps excité la sollicitude de l'administration. Plusieurs compagnies financières qui connaissaient cet état de choses, firent rédiger des projets d'abattoirs, et offrirent de se charger de leur exécution. Enfin il fut décidé par un décret du 9 février 1810, que cinq abattoirs généraux seraient exécutés aux frais de la ville de Paris. Cinq architectes furent chargés de leur exécution, et se réunirent, d'après les ordres du ministre, en commission, à la tête de laquelle était le vice-président du conseil des bâtimens civils, et dont le secrétaire du même conseil et le sieur Combault, ancien maître boucher, firent partie.

La première chose dont la commission devait s'occuper était d'arrêter un programme, ce qu'elle fit dans sa séance du 14 octobre 1810. Ce programme était l'ouvrage du sieur Combault, dont la longue expérience dans la pratique de l'art du boucher, pouvait inspirer toute confiance. M. Gauché, l'un des architectes nommés par le ministre, fut chargé d'indiquer les premières dispositions ainsi que de rédiger les plans généraux qui devaient être conformes au programme et l'accompagner; il s'en acquitta avec le talent qu'on lui connaît. Ces plans comprenaient tous les édifices qui doivent composer un abattoir général. Leur disposition, dont on s'est peu écarté dans l'exécution, était largement tracée; tous les édifices étaient isolés et entourés de rues ou de places spacieuses; et l'on peut dire que, sous ce rapport, ces établissemens ne laissent rien à desirer.

Sous d'autres rapports, il semble que le programme, quoique rédigé par un homme du métier, porte l'empreinte d'une opinion particulière. On pourrait croire qu'il existait une arrière-pensée, et que l'on regardait comme possible qu'une compagnie fût chargée de l'exploitation générale des abattoirs. Cette pensée, si elle a existé, était contraire à la promesse faite aux bouchers de les laisser jouir, dans les abattoirs généraux, de la même liberté que dans leurs ateliers, et elle a pu influer sur quelques dispositions.

D'un autre côté, les bouchers, dont les nouveaux établissemens contrariaient les habitudes et les intérêts, parurent éviter de prendre aucune part aux projets qu'on allait arrêter, espérant que leur exécution, qui exigeait de grandes dépenses, ne serait jamais terminée.

Les emplacemens furent cependant fixés et les terrains acquis. L'un des abattoirs, celui de Montmartre, était même déjà commencé, lorsqu'en janvier 1811 je fus chargé de la direction des travaux de Paris. Il m'était difficile, dans les premiers momens, où les affaires courantes exigeaient la plus grande partie de mon temps, et où j'avais à m'occuper à-la-fois d'un grand nombre d'édifices, de me pénétrer profondément des conditions auxquelles il fallait satisfaire dans la construction de toutes les parties d'un abattoir général. Ce ne fut qu'après avoir visité les anciens établissemens et conféré avec plusieurs maîtres bouchers, que je crus reconnaître quelques vices de disposition, notamment dans ce qu'on appelle assez improprement les *Échaudoirs* (lieu où l'on abat). Il était bien tard, car les constructions étaient déjà avancées, principalement à l'abattoir de Ménilmontant; mais les observations qui m'avaient été faites me parurent si importantes, et le succès des abattoirs tellement compromis, sur-tout avec l'opposition connue des bouchers, que je regardai comme indispensable de changer le premier projet adopté pour les échaudoirs, et qu'on peut voir sur la *Planche 2*. Suivant ce projet, chaque corps de bâtiment ne contenait que six cases dont une partie était mal éclairée ; trois ou quatre bouchers devaient abattre dans la même case, et les bœufs abattus auraient été suspendus aux mêmes pentes ; ce qui aurait donné lieu à des débats multipliés, à cause du mélange des viandes, des linges, des instrumens et de l'affluence des garçons bouchers dans un même passage.

Dans la nouvelle disposition, seize échaudoirs ou cases plus petites que celles du projet précédent sont placés sur une vaste cour de travail, et l'on trouve à l'étage au-dessus des serres fermées par des grillages en fer, dans lesquelles chaque boucher peut déposer son suif en branches et tout ce qu'il juge convenable.

Les cinq abattoirs de Paris sont placés ; savoir :

Celui du Roule, *Planche 1.re*, dans le prolongement de la rue de Miromênil, près la barrière de Monceaux.

Celui de Villejuif, *Planche 2*, boulevart de l'Hôpital, près la barrière d'Italie.

Celui de Grenelle, *Planche 3*, place de Breteuil, à la rencontre des avenues de l'École militaire et des Invalides.

Celui de Ménilmontant, *Planche 4*, entre les rues des Amandiers et de Ménilmontant.

Celui de Montmartre, *Planche 5*, dans le haut de la rue Rochechouart, près la barrière de ce nom.

L'étendue de ces abattoirs a été proportionnée aux besoins des quartiers qu'ils étaient destinés à desservir. Ceux du Roule et de Villejuif, qui sont à très-peu près semblables, contiennent chacun trente-deux échaudoirs, celui de Grenelle quarante-huit, et ceux de Ménilmontant et de Montmartre chacun soixante-quatre; au total, deux cent quarante échaudoirs. Ce nombre est encore inférieur à celui des bouchers; mais plusieurs font tuer leurs bestiaux par leurs confrères, et il y a quelques échaudoirs communs à deux bouchers, lorsque leur commerce n'est pas considérable.

Les bouveries et les bergeries ont la même étendue que les corps d'échaudoirs.

On trouve en outre, dans chacun des cinq abattoirs, des fondoirs pour le suif, des réservoirs et des conduites en plomb qui fournissent de l'eau dans toutes les parties des édifices, des voiries ou cours de vidange, des écuries et remises pour le service particulier des bouchers, des lieux d'aisances publics, des parcs aux bœufs, des logemens pour les agens; enfin, un aqueduc voûté conduit toutes les eaux de pluie et de lavage dans les égouts de Paris. On y a ajouté depuis quelque temps des triperies, qu'on avait cru dans l'origine devoir en exclure.

Ces grands établissemens, conçus d'après le même programme et dont les projets ont été rédigés pour ainsi dire sous les yeux de la même commission, doivent nécessairement présenter des dispositions semblables. Ils ne diffèrent en effet que par leur étendue et quelques assujettissemens aux localités. L'abattoir du Roule, par exemple, placé sur un terrain en pente, a exigé une forte coupure, dont les déblais ont servi à niveler le sol et à former une esplanade en avant de l'entrée. On y parvient par une belle avenue, et des plantations faites au pourtour l'isoleront des habitations dont il pourra être environné par la suite. Des voûtes adossées à la montagne soutiennent les terres, servent de remises et d'écuries, et offrent dans leur partie supérieure une terrasse spacieuse, plantée d'arbres. Ces avantages particuliers lui donnent un aspect plus agréable qu'on ne l'attendrait d'un édifice de cette espèce. Les autres abattoirs, quoique moins favorisés par les localités, n'offrent dans leur ensemble rien qui puisse blesser la vue; aussi ont-ils été visités avec empressement par un grand nombre d'étrangers. On peut seulement regretter que la commission ait été privée des renseignemens qu'auraient pu donner les bouchers eux-mêmes, si l'esprit qui les animait leur eût permis d'avoir une opinion unanime sur les perfectionnemens dont chaque partie de ces établissemens était susceptible. La commission avait éprouvé, et j'ai éprouvé avec elle, combien il est difficile de combattre l'esprit de routine et les intérêts particuliers.

Quoi qu'il en soit, les abattoirs de Paris seront long-temps les plus beaux édifices de ce genre en Europe et dans le monde entier. Ils n'ont été précédés par aucun modèle, et pourront en servir dans quelques circonstances, en profitant cependant des améliorations que l'expérience pourra indiquer.

Les architectes qui ont fait exécuter ces abattoirs sont MM. Petit-Radel, Leloir, Gisors, Happe et Poidevin. Ils ont eu pour collaborateurs MM. les inspecteurs Malary, Colson, Ménager, Turmeau, Coussin, Attiret, Clochard, Guenepin.

Je vais maintenant entrer dans quelques détails sur les divers bâtimens dont se composent ces abattoirs.

Échaudoirs. Planche 7, Fig. 8. Ce nom appartient au lieu où l'on échaude; mais les bouchers de Paris s'en servent pour désigner la case particulière où chacun d'eux abat ses animaux.

Les abattoirs de Paris présentent deux ou quatre corps d'échaudoirs, composés chacun, ainsi qu'on l'a déjà dit, de deux bâtimens séparés par une cour de travail. Les cases, formées par des murs de refend en pierre de taille, ont 5 mètres de largeur sur 10 mètres de longueur (d'axe en axe des piliers), et chacune présente deux entrées, l'une sur la cour de travail, par laquelle on introduit l'animal, l'autre sur la face extérieure, pour permettre l'enlèvement des viandes et autres produits à fur et mesure du besoin. Chaque case est pourvue d'un robinet fournissant l'eau pour le lavage, d'une auge creusée au-dessous du dallage, d'un engrenage qui à l'aide de poulies de renvoi donne le moyen d'enlever l'animal abattu pour le suspendre; enfin d'une *poute* qui se compose de deux pièces de bois pla-

cées horizontalement à 2 mètres 30 centimètres de hauteur, scellées dans le mur par un bout, et portées dans l'autre par un chevêtre. C'est à ces pièces longitudinales qu'on peut suspendre, en se servant d'espèces de rouleaux, jusqu'à sept ou huit bœufs abattus, après leur avoir fait subir les apprêts nécessaires, et on les y laisse exposés à l'air jusqu'au moment de les transporter dans les étaux. Des crochets placés sur les pentes et le long des murs, servent à recevoir les veaux et les moutons.

Ces échaudoirs, ainsi que la cour de travail, sont dallés avec des pierres d'une forte épaisseur, dont les joints ont été soigneusement remplis avec du mastic de limaille, afin qu'aucune immondice ne pût s'y introduire. Le plancher supérieur des échaudoirs est plafonné en plâtre, pour que la plus grande propreté puisse y être entretenue. De petites ouvertures placées dans le bas des portes permettent à l'air de circuler et de se renouveler; enfin des toits saillans d'environ 3 mètres au-delà des murs extérieurs, ont le double avantage de garantir les échaudoirs des rayons du soleil, et de mettre à couvert les voitures qui transportent les viandes, ainsi que les garçons bouchers dans les cours de travail.

Bouveries et Bergeries. Les jours où les animaux arrivent à Paris sont rarement les jours où l'on abat. Il est donc nécessaire d'avoir des bouveries et des bergeries pour les recevoir. Ces édifices, très-simples, ont environ 9 mètres de largeur intérieure: un côté est occupé par les bœufs, et l'autre par les moutons et les veaux. De grands arcs en pierre (voir *Planche 6*) servent de poutres, et supportent les solives du plancher. Un second rang d'arcs semblables remplace les fermes, et reçoit les pannes. L'étage supérieur, formant greniers, est divisé en autant de cases qu'il y a de bouchers, afin que chacun puisse enfermer ses fourrages. Une très-grande auge, alimentée par l'eau du réservoir principal, sert à abreuver les bestiaux.

Fondoirs. Avant de faire le projet d'un fondoir pour le suif, il aurait fallu déterminer quelle serait la manière de fondre; car l'étendue, les moyens de construction, et la disposition d'un bâtiment destiné à cet usage, dépendent évidemment du procédé qu'on croit devoir adopter.

Si l'on parvenait à démontrer que l'on ne peut changer celui qui est actuellement employé, je dirais sans hésiter que les fondoirs devraient être rejetés hors de l'enceinte des villes. Leur construction pourrait alors être abandonnée à l'industrie particulière, à la condition cependant qu'un fondoir ne serait établi, même dans les champs, qu'en le plaçant au centre d'un terrain dont l'étendue serait fixée par l'Administration de manière que les voisins n'en pussent être incommodés.

Mais je suis persuadé, d'après quelques tentatives faites par diverses personnes et par moi-même, qu'il est possible de trouver un procédé exempt des inconvéniens de celui en usage. Quoique ce sujet ne fasse pas essentiellement partie du travail qui m'occupe, j'ai cru utile de présenter les observations que j'ai été à portée de faire, et d'entrer dans quelques détails, afin de provoquer une amélioration dans la fonte du suif et, par suite, dans la fabrication des chandelles, dont la mauvaise qualité est l'objet des plaintes de la classe nombreuse. Toutefois, cette amélioration doit être telle que le prix ne soit pas sensiblement augmenté; et je n'entends pas parler ici de la fabrication des chandelles prétendues économiques, qui diffèrent beaucoup entre elles, dont la plupart l'emportent de bien peu sur la chandelle ordinaire, et qui coûtent moitié en sus [A].

Les inconvéniens bien reconnus qui résultent de la manière dont on fond le suif, à Paris et ailleurs, sont: le danger du feu, l'odeur infecte et nauséabonde, et la mauvaise qualité du suif. Cette manière consiste à jeter dans une chaudière très-profonde le suif *en branches* (c'est-à-dire, tel qu'il est fourni par le boucher), après l'avoir haché grossièrement. On attend que les premières portions soient fondues pour en ajouter de nouvelles, et ainsi de suite jusqu'à ce que la fonte soit achevée, ce qui peut durer de six à huit heures, selon la saison. Les membranes et les tissus se rassemblent au fond de la chaudière, où souvent ils se carbonisent, ce qui donne à la graisse une mauvaise odeur et altère sa couleur. Ces chaudières ou poêles sont de différentes capacités, et peuvent contenir depuis 500 jusqu'à 2,000 kilogrammes.

L'ouvrier fondeur est obligé de remuer continuellement le

suif avec une espèce de rame, ce qui lui laisse à peine le temps d'avoir soin du feu, qu'il gouverne d'après son expérience ou ses préjugés. Ainsi le sort du suif, celui de l'édifice et la salubrité du quartier sont entre les mains d'un ouvrier qui peut être maladroit, négligent ou intempérant.

De fâcheux événemens ont trop prouvé combien ces craintes sont fondées. Dans le cas même le plus favorable, la température à laquelle on élève le suif pour rompre les tissus cellulaires et en extraire les dernières particules de graisse, achève de lui donner une couleur jaunâtre, et l'expose à s'enflammer. J'ajouterai qu'en cherchant à fondre à-la-fois une grande quantité de suif en branches, on lui laisse le temps de se corrompre avant la fonte [B].

Parmi les moyens de fusion exempts des inconvéniens que je viens de signaler, les principaux sont : la chaleur du bain-marie, celle de la vapeur; enfin l'eau bouillante elle-même dans laquelle le suif serait plongé.

Le succès de ces trois procédés repose sur un même fait, qu'il s'agit de bien constater : c'est qu'une chaleur de quatre-vingts degrés paraît suffisante pour fondre le suif et le rendre propre à la conservation.

Plusieurs objections, communes à tous les trois, leur sont opposées par les praticiens; ceux-ci prétendent :

1.° Qu'une plus grande chaleur est nécessaire pour donner au suif ce qu'ils appellent le goût de rôti, sans lequel il ne pourrait se conserver assez long-temps.

Des expériences ont prouvé le contraire; car j'ai vu des suifs fondus à la vapeur et d'autres au bain-marie, qui s'étaient conservés sans altération pendant plusieurs années.

2.° Qu'on ne parviendrait pas, sans une forte chaleur, à rompre complètement tous les tissus cellulaires et à en extraire la graisse, puisqu'on ne peut même opérer parfaitement cette extraction qu'en soumettant les résidus à la presse.

J'ai parlé des inconvéniens d'une chaleur très-élevée : la presse a aussi les siens; car la graisse qui en sort est toujours mêlée de parties étrangères, et le résidu (qu'on nomme creton) contient encore du suif. Il paraîtrait donc avantageux de substituer à l'action du feu et à celle de la presse un moyen mécanique, qui consisterait à diviser ou écraser parfaitement le suif en branches sans altérer sa qualité et sa couleur. On conçoit facilement un pareil mécanisme, qui doit se rapprocher de ceux qu'on emploie déjà dans les arts. On peut citer comme exemple les cylindres qui servent, dans les manufactures de fécule, à réduire en pâte les pommes de terre; et mieux encore les roues verticales qui se meuvent dans une auge circulaire.

Le suif ainsi écrasé laisserait échapper à la fonte toute la graisse, et il est très-probable qu'en substituant ce moyen à celui dont on fait usage maintenant pour hacher à demi le suif en branches, le déchet serait moins considérable, quel que fût d'ailleurs le mode de fusion.

3.° On objecte enfin contre les trois procédés dont j'ai parlé, qu'on ne pourrait fondre à-la-fois une assez grande quantité de suif en branches, et qu'il en résulterait plus de frais de main-d'œuvre et de combustible.

Il faudrait avoir fait des expériences en grand pour répondre à cette objection, qui paraît spécieuse. Je pense cependant que, par le dernier procédé (celui de l'eau bouillante), si l'on ne pouvait fondre qu'une moindre quantité de suif, la compensation se trouverait dans la possibilité de répéter l'opération un plus grand nombre de fois dans le même espace de temps.

Je citerai, à l'appui des moyens proposés, les expériences suivantes :

En l'an 8, on avait établi à Saint-Lazare une boucherie en grand; M. Delunel, consulté sur la fonte des suifs, proposa d'employer le bain-marie, et fit construire un appareil de son invention, dont on trouve les détails dans le Bulletin de la Société d'encouragement, septième année, n.° XLIII. Il paraît résulter des faits présentés :

1.° Qu'on n'a pas été affecté par l'odeur du suif fondu, si désagréable par la méthode ordinaire [C];

2.° Qu'il y a économie de bras et de combustibles;

3.° Que l'incendie n'est plus à craindre.

M. Delunel avait fait à son fourneau l'application d'un régulateur du feu, déjà employé avec succès par M. Bonmatin, et il avait couvert hermétiquement la chaudière qui contenait l'eau en ébullition, afin que la vapeur, qui ne pouvait s'échapper que par une soupape de sûreté, pût contribuer à entretenir et même à augmenter la chaleur.

MM. Darcet et Clément, si connus par d'heureuses applications de la chimie aux arts, profitèrent de l'établissement des nouveaux fondoirs pour m'engager à faire des expériences sur l'emploi de la chaleur de la vapeur à la fonte du suif. M. Clément voulut bien se charger particulièrement de diriger celles qui furent faites à l'abattoir de Ménilmontant; mais d'autres occupations l'ayant empêché de les continuer pendant le temps nécessaire, le seul résultat positif obtenu, c'est que le suif était beaucoup plus beau que celui du commerce. M. Malary, architecte de l'abattoir du Roule, s'occupa, d'après mon invitation, d'expériences semblables, et fit construire une chaudière garnie dans son intérieur de plusieurs tuyaux fermés à leur extrémité supérieure, et qui se remplissaient de vapeur, ainsi que l'intervalle compris entre cette première chaudière et une seconde, dont le fond contenait l'eau bouillante qui fournissait la vapeur. Un particulier demanda à faire usage de cet appareil, et fondit environ trente milliers de suif d'une très-belle qualité qu'il vendit à des prix plus élevés que les suifs ordinaires; mais je n'ai pu savoir si le résultat lui avait été avantageux, ce qui paraîtrait probable, puisqu'il ne s'est pas plaint du contraire.

Je ferai observer que, par le procédé mis en usage par MM. Clément et Malary, la vapeur ne forme qu'une espèce de bain-marie qui n'a d'autre avantage sur l'emploi immédiat de l'eau bouillante, qu'en ce que la vapeur peut être élevée à une température au-dessus de 80 degrés. Si cette augmentation de chaleur n'avait pas quelques inconvéniens pour le suif lui-même, il me paraîtrait possible de tirer un parti plus avantageux de la vapeur, en lui faisant exercer son action directement sur le suif, comme dans les marmites de Papin ou autoclaves; mais il faudrait prendre toutes les précautions possibles pour se mettre à l'abri des accidens qui résultent des hautes pressions.

Quoi qu'il en soit, si de nouvelles expériences confirmant les essais déjà faits, achèvent de prouver, comme je n'en doute pas, qu'une chaleur de 80 degrés convenablement prolongée suffit pour bien fondre le suif et le rendre propre à être conservé, il n'y aurait aucun avantage à employer la vapeur forcée, parce qu'elle exige des récipiens exécutés avec une grande perfection, et des soins difficiles à obtenir des ouvriers chargés de la fonte [D].

Je pense donc, en m'appuyant sur plusieurs expériences, qu'on peut également, par l'un des trois moyens dont je viens de parler, éviter les inconvéniens du procédé actuel, auquel il convient de renoncer.

En conséquence, la permission de fondre ne devrait être accordée qu'à la condition de choisir entre ces trois moyens.

Comme ils ont chacun des avantages qui leur sont particuliers, on pourrait aussi, par de sages combinaisons, les employer simultanément. Par exemple, en plongeant immédiatement le suif dans l'eau bouillante, la chaleur se communique très-promptement dans toute la masse, les membranes amollies sont plus faciles à écraser, et enfin le suif fondu qui s'élève à la surface de l'eau se dégage de toutes ses impuretés; mais, d'un autre côté, l'eau réduite en vapeur qui part du fond de la chaudière tend à soulever le suif, ce qui oblige de remuer continuellement. On peut conserver les avantages du procédé et empêcher le bouillonnement, en employant concurremment le bain-marie au moyen d'une double chaudière, ce qui m'a réussi sans exiger plus de temps et de combustible.

Enfin, par une triple combinaison, on peut profiter de la vapeur produite par l'eau de la chaudière extérieure, en couvrant l'appareil avec soin et en prévenant tous dangers par une soupape de sûreté. De nouvelles expériences que je viens de faire, et dans lesquelles j'ai fait usage de ce dernier procédé, m'ont donné les meilleurs résultats. Je ne parlerai point de la manière d'introduire la vapeur de l'eau bouillante sous le couvercle de la chaudière intérieure; de petites ouvertures, pratiquées près du bord supérieur de celle-ci, peuvent suffire. Un tuyau vertical appliqué sur la paroi de la même chaudière, et percé, à différentes hauteurs, de trous qui pourraient être successivement ouverts comme ceux d'un registre, donnerait passage à volonté au suif fondu, et ensuite à l'eau, lorsqu'il serait nécessaire de la renouveler. Les résidus, écrasés et réduits en pâte au moyen d'une machine ou de la presse ordinaire, seraient mis à part jusqu'à ce que leur quantité fût suffisante pour remplir la chaudière dans laquelle ils seraient de nouveau plongés afin d'en extraire les dernières parties de suif, &c.

L'emploi de l'eau pour fondre le suif n'est point un procédé nouveau. Il paraît qu'il est suivi en Espagne et dans quelques départemens méridionaux. Les chandeliers eux-mêmes, lorsqu'ils soumettent le suif à une seconde fusion pour mouler les chandelles, y ajoutent un peu d'eau. Selon eux cette eau qui occupe le fond de la chaudière, empêche que le suif ne se colore, et sert en même temps à le purifier.

Ma position ne m'a pas permis d'obtenir des résultats comparatifs sur la dépense du combustible, les frais de main-d'œuvre, les déchets, &c. C'est à l'administration qu'il appartient d'ailleurs de faire des expériences authentiques : je crois d'avance à leur succès; et lors même qu'il existerait quelques légères différences dans les frais et les déchets, en faveur de l'ancienne méthode, on en serait bien dédommagé par la qualité du suif et des chandelles.

J'ajouterai encore que l'eau contenue dans la chaudière étant une fois en ébullition, un feu très-modéré suffit pour la maintenir dans cet état; que la chaudière elle-même toujours pleine d'eau durera très-long-temps, que la fonte du suif pourra s'opérer sans interruption, que l'appareil peut être réduit de manière à n'occuper qu'un petit espace, ce qui tend à diminuer les frais de construction; qu'enfin on n'aura plus à craindre les incendies.

En considérant les perfectionnemens apportés par les savans et les artistes dans toutes les branches de l'industrie, on est fondé à espérer que la fonte des suifs, négligée jusqu'à présent en raison des faibles bénéfices qu'elle procure, deviendra quelque jour l'objet de leurs recherches. J'apprends même en ce moment qu'un jeune homme, dont l'état est de fabriquer des chandelles, vient de prendre un brevet d'invention pour un appareil destiné à la fonte du suif. Il paraît qu'il emploie à-la-fois la chaleur du bain-marie et celle de la vapeur. Il a aussi imaginé une presse dont il dit le prix fort au-dessous de celui des presses ordinaires.

C'est avec beaucoup de regret que je me trouve réduit à présenter des indications aussi vagues. Je les soumets toutefois aux lumières de ceux qui ne dédaignent rien de ce qui peut avoir rapport à l'utilité publique.

Réservoirs. Planche 7, Fig. 3. Comme l'usage de l'eau dans un abattoir est indispensable et fréquent, la recherche des moyens de s'en procurer et de la distribuer est un des principaux objets dont on doive s'occuper. Dans le cas, malheureusement trop ordinaire, où l'on n'a pas à disposition des eaux supérieures assez abondantes, on est obligé, comme à Paris, d'avoir recours à celle des puits, qu'on élève par des machines. Dans cette capitale, où l'on abat au moins soixante-quinze mille bœufs par an, la dépense moyenne d'eau pour tous les services des cinq abattoirs est de 240 à 300 mètres cubes [12 à 15 pouces de fontenier] par jour. La dépense de l'eau n'est pas uniforme; elle est très-forte pendant certains jours de la semaine, et cesse presque entièrement le reste du temps. Par ce motif, et à cause des réparations éventuelles des machines, il est nécessaire qu'un abattoir soit pourvu d'un réservoir capable de contenir la quantité d'eau suffisante pour les besoins de deux à trois jours. Chaque abattoir de Paris en a deux, et la capacité des plus grands est d'environ 180 mètres cubes. Assez élevés pour que l'eau puisse parvenir à tous les robinets, ils sont généralement établis sur les voûtes au-dessous desquelles sont les machines, et des remises pour les bouchers.

J'avais souvent remarqué que les réservoirs, tels qu'on les construisait ordinairement, en charpente isolée des murs et revêtus à l'intérieur en plomb d'une forte épaisseur, sont sujets à de fréquentes pertes d'eau, malgré le soin apporté dans leur exécution, parce que le plomb se déchire par le seul effet du changement de température, et parce que les soudures deviennent elles-mêmes une cause de rupture. La charpente éprouve aussi des mouvemens qui augmentent le mal; et les filtrations la font pourrir en très-peu de temps. Ces inconvéniens me déterminèrent à inviter MM. les architectes à donner la préférence aux réservoirs de maçonnerie, qu'on peut rendre imperméables au moyen d'un enduit de mortier fait avec une

chaux hydraulique telle que celle de Senonches ou avec la chaux *factice*. Dix réservoirs construits de cette manière depuis quinze ans dans les abattoirs, et d'autres semblables établis dans divers édifices, ont confirmé le succès de ce système de construction, dont la durée est attestée par l'existence de plusieurs ouvrages du même genre qui nous viennent des Romains. J'aurai plus d'une occasion, dans le cours de cet ouvrage, de parler des mortiers hydrauliques et de leur emploi exclusif pour toutes les constructions qui doivent être en contact avec l'eau.

Pour élever celle des puits jusque dans les réservoirs, on emploie les pompes connues qu'on met en mouvement par la force des hommes, des chevaux ou de la vapeur. Les hommes peuvent suffire lorsque le puits est peu profond ou lorsqu'il s'agit d'une très-petite quantité d'eau; mais, dans le cas contraire, il y a un très-grand avantage à employer l'une des deux dernières forces. La faveur méritée dont jouissent les machines à vapeur leur avait fait donner la préférence sur les manéges pour le service des abattoirs de Paris. Je crus cependant devoir faire établir un manége sur l'un des puits de l'abattoir Montmartre, afin d'avoir un objet de comparaison : l'expérience de plusieurs années a prouvé que, dans ce cas particulier, les manéges auraient mérité la préférence. Ce fait positif, qu'il importe de faire connaître, a besoin de quelques explications. Une machine à vapeur destinée à élever l'eau d'un puits, même assez profond, ne peut être que d'une très-petite dimension, parce que l'eau ne se renouvelle qu'avec lenteur; et lors même que les sources seraient abondantes, on ne pourrait employer une machine d'une certaine force sans être obligé de construire, pour contenir l'eau qu'elle fournirait dans un jour, un vaste réservoir dont la dépense serait considérable. Ainsi donc, à l'abattoir du Roule, on a placé une petite machine à double effet, parfaitement exécutée par MM. Albert et Martin (la même qui avait obtenu le prix à la société d'encouragement). Malgré l'extrême petitesse de ses dimensions, il n'est besoin de la faire marcher au plus que deux ou trois jours par semaine, et elle n'en exige pas moins l'entretien continuel d'un ouvrier chauffeur. Enfin, si l'on compare le prix d'un mètre cube d'eau élevé à un mètre de hauteur par cette machine qui renferme les divers perfectionnemens connus à l'époque de sa construction, avec celui du même produit donné par la grande machine de Chaillot à simple effet, et construite dans un système beaucoup moins parfait, on trouve cependant que le prix du mètre cube d'eau est presque quatre fois plus élevé pour la petite que pour la grande. On connaissait déjà ce résultat de la comparaison de machines de dimensions très-différentes, mais j'ai cru utile d'y ajouter cette dernière preuve [E].

Je ne dirai rien des essais malheureux faits dans deux abattoirs par quelques hommes d'un grand mérite, dans la vue de perfectionner les machines à vapeur, et dont les derniers produits sont restés au dessous de ceux de la petite machine de M. Martin. Une autre machine un peu plus forte que celle-ci a été placée sur le second puits de l'abattoir Montmartre; mais elle ne peut marcher de suite que pendant quelques heures, parce que le puits se tarit, et l'on préfère le manége établi sur l'autre puits. Heureusement, on peut espérer que trois des abattoirs recevront un jour les eaux de l'Ourcq; mais il faut renoncer à cet avantage pour ceux de Montmartre et de Villejuif, dont le sol est trop élevé.

On a adapté aux réservoirs un tuyau de décharge et un autre tuyau principal qui se divise en un grand nombre de conduites particulières aboutissant aux robinets placés dans les échaudoirs, les bouveries, les fondoirs, les triperies, les cours de travail, de vidange, &c. L'exécution de ces ouvrages en plomb, et qui, sous plus d'un rapport, sont de nature à exciter la cupidité de l'entrepreneur, mérite une grande attention de la part de l'inspecteur, parce que les négligences peuvent donner lieu à des réparations fréquentes et toujours dispendieuses.

Logemens des Agens. Planche 7, Fig. 1.re On trouve, à l'entrée de chaque abattoir de Paris, deux petits bâtimens destinés à servir de logement. On avait d'abord eu l'intention de faire payer à l'entrée des abattoirs le droit par tête d'animal, mais il se perçoit aux barrières, ce qui est bien préférable. Il ne reste plus que la perception du droit sur les suifs, qui pourra quelque jour être remplacée par une légère augmentation sur le premier. Les seuls agens à loger seront alors le préposé de la police, le concierge, les portiers et les hommes de peine. C'est même à ces derniers qu'on peut réduire les employés à loger dans un abattoir, pour une ville du troisième ordre.

Écuries et Remises. Les bouchers de Paris ayant presque tous des chevaux et des voitures pour leurs voyages dans les marchés et le transport des viandes, on a construit dans tous les abattoirs des écuries et des remises; mais on pourra s'en dispenser dans toute autre situation.

Parcs aux Bœufs. Ce sont des espaces enclos par des palissades en bois, où l'on renferme provisoirement les bœufs lorsqu'ils arrivent ensemble des marchés. C'est dans leur enceinte que chaque boucher vient reconnaître les animaux qui lui appartiennent, pour les conduire dans les bouveries. Ces parcs ne peuvent être nécessaires qu'à Paris, en raison des usages et de la grande quantité de bestiaux.

Égout principal. Un abattoir, quelle que soit son étendue, doit être traversé par un égout qui conduise dans une rivière les eaux de lavage et les immondices qu'elles renferment. A Paris, ces égouts, la plupart d'une grande longueur, sont construits en pierre de meulière, et ils ont un mètre de largeur sur deux de hauteur. Ces dimensions sont nécessaires pour la facilité du nettoiement et des réparations.

Afin d'éviter l'odeur que l'égout pourrait exhaler, on a adapté à celui de l'abattoir de Montmartre un appareil attribué à M. Déparcieux, et dont on voit le dessin *Planche 7, Fig. 5.* L'eau de la cour de travail se rend dans une cuvette par un large tuyau dont l'extrémité est constamment immergée, ce qui ferme tout passage aux gaz.

Lieux d'aisances. Aucun établissement public qui exige la réunion d'un certain nombre d'agens, ne peut être tenu avec propreté si l'on n'y trouve des lieux d'aisances qui doivent être spacieux, bien éclairés et sans aucun siége, avec des ouvertures à fleur du dallage et divisées seulement par des barres de fer pour éviter les accidens.

Voirie ou Cour de vidanges. Cette cour est indispensable pour rassembler les débris des animaux et les fumiers. Elle doit être vidée et nettoyée chaque jour, s'il est possible, sans quoi les émanations qui s'en exhaleraient deviendraient funestes aux hommes, aux animaux, et à la viande. Cette cour doit recevoir beaucoup d'eau et se trouver près de l'égout. Il convient de la dalles et de garnir soigneusement les joints en mastic de limaille. C'est ainsi qu'elles sont exécutées dans les abattoirs de Paris.

ABATTOIRS ET BOUCHERIES
DE QUELQUES VILLES.

Boucherie de Mantoue. Planche 8.

L'ÉDIFICE qui la contient est remarquable par ses entrées, sa disposition et sa situation au bord d'un canal. Un artiste distingué qui avait visité Mantoue, a bien voulu me communiquer ses dessins, dont je me suis servi pour en donner une idée. Je crains seulement, d'après d'autres croquis dont j'ai eu connaissance plus tard, que cet édifice n'ait été un peu embelli par l'artiste. Quoi qu'il en soit, il paraît constant que l'abat des bestiaux et la vente de la viande ont lieu au rez-de-chaussée dans la même salle, que deux rampes extérieures conduisent dans un soubassement voûté, entièrement ouvert du côté du canal, et servant à toutes les opérations qui exigent les lavages et produisent des immondices, et qu'enfin celles-ci sont reçues dans un canal particulier et entraînées par une eau courante. Cette position est heureuse; mais on ne trouve aucun des édifices accessoires, placés sans doute ailleurs.

Boucheries de Lyon. Planche 9.

Les deux principales boucheries de Lyon, celle de l'hôpital et celle des Terreaux, sont situées, la première près du Rhône, et la seconde près de la Saone. C'est dans ces deux rivières que se rendent les immondices et que les bouchers vont laver les intestins.

Un puits peu profond, à l'aide d'une simple pompe à bras, fournit toute l'eau nécessaire aux autres parties du service. Les bœufs sont abattus dans la boucherie même; au fond de chaque étal, les veaux et les moutons sont égorgés dans la cour ou passage découvert qui sépare les corps d'étaux. Quoique ces établissemens aient joui d'une certaine célébrité, ils n'en sont pas moins très-incommodes. Les acheteurs, souvent témoins du meurtre des animaux, marchent dans le sang et les ordures pêle-mêle avec les victimes; et les grilles des entrées étant nécessairement toujours ouvertes pendant le jour, les bœufs qui s'échappent quelquefois parcourent les rues environnantes.

Les plus grands avantages de ces boucheries sont pour ceux qui les exploitent, parce qu'ils trouvent réunis dans un même lieu l'échaudoir et l'étal, et qu'ils peuvent en outre avoir des logemens dans les étages supérieurs. Quant au public, cette réunion de services dans un même lieu a les plus graves inconvéniens; mais au moins les rues de la ville ne présentent pas le spectacle des viandes étalées, comme on le voit ailleurs.

Abattoirs et Boucherie de Blois. Planche 9.

Cet établissement n'offre rien de remarquable au premier abord; mais il est bien commode, quoiqu'on ait fait entrer dans son plan quelques constructions anciennes. On y trouve deux corps de bâtimens dont l'un contient un abattoir commun et l'autre des étaux, ainsi que des étables pour le gros et le menu bétail. Le voisinage des fontaines publiques a permis d'établir des robinets qui entretiennent constamment un courant d'eau claire et limpide. Un égout spacieux qui s'est trouvé heureusement sous l'abattoir reçoit et conduit directement à la Loire le sang et les immondices. En général, ce petit établissement se distingue par sa bonne disposition, sa propreté, sa fraîcheur, l'absence de toute mauvaise odeur, et par conséquent la facilité d'y conserver les viandes.

Abattoir de Rochefort. Planche 9.

Il a été construit, aux frais de la ville, il y a environ trente ans, et il consiste seulement dans une grande halle où les bouchers abattent en commun. Des trous placés le long des murs servent à élever les bœufs abattus pour leur donner les apprêts nécessaires ; mais le service se fait d'une manière incommode, parce que les bouchers n'ayant aucune case ou serre, sont obligés, chaque fois, de faire suivre tout l'attirail des instrumens, et d'emporter les viandes aussitôt après l'abattage. Ils ont des écuries chez eux ou dans les faubourgs, et il est rare que les bœufs y restent plus d'un jour : ces animaux, nourris dans les pâturages qui environnent Rochefort, arrivent presque directement à l'abattoir. Cet établissement suffit aux besoins d'une ville de 14 à 15 mille ames.

Abattoir de la Rochelle. Planche 9.

Il est à-peu-près semblable au précédent, mais plus vaste et sur-tout plus commode, parce qu'on y trouve au moins de petites cases pour chaque boucher. Il n'est d'ailleurs accompagné d'aucun édifice accessoire. Cet abattoir, bien exécuté, a coûté environ cent mille francs à un concessionnaire qui perçoit un droit d'abattage dont la durée est fixée à vingt-cinq ans, à charge par lui de remettre à la ville le bâtiment en bon état à l'expiration de ce délai.

Abattoir de Grenoble. Planche 9.

Cet abattoir n'offre rien de bien remarquable. Les bouchers abattent les bœufs dans une halle commune, et les veaux et les moutons dans un emplacement séparé. On y trouve, de plus que dans ceux de la Rochelle et de Rochefort, une cour, une écurie et des cases pour entreposer le suif.

Abattoir d'Orléans. Planche 10.

Cet établissement, dans une belle position, renferme, comme on peut en juger par la légende, tous les accessoires qui manquent à plusieurs des abattoirs précédens. Il a été construit sur les dessins de M. Pagot, architecte de la ville.

On pourrait desirer que le lieu destiné à l'abattage fût plus isolé et plus éclairé.

Projet d'Abattoir pour la ville de Saumur.
Planche 10.

Ce joli projet, fait par M. Guenepin, présente dans un petit espace tous les édifices qui doivent composer un abattoir pour une ville de peu d'étendue : il doit être construit sur les bords de la Loire.

Tels sont les abattoirs et les boucheries dont j'ai pu me procurer les plans.

J'ajouterai qu'il existait autrefois à Paris, ainsi que j'ai déjà eu occasion de le dire dans le IV.e Recueil, des étaux publics ou boucheries couvertes; mais leur disposition n'offrait, à ce qu'il paraît, rien qui méritât d'être remarqué. La seule dont les artistes aient conservé quelque souvenir avait été construite sous Charles IX, au Marché-Neuf, par Philibert Delorme. Elle consistait en deux bâtimens séparés, contenant chacun une grande salle où se tenaient les bouchers. L'extérieur était orné par un entablement dont les métopes, à l'imitation des anciens, contenaient des têtes de bœuf, sculptées par J Goujon.

On voit à Strasbourg, sur les bords de la Bruche, un édifice d'une architecture très-singulière, qui contient au rez-de-chaussée une vaste boucherie, et dont le premier étage, auquel on parvient par des escaliers extérieurs, est consacré aux foires périodiques.

Marseille possède un grand abattoir situé hors la ville, près du lazaret. Son plan quadrangulaire est divisé en trois parties égales par un double rang de piliers. L'espace du milieu est destiné à la circulation des voitures, des animaux et des piétons, et les deux latéraux servent à l'abattage et au dépôt des animaux abattus. La triperie est séparée par une vaste cour. Cet établissement est pourvu d'une grande quantité d'eau.

A Vicence, la boucherie occupe une partie de la grande basilique de Palladio, du côté opposé à la place del Biade. On abat, ainsi qu'à Rome, tout auprès du lieu où l'on débite la viande : la triperie est contiguë et donne sur le fleuve.

On trouve, dans le Tableau de l'Espagne, par Bourgoing, page 54 du premier volume, qu'à Medina del Campo, l'un des plus beaux édifices de la ville est une boucherie. Mes

efforts pour m'en procurer quelques dessins ont été infructueux.

Plusieurs villes de France, telles que Lille, le Havre, &c., s'occupent de faire construire des abattoirs. Je desire vivement que celles qui voudront les imiter, puissent trouver, dans ce Recueil, quelques renseignemens utiles et la matière d'un programme qui, dans ce genre d'édifices, doit être assujetti aux localités. C'est pourquoi je me bornerai à présenter sur ce sujet quelques généralités qui ne seront pour ainsi dire que le résumé de ce qui précède.

Dans une ville dont les rues seraient étroites, les maisons élevées et sans jardins, l'abattoir doit être placé près de l'enceinte, et même hors de la ville.

Pour obtenir la plus grande salubrité et diminuer les effets d'un incendie, si ce malheur arrivait, tous les bâtimens doivent être isolés autant que cela est possible.

Les deux choses les plus indispensables sont une grande abondance d'eau et un égout.

Les édifices dont un abattoir doit être composé, même dans une ville du troisième ordre, sont, 1.° une étable avec grenier au-dessus ; 2.° un corps d'échaudoirs à-peu-près de même étendue que l'étable, divisé en cases, servant chacune à deux bouchers seulement, afin d'éviter les inconvéniens de l'abattage entièrement en commun. Ces cases pourront être séparées les unes des autres par de simples grillages en bois, pour diminue la dépense ; elles seront dallées avec le plus grand soin, pourvues de pentes pour recevoir les animaux abattus, d'un treuil pour élever les bœufs, et d'un robinet pour fournir l'eau nécessaire au lavage ; 3.° un bâtiment qui peut comprendre le manége avec réservoir au-dessus, le fondoir et la triperie ; 4.° enfin, on doit y trouver le logement d'un concierge et d'un homme de peine, des lieux d'aisances publics, et une petite cour de vidanges pour le dépôt momentané des immondices et des fumiers.

J'ai tâché de satisfaire à ces conditions dans un projet, Planche 11. Je pense que son extrême simplicité en rendrait l'exécution peu dispendieuse.

On trouvera, Planche 1.re, un projet d'abattoir qui diffère peu de celui du Roule, à Paris, dont on voit le plan dans la même planche.

J'ai supposé dans un troisième projet, Planche 12, une localité particulière et centrale (cas extrêmement rare), qui pût permettre de réunir dans un même emplacement des abattoirs, des étaux publics et un marché.

NOTES.

[A] Ce serait en vain qu'on obtiendrait de grandes améliorations dans la fonte du suif, si l'on ne trouvait pas le moyen de prévenir les abus introduits par un grand nombre de fabricans de chandelles, qui mêlent dans leur suif des graisses de mauvaise qualité, fournies par les charcutiers et tripiers, ou tirées de l'étranger.

[B] Les cases grillagées pratiquées au-dessus de chaque échaudoir, pour y déposer le suif en branches sur des perches et le faire sécher, deviendront inutiles si les bouchers continuent de l'entasser, par la crainte que la dessiccation ne lui fasse perdre de son poids. Il résulte de cet usage abusif que le suif fermente, se corrompt et répand une odeur fétide ; ce qu'il est de l'intérêt public d'empêcher.

[C] Les abattoirs, dont on redoutait beaucoup le voisinage, ne répandraient aucune mauvaise odeur, si l'on pouvait changer la manière de fondre.

[D] Le suif dégagé de ses enveloppes fond à une chaleur de moins

de 30 degrés ; mais une chaleur plus élevée, telle que celle de 80 degrés, est nécessaire pour le faire sortir plus facilement du tissu cellulaire, et pour le séparer de quelques substances qui pourraient nuire à sa conservation.

[E] Si l'on compare seulement les quantités de charbon brûlées, les produits des deux machines sont dans le rapport de 1 à 3, et, en y comprenant les faux frais et le chauffeur, de 1 à 6. Ce dernier rapport serait moins défavorable, si la petite machine pouvait marcher sans interruption, ou si le chauffeur remplissait en même temps d'autres fonctions.

La préférence que les manéges peuvent obtenir sur les machines à vapeur d'une très-petite dimension et à simple pression, lorsqu'il s'agit d'élever l'eau d'un puits, est due, dans ce cas particulier, à l'intermittence forcée de ces dernières, à la dépense du chauffeur et au prix du charbon à Paris. Mais les manéges perdraient leur avantage, si l'une de ces causes pouvait être atténuée.

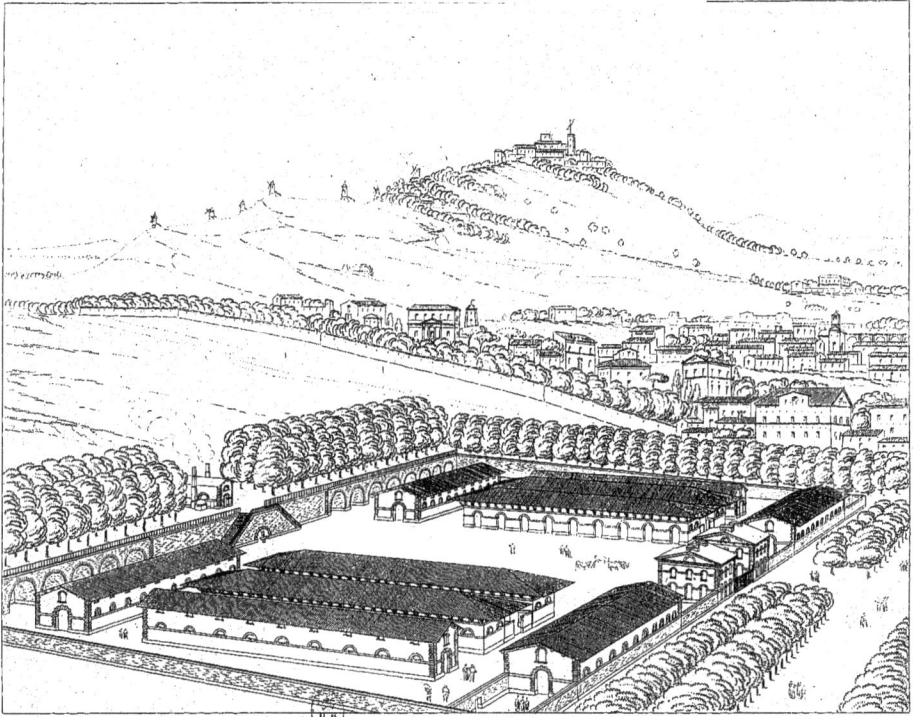

Abattoir du Roule.

ABATTOIRS

ET

BOUCHERIES.

VIᵉ RECUEIL

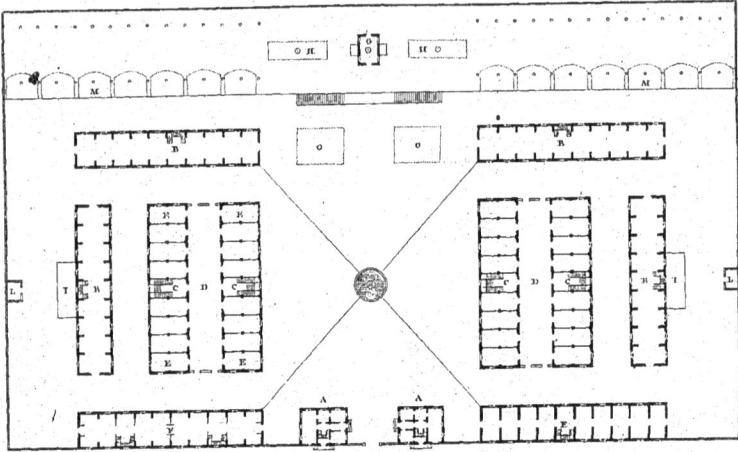

ABATTOIR
DU
ROULE.

A. *Logements des Agens.*   D. *Cour des Échaudoirs.*   G. *Machine à vapeur.*   L. *Lieux d'aisances.*

B. *Bouverie et Bergeries.*   E. *Magasins.*   H. *Réservoir.*   M. *Voûtes sous la Terrasse.*

C. *Échaudoirs.*   F. *Fonderie Triperie Réservoir.*   I. *Voirie.*   N. *Bouvine et Bouverie.*
   O. *Porte sur Paris.*

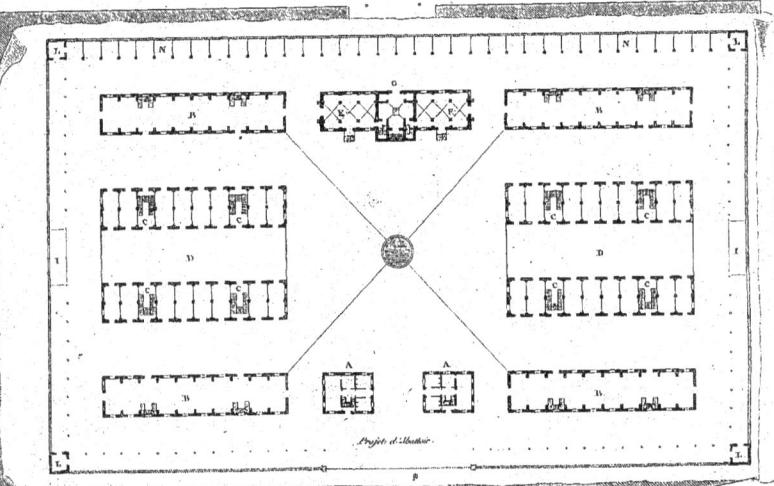

Projet d'Abattoir.

Rue de la Pépinière.

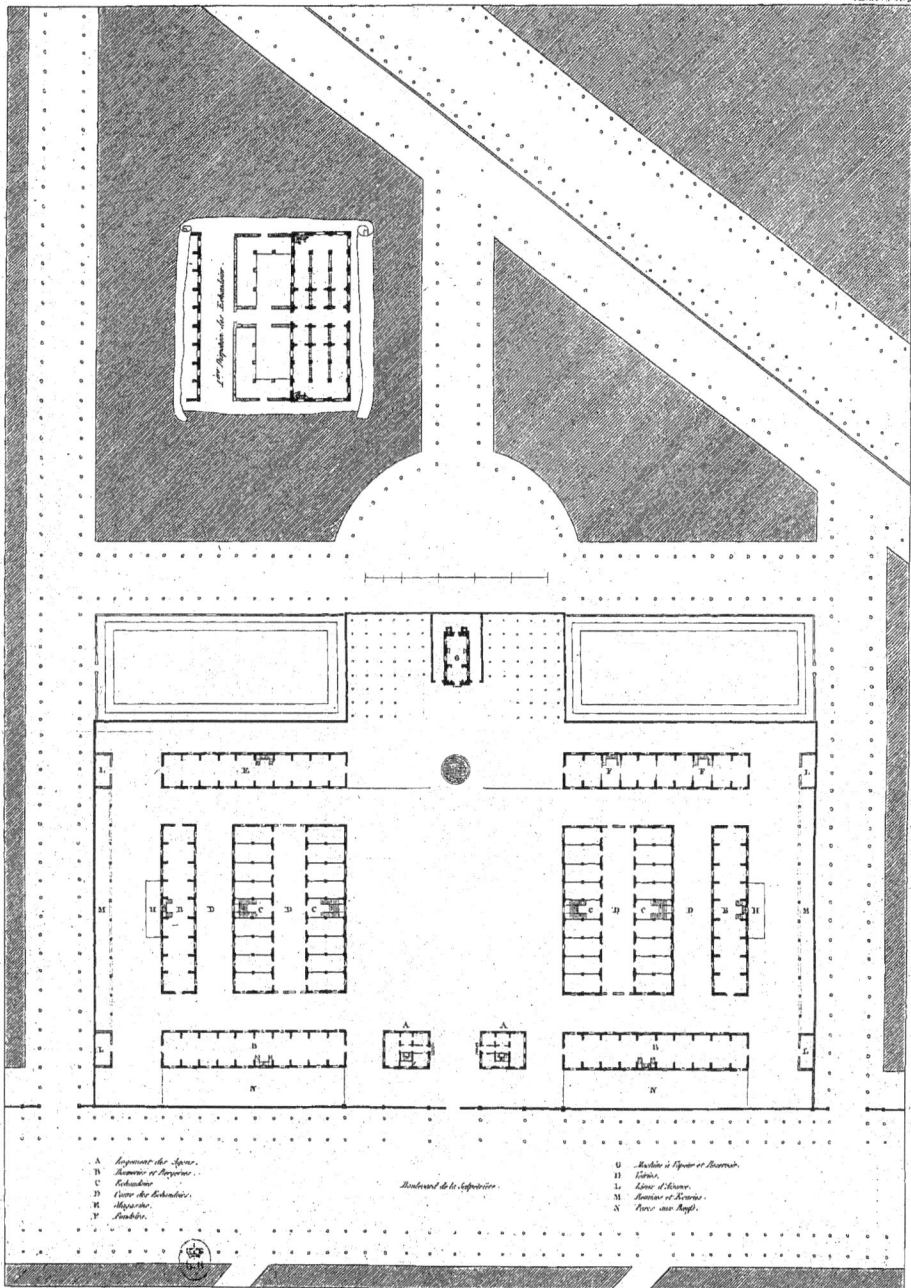

ABATTOIR DE VILLEJUIF.

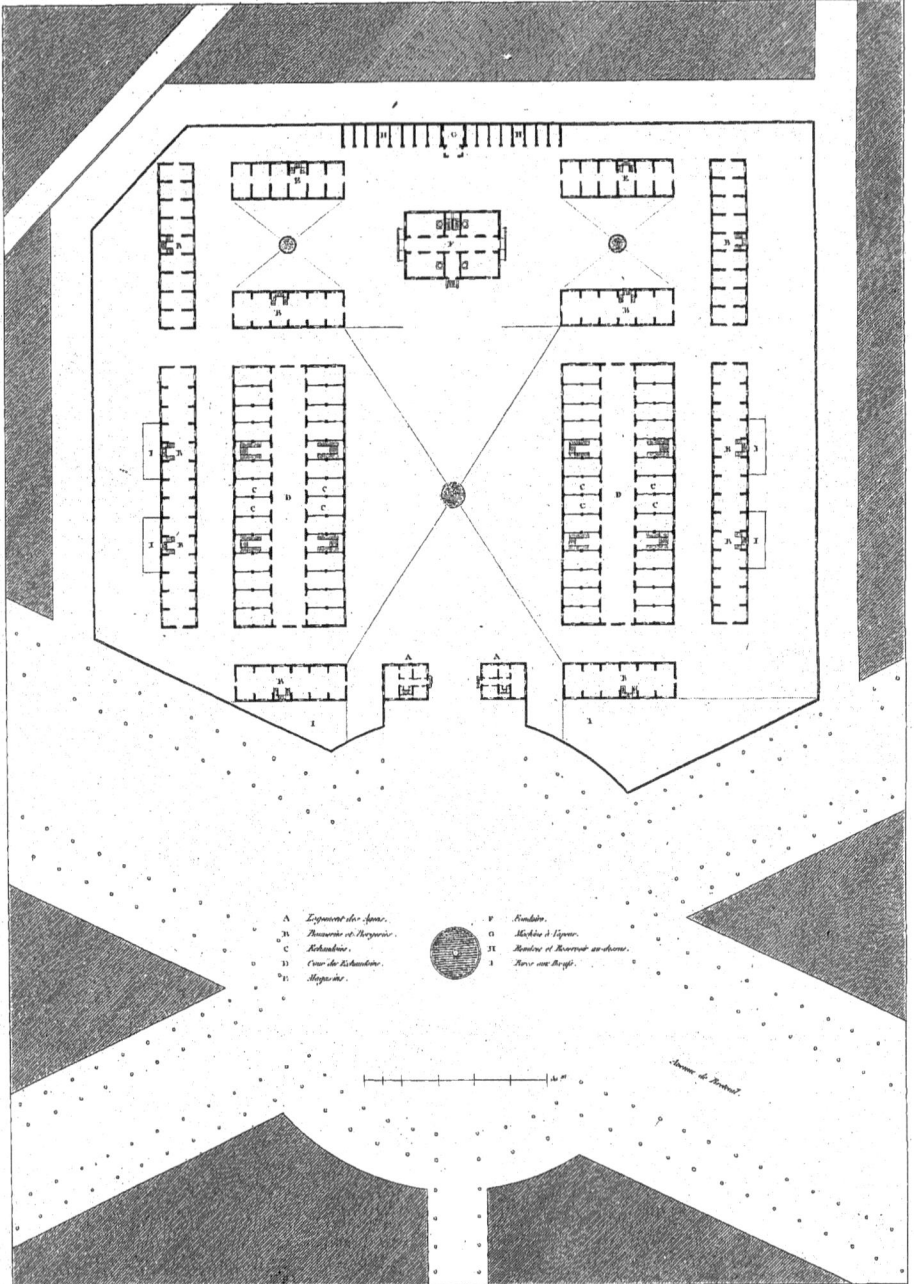

ABATTOIR DE GRENELLE.

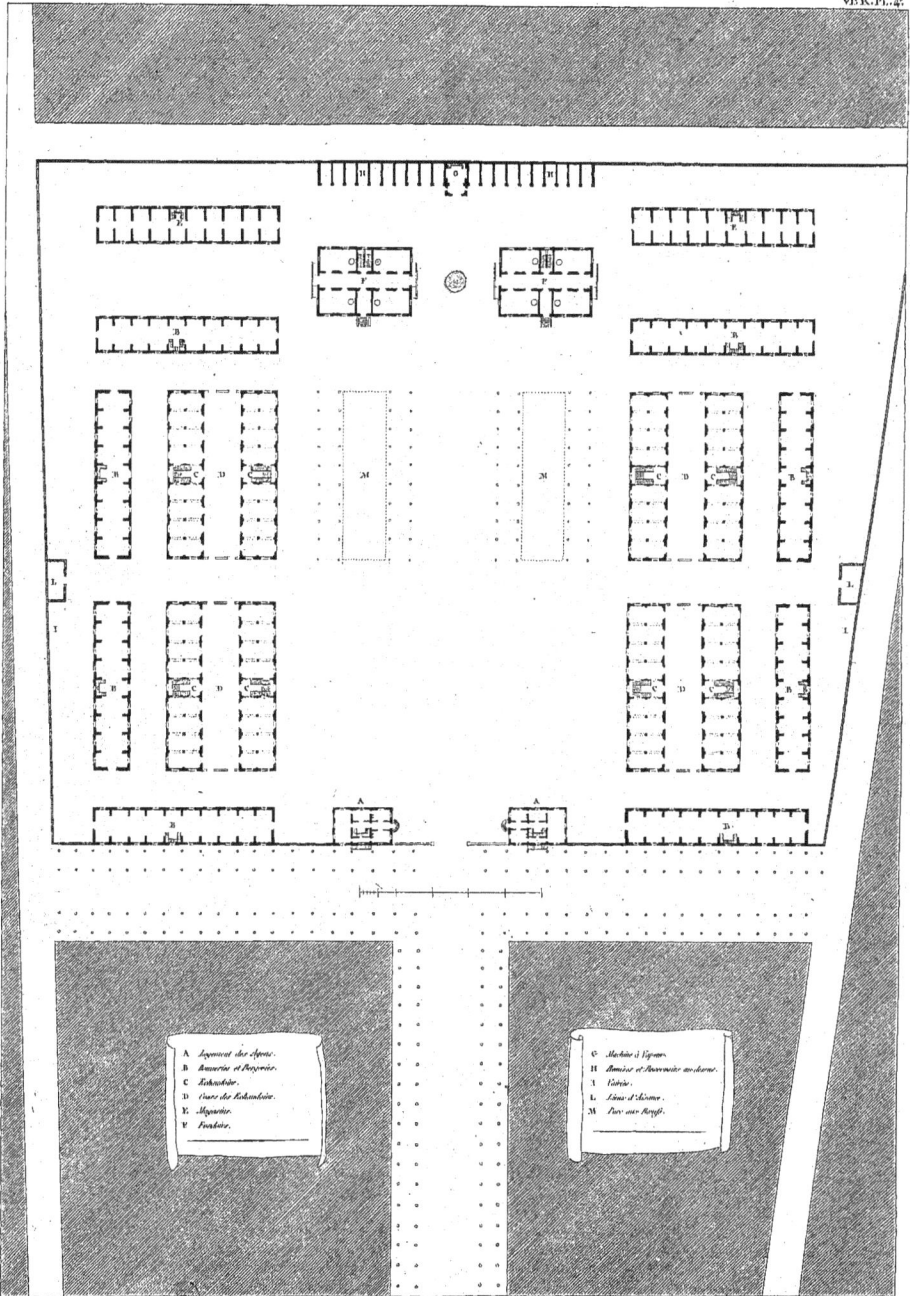

A. *Logement des Agens.*
B. *Bouveries et Porcheries.*
C. *Échaudoir.*
D. *Ours du Échaudoir.*
E. *Bergerie.*
F. *Fondoir.*

G. *Machine à Vapeur.*
H. *Remise et Souvenoirs modernes.*
I. *Voirie.*
L. *Lieux d'Aisance.*
M. *Parc aux Bœufs.*

ABATTOIR DE MENIL-MONTANT.

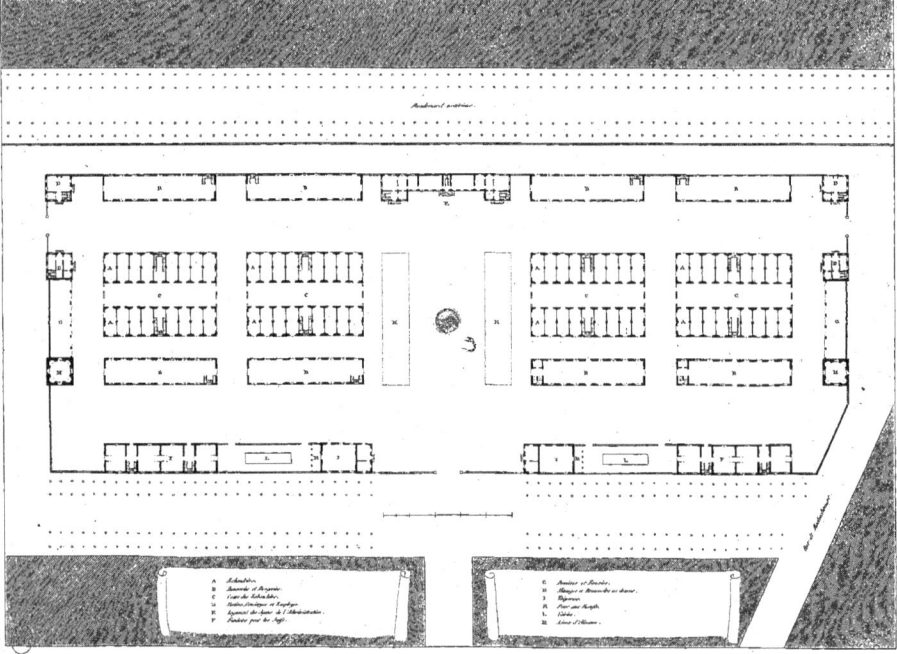

ABATTOIR DE MONTMARTRE.

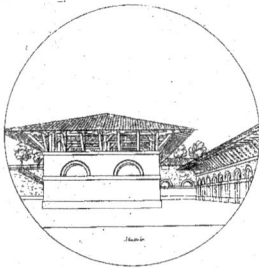

Abattoir.

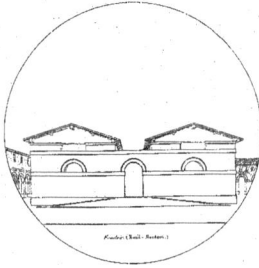

Fenderie (Haut-Rhin.)

Fonderie.

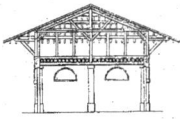

Abattoir.

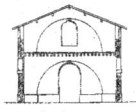

Fonderie.

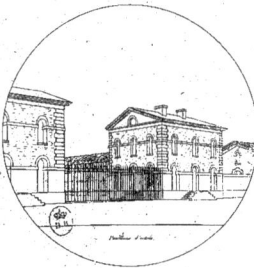

Pavillon d'entrée.

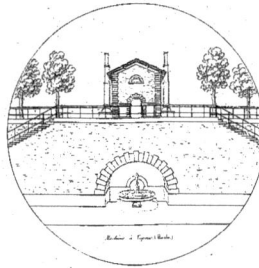

Réduire à Tigeaux (Seine.)

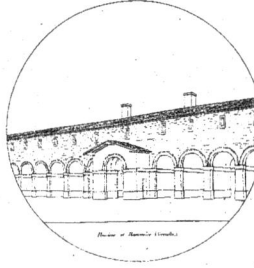

Fonderie et Fonderie (Girode.)

Fig. 5.

Fig. 4.

Fig. 3.

Fig. 2.

Fig. 1.

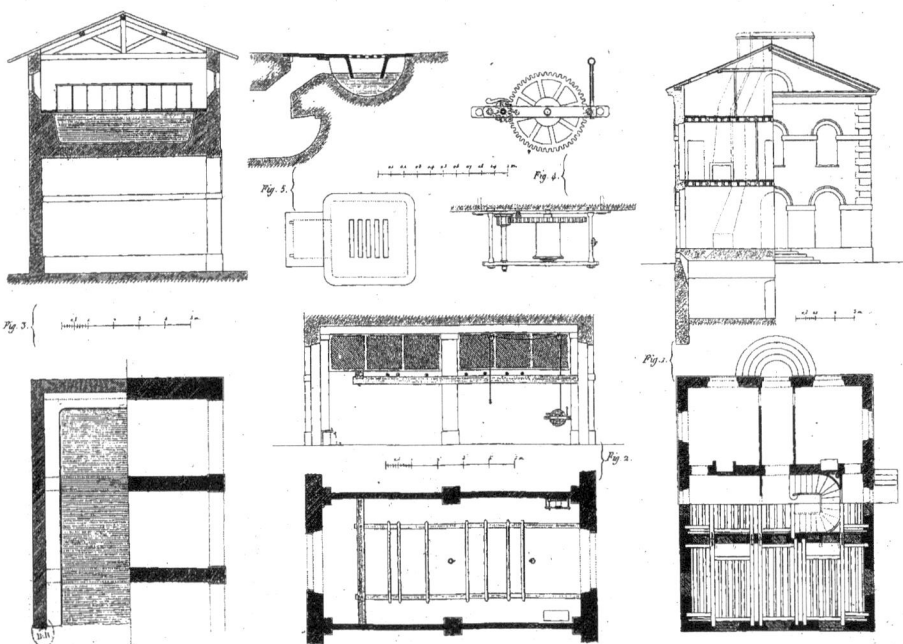

Détails relatifs aux abatoirs de Paris

Thierry neveu sculp.

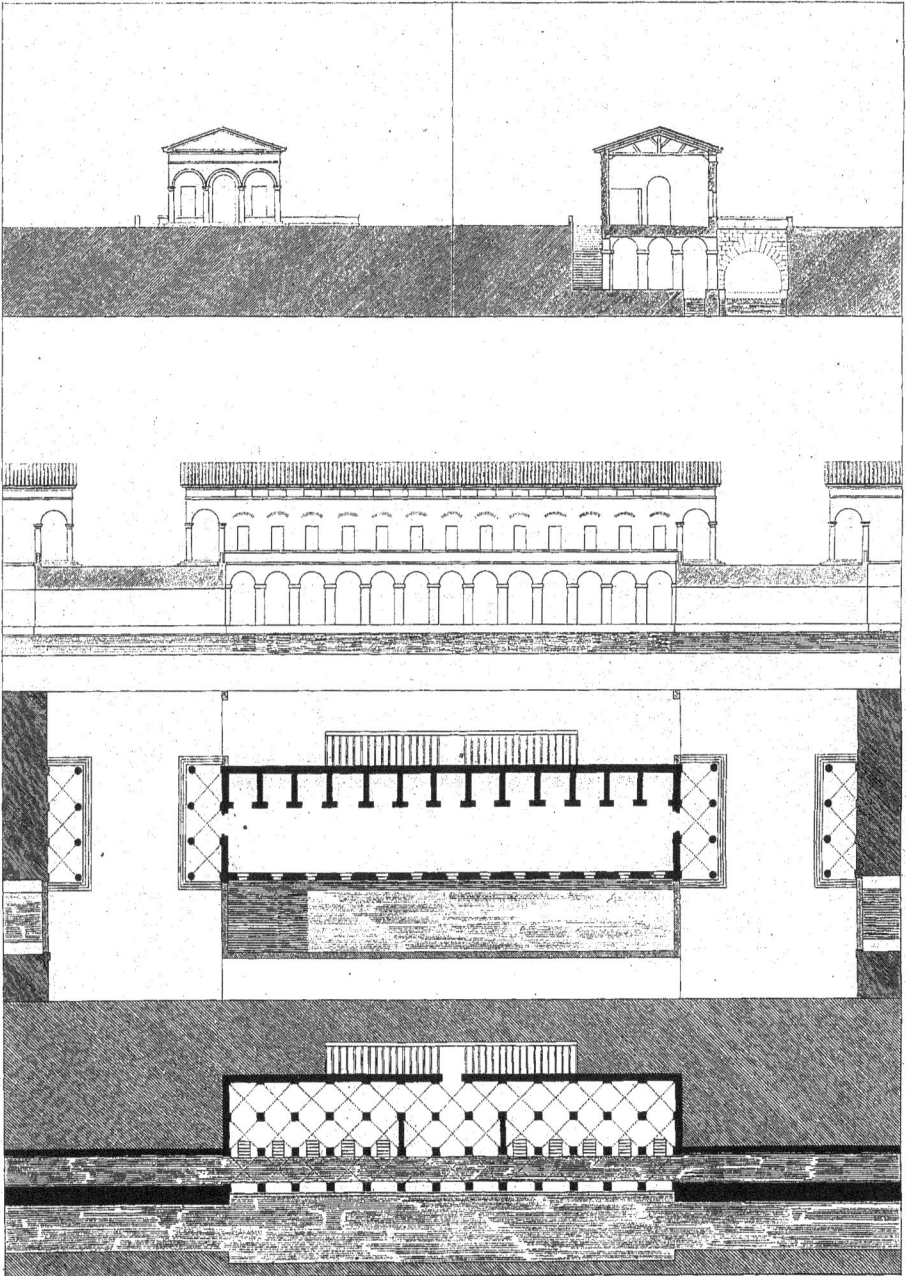

BOUCHERIE DE MANTOUE.

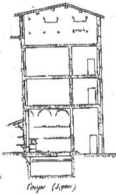

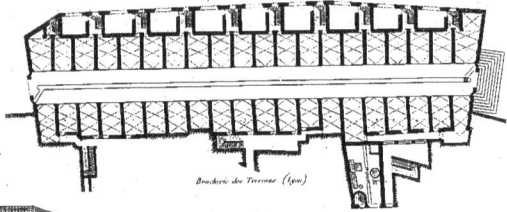

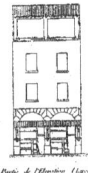

Coupe (Lyon)

Boucherie des Terreaux (Lyon)

Portie de l'Abattoir (Lyon)

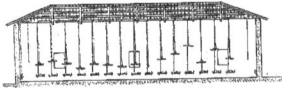

Grenoble

La Rochelle

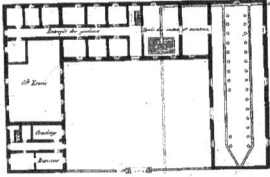

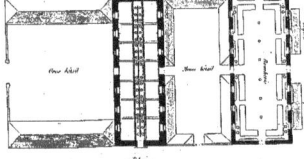

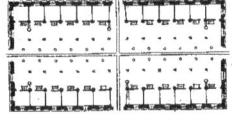

Blois

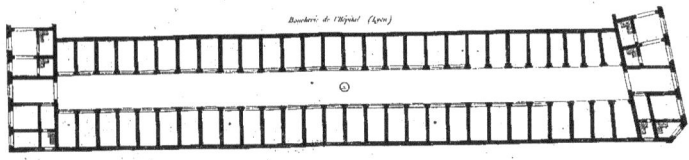

Rochefort

Boucherie de l'Hôpital (Lyon)

Échelle de

ABATTOIR DE LA VILLE D'ORLÉANS.

a Abattoir.
b Étables aux veaux.
c Vacheries.
d Bouverie.
e Bergeries.
f Fondoirs.
g Escaliers des caves.
h Hangars.
i Dépôt des cuirs.
k Logement du Portier.
l Logement du Fermier et Bureau
    de perception.
m Manège.
n Écuries.
o Réservoir.
p Puits.
q Terrain acquis pour y faire des
    porcheries, étables et triperies.

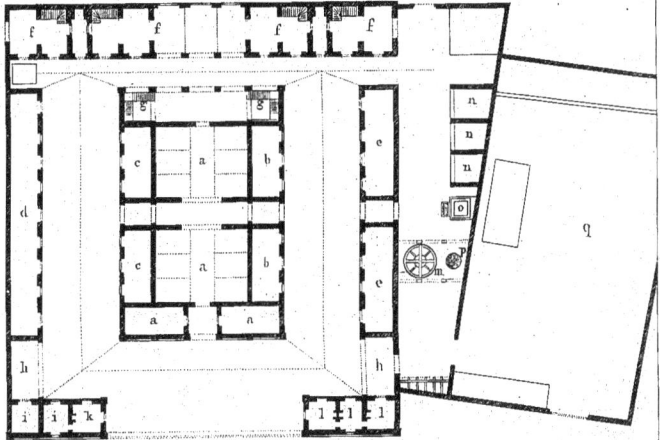

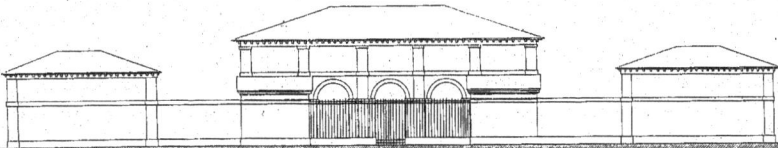

PROJET D'ABATTOIR POUR LA VILLE DE SAUMUR.

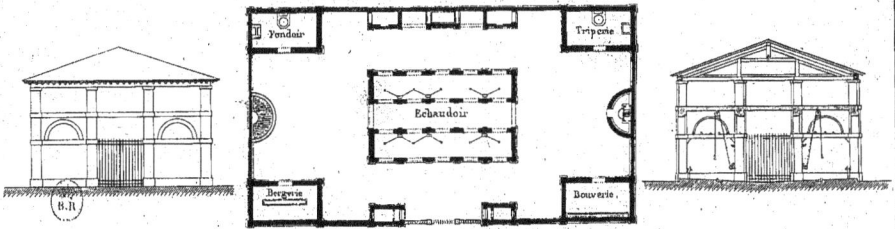

Fondoir

Triperie

Échaudoir

B.R.

Bergerie

Bouverie

Thierry neveu sculp

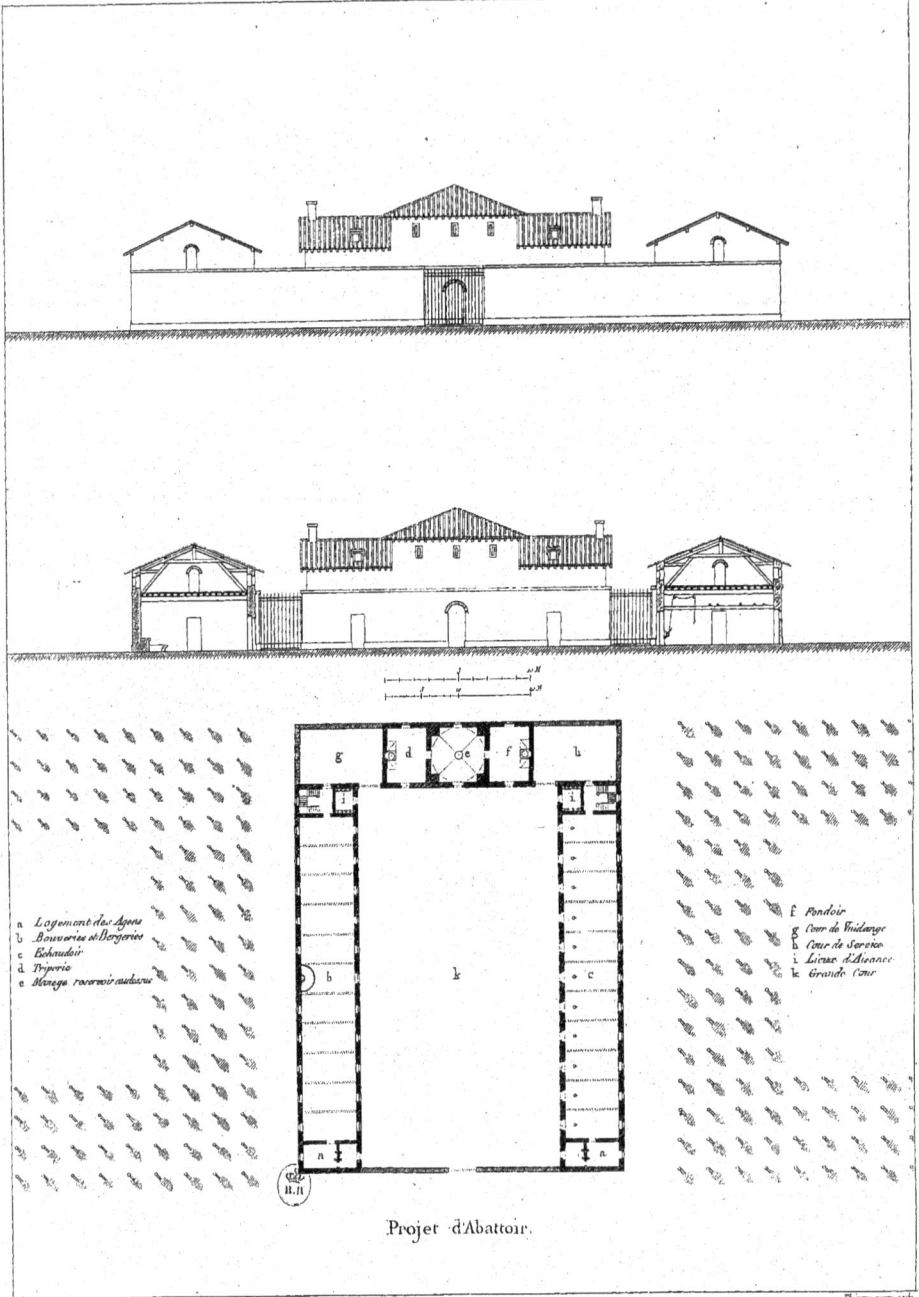

a   Logement des Agens
b   Bouveries et Bergeries
c   Echaudoir
d   Triperie
e   Manege, reservoir au dessus

f   Fondoir
g   Cour de Vidange
h   Cour de Service
i   Lieux d'Aisance
k   Grande Cour

Projet d'Abattoir.

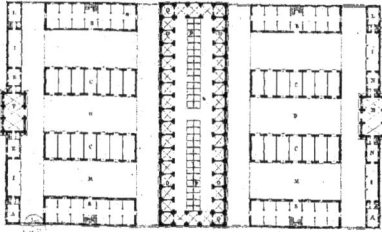

PROJET DE BOUCHERIE AVEC ABATTOIRS.

www.ingramcontent.com/pod-product-compliance
Lightning Source LLC
Chambersburg PA
CBHW060610210326
41519CB00014B/3620